动物常见病特征与防控知识集要系列丛书

常见病特征与防控知识集要

袁维峰 主编

中国农业科学技术出版社

图书在版编目（CIP）数据

兔常见病特征与防控知识集要 / 袁维峰主编 . —北京：中国农业科学技术出版社，2016. 7

（动物常见病特征与防控知识集要系列丛书）

ISBN 978 – 7 – 5116 – 2664 – 6

Ⅰ. ①兔…　Ⅱ. ①袁…　Ⅲ. ①兔病 – 防治　Ⅳ. ①S858. 291

中国版本图书馆 CIP 数据核字（2016）第 162406 号

责任编辑　徐　毅　褚　怡
责任校对　李向荣

出 版 者　中国农业科学技术出版社
　　　　　北京市中关村南大街 12 号　邮编：100081
电　　话　(010)82106631(编辑室)　(010)82109702(发行部)
　　　　　(010)82109709(读者服务部)
传　　真　(010)82106631
网　　址　http://www. castp. cn
经 销 者　各地新华书店
印 刷 者　北京华正印刷有限公司
开　　本　880mm×1230mm　1/32
印　　张　10. 25
字　　数　240 千字
版　　次　2016 年 7 月第 1 版　2016 年 7 月第 1 次印刷
定　　价　25. 00 元

动物常见病特征与防控知识集要系列丛书

《兔常见病特征与防控知识集要》

编　委　会

编委会主任　史利军

编委会委员　史利军　袁维峰　侯绍华
胡延春　曹永国　王　净
刘　锴　秦　彤　金红岩

主　　编　袁维峰

副 主 编　汪　洋　王少辉　洪　炀

编写人员　(以姓氏笔画为序)
马　喆　仇旭升　田明星　刘志军
汤　芳　何　雷　余祖华　张　才
李　涛　李成贵　邱春辉　陈冬梅
易　力　郑志明　曹战鑫　韩先干
韩艳辉

序

我国家畜、家禽及伴侣动物的饲养数量与种类急剧增加，伴随而来的动物疾病防控问题越来越突出。动物疾病，尤其是传染病，不仅影响动物的健康生长，而且严重威胁到了畜主、基层一线人员自身的安全，该类疾病的发生引起了社会的广泛关注，所以有必要对主要动物疾病有整体的了解与把握。由于环境的改变、饲料种类与质量的变化等因素造成的动物普通病，严重制约了当前农村养殖业的稳定持续协调健康发展，必须高度重视这些问题。

为使全国广大养殖户及畜主重视动物疾病的防控，掌握动物疾病防控的基本知识和最新进展，并有针对性地采取相关措施，编写了本系列丛书。本丛书可帮助养殖户、畜主等基层一线人员系统全面地了解动物疾病防治的基础知识以及病毒性传染病、细菌性传染病、寄生虫病、营养缺乏和代谢病、普通病、繁殖障碍病等的临床表现与症状，找出治疗方法，正确掌握动物疾病的用药基本知识，以利于药到病除。

本系列书从我国目前动物疾病危害及严重流行的实际出发，针对制约我国养殖生产水平、食品安全与公共卫生安全等关键问题，详细介绍了各种动物常见病的防治措施，包括临床表现、诊治技术、预防治疗措施及用药注意事项等。选择多发、常发的动物普通病、繁殖障碍病、细菌病、病毒病、寄生虫病进行了详细介绍。全书文字简练，图文并茂，通俗易懂，科学实用，是一本较好的基层兽医人员、养殖户自学教科书与工具书。

本系列丛书是落实农村科技工作部署，把先进、实用技术推广到农村，为新农村建设提供有力科技支撑的一项重要举措。本系列丛书凝结了一批权威专家、科技骨干和具有丰富实践经验的专业技术人员的心血和智慧，体现了科技界倾注“三农”，依靠科技推动新农村建设的信心和决心，必将为新农村建设做出新的贡献。

丛书编写委员会

2015 年 9 月

前 言

我国养兔业历史悠久，早在先秦时期就开始养兔，只是当时作为宫廷观赏动物饲养，并不是经济动物。我国是个养兔大国，近年来，家兔年出栏量都在5亿只以上，呈现较高增长态势。由于养兔投资少，见效快，收益大，饲料来源丰富，不仅适合规模化养殖，普通农户都可以饲养。近年来，我国养兔业向集约化、规模化、现代化的发展趋势，但相应的养兔业和兔病防治水平与发达国家相比尚存差距。一些养殖户防疫意识淡薄，忽视养殖环境的控制和管理，过分依赖疫苗、缺乏科学的免疫程序，滥用抗生素、化学药物等导致耐药菌株不断产生、兔的发病率和死亡率攀升，防治难度加大，疫病变得更加复杂，往往会造成严重的损失。

在科技兴农的新形势下，群众对科技知识的需求也在日益提高，也需要兔病防治方面的科普读物和指南。为了更好地防治兔病，做好兔的健康养殖，我们组织了一批拥有科研、教学和临床经验的人员编写了本书。

本书共分为兔的传染病、寄生虫病和普通病3章，内容包括兔的细菌性传染病、病毒性传染病、寄生虫病、消化系统疾病、呼吸系统疾病、神经与运动障碍系统疾病、营养代谢疾病以及中毒性疾病等130余种常见病，这些疾病在我国多有发生，危害严重。重点介绍了病原、病因、临床症状、诊断及防治要点。本书理论与实际相结合，突出技术要点，通俗易懂，言简意赅，科学实用，适合兔场技术人员使用。

参与本书编写的作者来自以下单位，中国农业科学院北京畜牧兽医研究所（袁维峰），河南科技大学动物科技学院（汪洋、余祖华、张才、刘志军、何雷），中国农业科学院上海兽医研究所（王少辉、洪炀、仇旭升、韩先干、田明星、李涛），洛阳师范学院（易力），南京农业大学动物医学院（马喆、汤芳），河南科技学院（韩艳辉），福建农林大学（邱春辉），辽宁省丹东市动物疫病预防控制中心（曹战鑫），吴江区动物卫生监督所同里分所（李成贵），诺和诺德（中国）研究发展中心（陈冬梅），北京宝科维食安生物技术有限公司（郑志明）。本书可作为从事兽医、畜牧生产工作者，畜牧兽医教学、科研人员的参考书。

本书的编写得到中国农业科学院科技创新工程（cxgc－ias－11）、公益性行业（农业）科研专项（201303042）等项目的资助，在此表示感谢。

在本书的编写过程中，参考和引用了大量文献资料，在此对文献资料的作者表示感谢。

由于本书涉及内容广泛，编者水平有限，不足之处在所难免，敬请同行和读者批评指正。

编　者

2016年3月于北京

目 录

第一章　兔传染病

第一节　病毒性传染病

一、兔黏液瘤病

兔黏液瘤病又称兔传染性黏液瘤病，是一种家兔的高度触染性和致死性疾病，病原为痘病毒科（Pox - iviridae）中的黏液瘤病毒。特征为眼睑、面部和耳朵发生肿胀，随后几乎遍及全身，尤其是颜面部和天然孔周围皮下发生黏液瘤性肿胀。因切开黏液瘤时从切面流出黏液蛋白样渗出物而得名。病兔在发病后 7 ~ 15 天死亡，也有局部只呈现黏液瘤而最后痊愈的。1896 年首次在南美洲乌拉圭发现，以后在北美洲、欧洲以及澳大利亚三大疫区中流行，每个流行区都有各自的特殊病毒，对养兔业几乎造成毁灭性打击，中国也有发病的报道。

1. 病原

黏液瘤病毒为一种较大的病毒，属于痘病毒属第五亚群。通过琼脂扩散微量试验证明，在抗原上与野兔纤维瘤病毒、兔纤维瘤病毒有密切关系，具有共同抗原性，血清学上存在交叉反应。病毒存在于病兔全身各处的体液和脏器中，尤以眼垢和病变部皮肤的渗出液中含毒量最高。黏液瘤病毒对干燥有相当强的抵抗力，例如，在干燥的黏液瘤结节中病毒可存活 3 周之久；常温下，在病兔的皮上经数月不死；在 55 ~ 60℃ 15 分钟能被灭活，但在普通冰箱（2～4℃）内存活较长；在室温的50%甘油盐水中存活4个月，潮湿的环境中8～10℃可存活3个月，26～30℃可存活10天，37℃盐水中存活6天；在节肢动物体内可存活达25天。该病毒对乙醚敏感，这点与其他痘病毒不同，但与其他痘病毒一样，能抵抗去氧胆酸钠，并具有能抵抗胰蛋白酶的中心部分。本病毒对石炭酸、硼酸、升汞和高锰酸钾有较强的抵抗力，但0.5%～2.0%福尔马林1小时内能使之灭活，消毒时应用3%溶液。

2. 流行特点

各种年龄的兔都可感染发病。在自然条件下，本病只能侵害野兔科的动物，人和其他动物无易感性，在新生野兔可引起全身感染和致死性感染。家兔、欧洲家兔、欧洲野兔、高山野兔、巴西白尾灰兔、丛林白尾灰兔和佛罗里达白尾灰兔均易感，另外，几种白尾灰兔在实验条件下才能感染成功。

本病的主要传播方式是直接与病兔以及排泄物接触或与污染有病毒的饲料、饮水和用具等接触。在自然界，最主要传播方式是通过节肢动物媒介，最常见的是蚊子和跳蚤。病毒在媒介昆虫体内并不繁殖，仅起单纯的机械传播作用。伊蚊、库蚊、兔蚤、疥螨、虱、刺蝇等，肉食的秃鹰和喜吃死尸的乌鸦等鸟类，以及蓟类植物的刺都可传染兔黏液瘤病毒。在蚊子大量滋生的季节，尤其是洼湿地带发病最多。冬天蚤类是主要传播媒介。试验证明，黏液瘤病毒在蚊体内可以越冬，在兔蚤体内能存活105天以上，在蚊体内可存活长达7个月之久。

本病一年四季均可发生。细菌病、肠寄生虫病的侵袭以及应激条件和环境温度低，均能加重病变的严重程度，死亡率也增高。

3. 临床表现与特征

由于黏液瘤病毒的毒力因不同毒株而异，而且兔的品种和品系不同，对黏液瘤病毒的易感性也不相同，所以，临诊症状各异。潜伏期一般为3～7天，最长可达14天。人工皮内、腹腔、静脉、眼结膜和鼻腔接种潜伏期5～11天。

本病的主要特征是患病部位皮下组织聚集许多微黄色的胶样液体（此种胶样液体是由结缔组织转变而来的，除大量白细胞外，还有部分正在分裂的组织，所谓黏液瘤细胞，呈星状，这种细胞内容易找到病毒的原生小体——包涵体，与禽痘的鲍格氏体相似），使组织分开。病初，首先表现眼睑皮下肿胀，并伴有严重结膜炎，流泪，分泌物初为黏性，以后变为脓性，1～2天后睑肿胀。以后整个头部和耳朵肿胀，头部像狮子头，两耳因重度肿胀而下垂。有时肛门和外生殖器、腿部也出现肿胀，经9～10天，有的病例皮肤出血，有的病例有时出现惊厥状态。有的肿瘤增生较快，经1周后就变成大肿块，并逐渐由紫以变为褐色。有的肿瘤到第10天左右开始破溃，流出浆液性液体。

4. 临床诊断

（1）大体病变。最突出的变化是皮肤肿瘤和皮肤以及皮下，尤其是颜面和天然孔周围显著水肿。患病部位的皮下组织聚集多量微黄色、清朗的胶样液体，常使组织分开。液体中除有许多嗜伊红性白细胞外，还有部分正在分裂的组织细胞即黏液瘤细胞。皮肤可出现出血，胃肠道的浆膜下有淤点和淤斑，加利福尼亚毒株所引起的尤为常见，心内膜下和心外膜下也可能出血。此外，某些毒株还能引起脾脏肿大和淋巴结肿大并出血，卡他性肺炎伴以上呼吸道黏膜急性发炎。根据流行特点和临床症状，结合病理组织学检查不难作出确诊（图1－1）。

（2）实验室诊断。本病常采取病变部位（多是肿瘤组织）的新鲜组织作为被检材料。

①包涵体检验：病兔眼垢和病变部皮肤的渗出液中含病毒量最高。将病变组织作触片或水肿液作涂片，用姬姆萨染色，细胞

图 1－1　兔黏液瘤病发病后的临床表现

（图片引自网站 http：//ny. sicau. edu. cn/3/data/86. htm）

质包涵体呈紫色，用维多利亚蓝染色，细胞质包涵体呈蓝色。也可将病变组织作切片染色检查包涵体。

②动物接种试验：将病料磨细后加入每毫升含 1 000国际单位青霉素和链霉素的生理盐水，作 1：5～1：10 稀释，经 3 000 转/分钟离心 10 分钟，取上清液作为接种材料。仔、幼兔每只皮下注射 0. 5～1. 0mL，1 日龄小白鼠背部皮下注射 0. 1mL。兔和小白鼠接种后 7 天内注射部位出现特异性病理变化，并可检查到包涵体。

5. 防制

（1）预防。

①兔黏液瘤病是一种毁灭性家兔传染病。我国尚无此病流行发生，因此，应严禁从有兔黏液瘤病发生的国家进口种兔和未经消毒的兔皮、兔毛以及其他产品，以防本病的传入。

②从国外进口种兔和兔产品及原料时必须进行严格的港口检

疫，隔离观察1个月以上。毗邻国家发生流行时，应立即封锁国境线。

③在有本病的国家中，常用免疫接种、控制传播媒介和用各种方法避开吸血昆虫、扑杀病兔，尸体加以销毁，彻底消毒等方面的控制。英国用肖扑氏纤维瘤病毒（兔纤维瘤病毒）疫苗，家兔接种后第4天开始产生抗体，免疫力可达1年之久，保护率在90%以上。或用经过兔肾细胞人工致弱的MSD/B株病毒制成活毒疫苗，对兔安全可靠，并有坚强的免疫性。此外，也可应用黏液瘤病毒鸡胚或细胞毒株制成灭活苗，对兔安全而有效。

④兔群一旦发生此病，除采取扑杀、消毒、烧毁等措施之外，还应立即进行紧急预防注射，邻近的兔群更应注射疫苗。

（2）治疗。目前，对本病没有有效的治疗办法，应以预防措施为主。

二、兔痘

兔痘是由兔痘病毒引起家兔的一种高度接触性、致死性传染病。临床上以结膜炎，皮肤出现红斑，丘疹及内脏器官发生结节性坏死为特征。

1. 病原

兔痘病毒属于正痘病毒属、痘病毒科，为DNA型病毒。病毒颗粒呈砖形或卵圆形，有囊膜。兔痘病毒可以在11～13日龄鸡胚绒毛尿囊膜增殖，并产生出血性痘斑或白色浑浊痘斑。痘病毒也可在多种细胞上培养，如H细胞、小鼠成纤维细胞、猪肾细胞、地鼠上皮细胞等。病毒主要存在于血液、肝、脾、睾丸、卵巢等实质脏器，脑、胆汁、尿液也含有该病毒。该病毒抵抗力较强，在室温条件下可存活几个月，干燥条件下可耐受100℃ 5～10分钟；但在潮湿条件下60℃10分钟可被灭活，－70℃可存活多年。对紫外线和碱敏感，常用的消毒药即可将其杀死。

2. 流行特点

兔痘只有家兔能自然感染发病，发病率没有年龄差异，但幼兔和妊娠母兔的死亡率最高。幼兔的死亡率可达70%，成年兔的死亡率则为30%～40%。本病的主要传染源为病兔，其鼻腔分泌物中含有大量的病毒，易感兔吸入或吃进病毒即被感染。病兔康复后无带毒现象。康复兔可与易感兔安全交配，从康复兔可以繁殖无病群。本病多经呼吸道感染，也可经消化道感染，此外，皮肤和黏膜的伤口直接接触含病毒的分泌物也是重要的传播途径。本病在兔群内传播极为迅速，有时甚至杀灭并隔离病兔仍不能防止本病在兔群中蔓延。

3. 临床表现与特征

流行初期潜伏期较短，后期较长。最早出现的病例潜伏期2～9天，以后发生的病例平均为2周。通常在感染后7～10天死亡，但也有早至5天或拖至几周死亡的。一般来说，流行初期病程短，末期病程较长。病兔眼睑发炎和流泪，继而角膜发炎溃疡，甚至穿孔。公兔阴囊、包皮皮肤水肿，出现丘疹。母兔阴唇水肿出现丘疹，通常发生流产。有时出现神经症状，主要表现为运动失调，痉挛，眼球震颤，肌群发生麻痹。肛门和尿道括约肌也可发生麻痹。本病常并发支气管肺炎、喉炎、鼻炎和胃肠炎（图1－2）。

4. 临床诊断

病兔最显著的变化是皮肤损害，可从仅有少数局部丘疹发展到严重的广泛性坏死和出血；心脏有炎性损害；肺中布满小的灰白色结节，有弥漫性肺炎及灶性坏死；肝大，呈黄色，整个实质有很多白色结节和小的坏死灶；淋巴结通常因严重水肿而增大，特别是腘淋巴结和腹股沟淋巴结肿大并变硬；睾丸、卵巢、子宫布满白色结节，睾丸显著水肿和坏死，肾上腺、甲状腺、胸腺均有坏死灶。

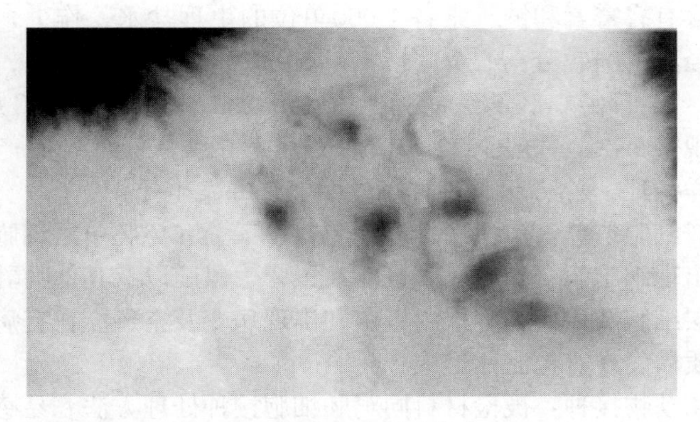

图 1－2　兔痘发病后的临床表现

（图片引自网站 http：//www. tccxfw. com/tpsc/10715. jhtml）

根据临床症状眼炎、皮肤出现红斑、丘疹及特征性的病理变化如内脏器官发生结节性坏死、出血等可作出现场诊断，确诊需要进行实验室诊断。

（1）实验室诊断取材。取肝、脾、肾、淋巴结、心肌、肺、睾丸、子宫病料和呼吸道分泌物以及水肿液等作为病毒检验材料。鸡胚绒毛尿囊膜的痘疱病灶或细胞培养物亦可作被检材料。可通过包涵体检验、鸡胚接种、细胞培养、动物接种、红细胞凝集反应、血清中和试验、血清保护试验、琼脂扩散试验、红细胞凝集抑制试验等方法来进行确诊。

（2）实验室诊断技术。

①包涵体检验：将病料组织、绒尿膜、细胞培养物作触片、涂片，用姬姆萨染色，可见细胞质包涵体呈紫色；用维多利亚蓝染色，可见细胞质包涵体呈蓝色。也可将病变组织、细胞培养物作组织切片染色检查包涵体。

②鸡胚接种：兔痘病毒容易在 40℃ 孵化的鸡胚绒毛尿囊膜上繁殖，并呈大溃疡、红灰白色痘疱。将被检病料磨细后加入每

毫升含有青霉素和链霉素各 1 000单位的生理盐水，作 1：10 稀释，经 3 000转/分离心 10 分钟，取上清液作为接种材料，接种于 10～12 日龄鸡胚的绒尿膜，每胚 0.2mL，经 39～40℃孵育，每天观察 3 次。一般于 72 小时左右病毒在绒尿膜上开始产生小痘疱样病灶，4～6 天痘疱样病灶明显，并发生死亡。

③细胞培养：兔痘病毒能在兔肾、睾丸和兔胚单层细胞内繁殖和出现细胞病变和空斑。也能在鼠肾、鼠胚以及其他哺乳动物肾单层细胞及传代细胞株内繁殖和出现病变及空斑。在有病变的细胞质内发现有包涵体形成。

④动物接种：被检材料同鸡胚细胞接种处理方法。易感兔皮肤划痕接种，或每只兔皮下注射 0.5～1.0mL，或每只兔滴鼻感染 0.2～0.5mL。一般在感染后的 5 天左右开始发病，症状和病变与自然病例相同。

5. 防制

目前，对兔痘的防治尚没有疫苗可使用，一般采取对症治疗为主。经自然感染或人工感染后可产生较好的免疫力。也可用牛痘疫苗做皮内划痕接种，可产生一定的免疫力。因此在疫情严重的地区和兔群，可以试用牛痘疫苗接种，可使家兔产生对兔痘的部分免疫力。

对兔痘的预防一般还是以加强饲养管理和严格执行卫生消毒措施为主。引种或购入新兔，严格检疫，隔离观察，防止兔病混入兔群，以免发生疫情。

发生疫情后，立即采取措施隔离消毒，扑杀病兔，病死兔尸深埋或焚烧。

目前，尚无特效药，常采取对症治疗的措施。发生兔痘病后，局部可用 0.1% 高锰酸钾溶液洗涤，擦干后涂抹紫药水或碘甘油。全身应用抗生素预防继发感染，如硫酸庆大霉素、盐酸强力霉素、氟喹诺酮类广谱抗生素等。

三、兔纤维瘤病

兔纤维瘤病又名兔传染性纤维瘤病或者兔肖朴氏纤维瘤病，是由兔纤维瘤病毒感染所引起的家兔和野兔的一种良性、肿瘤性，尤其是以皮下和黏膜下结缔组织炎性增生而形成坚实的肿瘤块为主要特征的病毒性传染病。该病由 Shoppe 于 1932 年在新泽西州从一种白尾灰兔体内首次分离到兔纤维瘤病毒以来，随后在美国几个州和加拿大均已发现了兔纤维瘤病。截至目前，我国尚无本病报道。

1. 病原

兔纤维瘤病是由兔纤维瘤病毒感染所引起的家兔和野兔的一种良性、肿瘤性病毒性传染病。

2. 流行特点

该病的传染源主要由病兔和隐性感染的带毒兔。其传播途径虽尚不十分清楚，但已有的研究表明，该病毒不能通过接触传播，也不能通过胎盘或乳汁进行垂直传播。伊蚊、库蚊或其他吸血昆虫（如跳蚤和臭虫）有可能是该病重要的传播媒介；研究发现该病对其他动物无易感性，仅发生于某些品种、品系的家兔和野兔，尤其是新生的欧洲家兔和棉尾兔更具有易感性，可见于各种年龄的家兔和野兔，但以幼龄兔发病率高，而成年兔易感性较低。该病一年四季均可发生，但多见于炎热的夏季。

3. 临床表现与特征

自然感染发病的兔，肿瘤主要在四肢腿部或脚部皮下，以形成一个至几个坚实、呈球形、可移动的肿块为主要特征，最大的可达鸡蛋大，直径约 7 厘米，一般为黄豆至榛子大；肿瘤通常只限于皮下，不附着于深层组织，松动时像皮球。在病兔的口腔和眼周围皮肤，也偶见肿瘤病灶，肿块扁平。肿瘤不从原发部位发生转移。肿瘤可保持数月，少数病例可保持一周。病兔康复后，具有坚强的免疫力。

兔呈急性炎症反应，随后局部出现成纤维细胞明显增生，直至形成纤维瘤构造。瘤细胞为富含胞浆的纺锤形或多角形结缔组织细胞，偶见分裂象很。瘤细胞的胞浆内发现像痘病毒感染的特征性包涵体。在瘤细胞之间，还常见淋巴细胞和假嗜酸性粒细胞浸润。肿瘤表面的表皮细胞，常因肿瘤的压迫而发生变化或坏死。

兔纤维瘤病与兔黏液瘤病在临床上相似，需加以区别，两病的不同之处是：首先，在病理组织学上，纤维瘤细胞可以与恶性生长的星形黏液瘤细胞相区别。纤维瘤局部没有胶样水肿，炎症和坏死性倾向也较轻微；在结节形成后，约 4 周内被吸收而结疤。其次，兔纤维瘤病的全身反应和病理变化都较兔黏液瘤病轻，多取良性经过，不会致死。最后，将肿瘤病料的混悬液接种于 10～12 日龄鸡胚绒毛尿囊膜，两病病毒所致病变不同：纤维瘤病毒所引起的痘样病灶，比黏液瘤病毒小，且不侵害鸡胚。

4. 临床诊断

（1）电镜观察。患部超薄切片在电子显微镜下观察，纤维瘤病毒大小为 20～24nm。

（2）鸡胚接种。患部混悬液接种 10～12 日龄鸡胚绒毛尿囊膜，能产生细小痘样病灶，但胚体不产生局部病变。

（3）细胞培养。纤维瘤病毒在兔肾细胞上生长良好，并可产生细胞病变（CPE）；所产生的空斑，直径仅达 1.5μm，由细胞团块构成；用中性红染色时，能染成红色。

（4）血清学方法。分离到的病毒可用已知抗血清做中和试验，加以鉴定。还可选用补体结合试验和琼脂扩散试验等血清学方法，进行定性诊断。

5. 防制

一旦兔场突发纤维瘤病，应立即向上级有关部门报告疫情，并及时严格控制传染源，杀灭传播媒介，切断传播途径；还要对兔场进行详查，及早发现传染源，检出的病兔和可疑病兔，应立即隔离饲养2个月以上，待完全康复后，才能解除隔离。另外，针对传染源，病死兔一律深埋或销毁，做无害化处理；针对传播途径，对污染的兔舍、兔笼、用具及周围环境，必须彻底消毒，杀灭病原。

四、兔乳头状瘤病

兔乳头状瘤病是指多发性乳头状瘤，由皮肤或黏膜的覆盖上皮形成的良性肿瘤，呈乳头状，疣状或菜花状突起，在较大的瘤体表面常有溃疡，质脆，触之易碎落和出血。

1. 病原

兔乳头状瘤病是由兔乳头状瘤病毒感染引起。本病毒可使机体产生抗体。在抗原上本病毒与牛和狗的乳头状瘤及兔口腔乳头状瘤病毒之间，没有交叉免疫反应。目前，本病毒还不能在传代细胞系进行培养。利用新生兔的皮肤培养分离病毒，仅观察到表皮细胞的增生，但未看到病毒在细胞内的复制过程。将病毒注入鼠颊囊，可使其发生肿瘤。

2. 流行特点

发生在除口腔黏膜以外的任何部位皮肤上的乳头状瘤病(皮肤乳头状瘤)，原发于野生棉尾兔，家兔也可感染。患病兔是主要的传染源。通过直接接触、外伤、昆虫叮咬传播，因此，只要兔群中有1只患病兔，本病就可一直存在。

3. 临床表现与特征

乳头状瘤病是指多发性乳头状瘤，乳头状瘤是由皮肤或黏膜的覆盖上皮形成的良性肿瘤，呈乳头状，疣状或菜花状突起，在较大的瘤体表面常有溃疡，质脆，触之易碎落和出血。组织学特点是上皮向外过度生长、形成许多乳头。在乳头的中央，多数有纤维组织和脉管，称为纤维束。皮肤乳头状瘤表面是过度角化的鳞状上皮，上皮细胞比正常的稍大，胞浆略嗜碱性，核染色质较丰富，无间变（异型性），基底细胞排列整齐，有少数核分裂象。黏膜乳头状瘤一般无角化，表面上皮细胞胞浆多呈空泡状，瘤组织很少向深层浸润生长。

组织学特点是上皮向外过度生长、形成许多乳头。在乳头的中央，多数有纤维组织和脉管，称为纤维束。皮肤乳头状瘤表面是过度角化的鳞状上皮，上皮细胞比正常的稍大，胞浆略嗜碱性，核染色质较丰富，无间变（异型性），基底细胞排列整齐，有少数核分裂象。

4. 临床诊断

（1）流行特点。发生在除口腔黏膜以外的任何部位皮肤上的乳头状瘤病（皮肤乳头状瘤），原发于野生棉尾兔，家兔也可感染。患病兔是主要的传染源。通过直接接触、外伤、昆虫叮咬传播，因此，只要兔群中有一只患病兔，本病就可一直存在。只发生于口腔黏膜上的乳头状瘤病（口腔乳头状瘤）可感染家兔、棉尾兔，患病兔是主要的传染源，可通过口腔唾液、哺乳传播，但只有在口腔黏膜有损伤时才能诱发肿瘤。

（2）症状和病变。皮肤乳头状瘤，一般数量不等，一个、几十个甚至上百个，可发生在头部、颈侧。

（3）临床上主要根据病变特征进行诊断。必要时，可做病理学和电镜检查以及染感性试验（图1－3）。

5. 防制

带有乳头状瘤的兔子对再感染有部分的或完全的免疫力。应用肿瘤悬浮液乳剂接种正常兔，也可能使易感兔产生主动免疫力。

图 1－3　兔乳头状瘤病发病后的临床表现
（图片引自 http：//www. guokr. com/post/471204/）

五、兔疱疹病毒病

兔的疱疹病毒病是由疱疹病毒引起的慢性传染病以皮肤和黏膜出现红斑、丘疹为主要特征。

1. 病原

兔的疱疹病毒病是由疱疹病毒引起的慢性传染病。

2. 流行特点

一般情况下，本病毒可以在兔体内长期潜伏，长达数年之久或终身存在。当遇到适宜条件时，病毒可重新被激活，造成负性感染而表现出明显的临床症状。目前，对本病自然感染的流行情况还不十分清楚。

3. 临床表现与特征

在自然条件下，家兔感染兔疱疹病毒后，4～7 天在局部皮肤出现红斑，2 周内消失，有时表现不食或少食、腹泻、消瘦、发烧，皮肤出现丘疹和水疱，可引起窜九炎和发热，角膜肿胀，出现水疱。

4. 防制

目前，尚无理想的防治措施，主要采取对症治疗，一方面加强饲养管理，搞好兔舍及环境卫生，坚持消毒制度，彻底消灭吸血昆虫，控制传播媒介，切断传播途径；另一方面防止继发感染。一旦发生本病，应坚决采取扑杀、消毒、烧毁等措施，对假定健康群，立即用疫苗进行紧急预防接种。

六、兔狂犬病

狂犬病（rabies）是由狂犬病毒引起的一种人畜共患的中枢神经系统急性传染病。因狂犬病患者有害怕喝水的突出临床表现，本病亦曾叫作“恐水病”，但患病动物没有这种特点。

1. 病原

狂犬病是由狂犬病毒感染引起的中枢神经系统传染病，感染了狂犬病的动物在咬伤家兔时，通过唾液使狂犬病病毒进入兔体，狂犬病病毒还可以通过无损伤的正常黏膜进入兔体，或带有狂犬病病毒的液体溅入眼睛，通过眼结膜进入兔体，但以这种方式进入的例子要少得多。

2. 流行特点

人和温血动物共患的传染，其特点是狂躁不安和意识紊乱，该病毒主要存在于病畜的延脑、大脑皮质、海马角、小脑和脊髓中。唾液腺和唾液中也有大量的病毒。动物致病多为病畜咬伤所致，但也发现有些病畜并无被咬伤史也患病，因此，认为动物发病除直接被咬伤外，伤口、破损皮肤、易膜等接触病死动物尸自然发病的还有许多野生动物，如狼、狐、蝙蝠等。试验人工感染发病家兔最敏感。兔场中家兔被感染的机会也随时存在。许多兔场养狗、养猪，一旦发生狂犬病也会伤害家兔，其尸体污染物和排泄物都可能通过外伤感染家兔。

3. 临床表现与特征

狂犬病是由狂犬病毒感染引起的，侵害个枢神经系统紊乱，主要临床表现为特有的狂躁、恐惧不安、怕风怕水、流涎和咽肌痉挛，最终发生瘫痪而危及生命最后发生麻痹而死亡。

病理变化主要为急性弥漫性脑脊髓炎，脑膜多正常。脑实质和脊髓充血、水肿及微小出血。脊髓病变以下段较明显，是因病毒沿受伤部位转入神经，经背根节、脊髓入脑，故咬伤部位相应的背根节、脊髓段病变常很严重。延髓、海马、脑桥、小脑等处受损也较显著。多数病例在肿胀或变性的神经细胞浆中，可见到1至数个圆形或卵圆形、直径约3～10μm的嗜酸性包涵体，即内基小体（Negri body）。常见于海马及小脑组织的神经细胞中，偶亦见于大脑皮层的锥体细胞层、脊髓神经细胞、后角神经节、交感神经节等。内基小体为病毒集落，是本病特异且具有诊断价值的病变。

4. 临床诊断

（1）临床检测。某些病例由于咬伤史不明确，早期常被误诊为破伤风、病毒性脑膜炎及脑型钩端螺旋体病。常见症状为全身性肌肉痉挛持续较久，常伴有角弓反张。而狂犬病肌肉痉挛呈间歇性发作，主要发生在咽肌。严重的神志改变（昏迷等）、脑膜刺激征、脑脊液改变及临床转归等有助于本病与病毒性脑膜炎等神经系统疾病鉴别，免疫学抗原、抗体检测、病毒分离可作出肯定诊断。

（2）实验室检测。

①血清中和抗体或荧光抗体测定：对未注射过疫苗、抗狂犬病血清或免疫球蛋白者有诊断价值。近来亦有采用ELISA进行抗体检测。

②狂犬病毒抗原检测：应用荧光抗体检查脑组织涂片、角膜印片、冷冻皮肤切片中的病毒抗原，发病前即可获得阳性结果。方法简便，数小时内可完成，

③病毒分离：从患兔脑组织、脊髓、涎腺、泪腺、肌肉、肺、

肾、肾上腺、胰腺等脏器和组织虽可分离到病毒。分离病毒可采用组织培养或动物接种，分离出病毒后可用中和试验加以鉴定。

④脑组织动物接种与检查：均于死后进行，动物接种为将死者脑组织制成10%混悬液接种于小鼠脑内（2~3周龄的乳鼠较成年鼠为敏感），阳性者小鼠于6~8天内出现震颤、竖毛、尾强直、麻痹等现象，10~15天内因衰竭而死亡。死亡小鼠脑组织切片中可发现内氏小体。

⑤反转录聚合酶链反应（RT-PCR）检测狂犬病毒核酸：为了能检侧大多数狂犬病毒和狂犬相关病毒

5. 防制

目前，该病尚无特效药物治疗，应以定期免疫接种等综合预防措施来控制本病的发生。

（1）预防措施。因为兔的狂犬病偶有发生，家兔的数量又太多，所以，没有必要，也不可能都注射疫苗。高免血清又昂贵，从经济效益考虑也行不通。所以，应重预防，一旦发现病兔及时扑杀。

（2）治疗措施。临床症状明显的动物无法治愈，应予以扑杀处理。病兔不能剥皮利用，应深埋或焚烧。兔场不要养狗、养猪、养猫，也不准野狗、野猫进入兔场。注意公共卫生，防止传染给人。

七、兔病毒性出血症

兔病毒性出血症又名兔出血性肺炎、兔出血症和兔瘟。是由兔病毒性出血症病毒（RHDV）所致的兔的一种急性、败血性、高度接触传染性、致死性和以全身实质器官出血为主要特征的传染病。

1. 病原

本病毒属于嵌杯状病毒科，无囊膜，为20面立体对称结构，外径为 30～40nm，具有凝集人的红细胞的能力。能抵抗乙醚、氯仿等有机溶剂，可被 1% 氢氧化钠灭活。0.4% 甲醛在 40℃或 37℃条件下能够杀死全部病毒，但仍能保持病毒的免疫原性。

2. 流行特点

病兔、死兔和隐性传染兔为主要传染源。本病可通过病兔与健兔接触而传播，病兔的排泄物、分泌物等污染饲料、饮水、用具、兔毛以及往来人员，亦可间接传播本病。本病只发生于兔，2 月龄以上的兔最易感。本病的发生没有严格的季节性，北方以冬、春季节多发。本病一旦发生，往往迅速流行，常给兔场带来毁灭性后果。

3. 临床表现与特征

本病的潜伏期为 2～3 天。根据病程可分为 3 种病型。

（1）最急性型。多见于流行初期或非疫区。病兔无任何先兆或仅表现短暂的兴奋即突然倒地，抽搐、鸣叫而亡。有的鼻孔出血，肛门附近带有胶冻样分泌物。

（2）急性型。在整个病兔流行期占多数。病兔精神沉郁，体温升高到 41℃以上，食欲明显减退或废绝，被毛粗乱，呼吸迫促，临死前体温下降，软瘫，四肢不断划动，抽搐、尖叫。部分病兔鼻孔流出带泡沫的液体，死后呈角弓反张。病程 1～2 天。

（3）慢性型。多见于流行后期或疫区，潜伏期长、病程长。病兔精神沉郁，食欲减退或废绝，消瘦。有的病兔站立不稳，甚至瘫痪。有的病兔可以耐过，但生长缓慢。

本病的特征性病理变化为各器官的出血、淤血，水肿，实质器官的变性和坏死，呼吸道发生病变。鼻腔、喉头和气管的黏膜高度充血及点状出血，鼻腔和气管内充满血样泡沫和液体。肺脏水肿，有明显的大小不等的出血点，切面呈紫色。肝脏肿大，呈土黄色或褐色，质脆，有出血点。肾脏明显肿大，淤血，呈红褐色，表面或切面有出血点。脾脏肿大，淤血，呈暗紫色。心脏显著扩张，内积血凝块，心壁变薄。胃黏膜脱落，小肠黏膜有小出血点。肠系膜淋巴结、圆小囊和胸腺多数充血、出血。脑膜和脑内出血。胰脏有出血点。膀胱积尿（图 1 –4）。

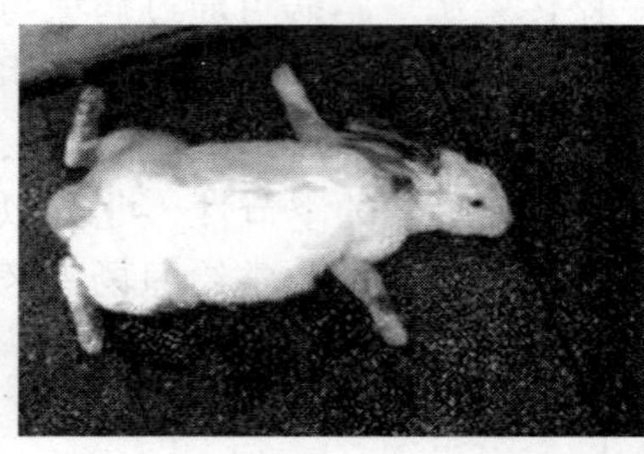
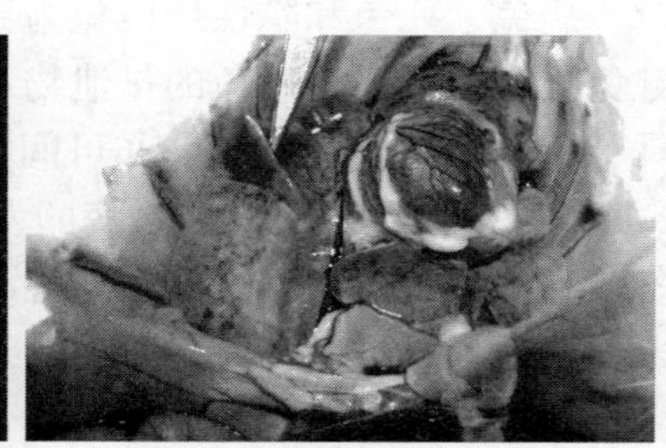

图 1 –4　兔瘟发病后的剖检变化

（图片引自网站 http：//www. crtn. net/html/tyjs/yzjs/2013/0930/941. html）

4. 临床诊断

（1）电镜检查。将新鲜病兔尸体或采病死兔肝、脾、肾和淋巴结等材料制成 10% 悬液，应用超声波处理，经差速离心或密度梯度离心纯化后，制备电镜标本，用 2% 磷钨酸染色，电镜观察。若检出本病毒，可初步确诊。

（2）血清学检查。用人的红细胞（各种类型均可）做血凝（HA）试验和血凝抑制（HI）试验。

①HA 试验。将病料匀浆，取上清液，在微量板上体积 2 倍稀释，加入 1% 人 O 型红细胞。于 37℃ 作用 60 分钟，若凝集，则证明有病毒存在。

②HI 试验。用已知抗兔出血症病毒血清，检查病料中的未知病毒。在 96 孔 V 型微量滴定板上加被检病料（肝组织悬液），做 2 倍稀释，然后加抗血清，摇匀，再加入 1% 人 O 型红细胞悬

液，于4℃作用30分钟观察结果。凡被已知抗血清抑制血凝者，证明本病毒存在，为阳性。

（3）动物试验。采取病死兔的肝、脾或肺，制成1∶5～1∶10悬液，经双抗处理，接种2～3只兔。若发病死亡，自然病例的症状和病变相同，即可作出诊断。

5. 防制

（1）预防。

①加强饲养管理，坚持做好卫生防疫工作，加强检疫与隔离。

②深埋病兔，对兔笼、用具进行彻底消毒。

③用兔瘟组织灭活苗，对家兔进行免疫接种，40日龄进行第一次接种，间隔20～30天第二次接种，间隔2～3个月再第三次接种，免疫期可达6个月，以后每隔4个月接种1次。

（2）治疗。

①发病后划定疫区，隔离病兔。病死兔一律深埋或销毁，用具消毒。

②疫区和受威胁区可用兔瘟灭活苗进行紧急接种，按兔大小每只注射2mL。

③发病初期的兔肌注高免血清或阳性血清，成年兔3mL/kg体重，60日龄前的兔2mL/kg体重。待病情稳定后，再注射兔瘟组织灭活苗。

④病兔静脉或腹腔注射20%葡萄糖盐水10～20mL，庆大霉素4万单位，并肌注板蓝根注射液2mL及维生素C注射液2mL，也有一定效果。

⑤板蓝根、大青叶、金银花、连翘、黄芪等份混合后粉碎成细末（此即为“兔瘟散”），幼兔每次服1～2g，日服2次，连用5～7天；成年兔每次服2～3g，日服2次，连用5～7天。也可拌料喂食。

八、兔传染性水疱性口炎

兔传染性水疱性口炎是由水疱口炎病毒引起的兔的一种急性传染病，其特征为兔口腔黏膜发生水疱炎症并伴有大量流涎，故又称“流涎病”。

1. 病原

本病病毒属于弹状病毒科，水疱病病毒属，主要存在于病兔的水疱液、水疱皮及局部淋巴结内，在4℃时存活30天；—20℃时能长期存活；加热至60℃及在阳光的作用下，很快失去毒力。

2. 流行特点

本病多发生于春、秋两季，自然感染的主要途径是消化道。对家兔口腔黏膜人工涂布感染，发病率达67%；肌内注射也可感染，潜伏期为5～7天。主要侵害1～3月龄的幼兔，最常见的是断奶后1～2周龄的仔兔，成年兔较少发生。健康兔食入被病兔口腔分泌物或坏死黏膜污染的饲料或水，即可感染。饲喂发霉饲料或存在口腔损伤等情况时，更易发病。本病不感染其他家畜。

3. 临床表现与特征

本病潜伏期5～7天。被感染的家兔病初舌、唇和口腔黏膜潮红、充血，继而出现粟粒大至扁豆大的水疱和小脓疱，水疱和脓疱破溃，发生烂斑，形成大面积的溃疡面，同时，有大量唾液（口水）沿口角流出。若病兔继发感染坏死杆菌，则可引起患部黏膜坏死，并伴有恶臭。由于流口水，使得唇外周围、颌下、颈部、胸部和前爪的被毛湿成一片，局部皮肤常发生炎症和脱毛。病兔不能正常采食，继发消化不良，食欲减退或废绝，精神沉郁，并常发生腹泻，日渐消瘦，一般病后5～10天衰竭而死亡。死亡率常在50%以上。患兔大多数体温正常，仅少数病例体温升至41℃左右。

病理检查可见兔唇、舌和口腔黏膜有糜烂和溃疡，咽和喉头部聚集有多量泡沫样唾液，唾液腺轻度肿大发红。胃内有少量黏稠液体和稀薄食物，酸度增高。肠黏膜尤其是小肠黏膜，有卡他性炎症变化（图1－5）。

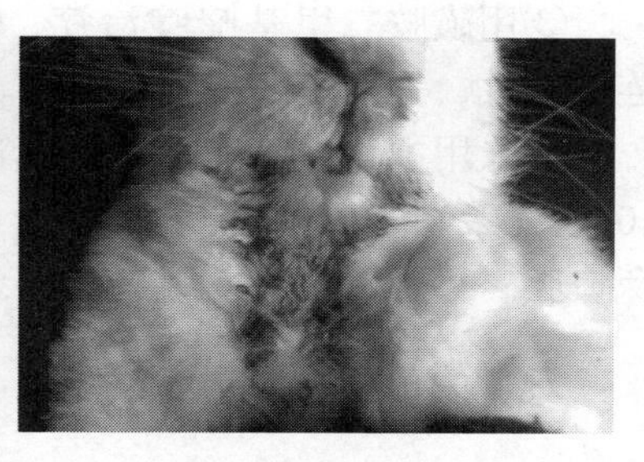

图1－5 兔传染性水疱性口炎发病后的剖检变化

（图片引自网站 http：//www. tccxfw. com/pfhd/10681. html）

4. 临床诊断

根据口腔炎症和流涎等特征，较易作出诊断。本病没有兔痘那样的皮肤性丘疹、眼炎及内脏器官病变，两者易于区别。本病舌、唇和口腔黏膜有水疱、脓疱和溃疡面，这可与化学刺激剂、有毒植物、真菌引起兔的口炎相区别。

5. 防制

（1）预防。

①加强饲养管理，不喂霉烂变质的饲料。笼壁平整，以防尖锐物损伤口腔黏膜。不引进病兔，春秋两季做好卫生防疫工作。

②对健康兔可用磺胺二甲基嘧啶预防，每 kg 精料拌入 5g，或0. 1g/kg 体重口服，每日 1 次，连用3 ~5 天。

（2）治疗。

①发病后要立即隔离病兔，并加强饲养管理。兔舍、兔笼及

用具等用 20% 火碱溶液，20% 热草木灰水或 0.5% 过氧乙酸消毒。

②进行局部治疗，可用消毒防腐药液（2% 硼酸溶液、2% 明矾溶液、0.1% 高锰酸钾溶液、1% 盐水等）冲洗口腔，然后涂擦碘甘油。

③用磺胺二甲基嘧啶治疗，0.1g/kg 体重口服，每日 1 次，连服数日，并用小苏打水作饮水。

④采用中药治疗，可用青黛散（青黛 10g、黄连 10g、黄芩 10g、儿茶 6g、冰片 6g、明矾 3g 研细末即成）涂擦或撒布于病兔口腔，每天 2 次，连用 2～3 天。

九、兔轮状病毒病

兔轮状病毒腹泻是由兔轮状病毒引起的常发生于 30～60 日龄仔兔的以脱水和水样腹泻为特征的传染病，成年兔多呈隐性感染。

1. 病原

兔轮状病毒属呼肠孤病毒科，轮状病毒属。病毒颗粒直径为 70～75nm. 该病毒由双层衣壳组成，完整病毒颗粒表面光滑，具有感染性。兔轮状病毒与牛轮状病毒的理比特性相似。抵抗力较强，在 pH 值 3～9 的环境中保持稳定，可抵抗 20% 的乙醚，用 10% 级防处理使部分病毒失去活性。50℃ 经过 30 分钟使病毒失活，丧失感染性。

2. 流行特点

本病主要侵害幼兔，尤其是刚断奶的幼兔。成年兔一般呈隐性感染：幼兔被感染后突然发病．在兔群中发病并流行。在地方流行感染的兔群中，往往发病率高，死亡率低。本病在没有其他病原存在时，其病性表现是温和的，其感染和发病程度除了与感染毒的致病力因素外．还与饲养管理有关。

3. 临床表现与特征

幼兔感染本病后，突然发病，食欲减退，严重的黏液或水样腹泻，粪便呈淡黄色。发病后 2 ~3 天脱水死亡。本病流行迅速，发病初期如伴有发热，病死率约 60%。剖检可见小肠明显充血、膨胀、结肠淤血，盲肠扩张，内有大量的液状内容物。病程较长者．有眼球下陷等脱水表现。

4. 临床诊断

根据本病的流行特点和特征性的临床症状，可作出初步诊断。由于急性腹泻的病因较多，要确诊本病需要进行病毒的分离、鉴定和血清学试验，也可用间接 ELIsA 试验、中和试验等进行检测。

5. 防制

（1）预防。本病主要危害刚断奶的幼兔，而且尚无有效的疫苗与治疗办法，所以，要特别注意加强断奶幼兔的饲养管理，建立严格的卫生制度。饲料配合要合理，饲料种类相对稳定，变换饲料要逐渐过渡。要保持兔舍内温度、湿度的相对恒定。

（2）治疗。对病兔要隔离治疗、可通过补充体内的水、盐丢失，维持体液平衡，增强机体的抵抗力。也可用肌内注射高免血清治疗本病。

十、兔流行性肠炎

兔流行性肠炎是由病毒引起的一种急性肠道传染病，是兔病毒性出血症之后在欧洲大陆出现的又一种危害严重的新的传染病。其临床特征主要发生在断奶后肥育期的幼兔，表现为水样腹泻，采食量下降，无体温反应，腹部臌胀呈球状，人工感染后 3 天开始死亡，4 ~5 天达高峰，8 ~9 天停止死亡。1997 年，在法国西部地区首次发现本病，死亡率达 30% ~80%。此后，已在法国其他区及欧洲大陆相继发生本病。由于本病传播速度很快，成为一种危害严重的新发生的传染病，可造成重大的经济损失，严重威胁养兔业的发展。

1. 病原

截至目前，兔流行性肠炎是由病毒感染引起的，但是因该病毒感染细胞后没有典型的包涵体类型，相关研究的资料缺乏，尚不能明确病毒的种属特异性。我国当前尚未发现本病，但不能不引起足够的关注。

2. 流行特点

主要发生于断奶后肥育期的幼龄兔，各品种的兔均有易感性。一年四季均可发生。消化道是主要的传播途径，还可经鼻感染。饲养管理不良，饲料污染、发霉以及气候突变等有利于本病发生与流行。

3. 临床表现与特征

病兔食欲减退，严重的水样腹泻，腹部臌胀，主要发生在断奶后肥育期的幼兔，表现为水样腹泻，采食量下降，无体温反应，腹部臌胀呈球状，人工感染后 3 天开始死亡，4 ~ 5 天达高峰，8 ~ 9 天停止死亡。

剖检的病理变化发现，解剖学病变呼吸系统几乎没有病变，整个消化道（包括胃）充满液体，大部分病例在结肠内有大量半透明的黏液。在肠道及其他脏器未见明显的炎性变化。根据其病变，可与其他急性肠炎病例（如球虫病、梭菌病及产肠毒素大肠杆菌引起的疾病）相区别，而这些病例常在盲肠出现急性肠炎的典型病变。

组织学病变表现为间质性肺炎及小肠黏膜的炎性病变，小肠黏膜上皮细胞及肠腺细胞坏死，黏液过度分泌，肠腺嗜酸性细胞增生。这些病变在不同兔场的病料中都不同程度的存在，这些病变常见于病毒感染性疾病。

4. 临床诊断

因该病的病原的血清型不明确，所有还没有市场化的血清型检测方法，该病可根据其临床症状、剖检变化及流行病学特征综合判断：兔流行性肠炎的典型症状，开始兔食欲减退进而拒食，伴随腹胀，同时，出现严重水泻，乃至脱水并被毛蓬乱、衰竭，引起死亡。从发病到死亡，其体温尚无变化。兔群一般在感染本病3天后出现死亡，4~5天达到高峰，8~10天逐渐减少，强者自愈，弱者死亡。解剖尸体会发现胃肠道内充满大量液体，结肠内可见大量半透明黏液，并无其他炎性病变，疑似大肠杆菌，但实际镜检未发现菌体，进一步组织检查，则明显间质性肺炎及小肠黏膜的炎性病变，小肠黏膜上皮细胞及肠腺细胞坏死，黏液过度分泌等。

5. 防制

首先应加强日常饲养管理，供足洁净饮水，禁喂霉变的草料，同时，搞好环境卫生，保持清洁，定期消毒。发现病兔，立即隔离，并对原兔笼舍及用具等，用0.5%过氧乙酸或2%氢氧化钠溶液进行全面彻底的消毒。病死兔及其排地物，污染物等一律焚烧销毁，防止疫情扩散。本病目前尚无疫苗接种，一旦发病也没有特效治疗办法，常规采取止泻、补液，以保护胃肠黏膜，改善胃肠机能，抗菌消炎，防止继发感染等对症下药治疗。

（1）止泻。口服活性炭、木炭粉、矽炭宁等，一次1~2g，一天2~3次。或磺胺脒、氟哌酸、止泻宁等，一次1~2片，一天2~3次，连用2~3天。

（2）补液。复方氯化钠，每千克体重50mL或5%葡萄糖，每千克体重50mL，静脉或腹腔注射也可饮服口服补液盐、维生素C、电解多维等，防止脱水，提高抵抗力。

（3）解痉止痛。肌注阿托品，每千克体重0.1mg或内服颠茄片，每次 1 ~ 2 片，每天 2 ~ 3 次。

(4) 抗菌消炎。内服氟哌酸、磺胺脒、氟苯尼考、阿莫西林、氧氟沙星等，片剂或粉剂（具体按说明使用）或肌注庆大霉素、强力霉素、痢菌净、丁胺卡那霉素、环丙沙星、乙酰甲喹等，一次 0.5 ~ 1mL，每天 2 次，连用 2 ~ 3 天。

十一、兔鲍纳病

兔鲍纳病是由亲神经的兔鲍纳病病毒感染引起的，以后肢麻痹，也能见到膀胱及直肠括约肌麻痹，还能发生各种各样的痉挛，如牙关紧闭、咬牙、肌肉强直性痉挛等为特征的病毒性疾病。

1. 病原

兔鲍纳病的病原为亲神经病毒，该病毒在动物体内主要存在于中枢神经、周围神经及自主神经系统内。乳腺、血液及其他器官内不含有病毒。

2. 流行特点

家兔对本病很易感。病毒通常经患兔唾液传染给健康兔，也可通过消化道和呼吸道侵入机体，马、绵羊、牛也常为传染源。本病常出现于 1—2 月和 4—6 月，以后逐渐减少，呈局限性发生，或年复一年的反复出现。

3. 临床表现与特征

家兔感染鲍纳病潜伏期平均为 21 ~ 28 天。前期症状为精神不好，食欲不佳，闭目，头下垂，用头撞击遇到的物体，碰到物体后，顶着不动，并且长时间保持这种姿势。后肢麻痹，也能见到膀胱及直肠括约肌麻痹，还能发生各种各样的痉挛，如牙关紧闭、咬牙、肌肉强直性痉挛等。

在脑髓各部具有血管灶性淋巴细胞浸润，神经节细胞发生显著损伤。于神经节细胞核内发现包涵体。

4. 临床诊断

兔鲍纳病诊断的主要依据是在神经节细胞内发现包涵体，包涵体周围有光亮的膜，染色呈特殊的玫瑰色，为圆形或椭圆形嗜酸小体。

鲍纳病在类症鉴别时，主要应与李氏杆菌病做鉴别诊断，因为两者均具有典型的神经症状。李氏杆菌病的潜伏期短，一般只有2~8天，死亡快，死前口吐白沫，怀孕母兔发生流产。而鲍纳病的潜伏期为21~28天，无口吐白沫和流产现象。李氏杆菌病的神经症状往往是间歇性，向前冲、转圈、肌肉震颤，发病也无明显季节性。而鲍纳病发病时表现的神经症状往往为持续性，顶着一个物体不动，表现肌肉强直性痉挛，牙关紧闭，发病有明显季节性。李氏杆菌病死亡兔的肝、脾及心肌有散在性或弥漫性的淡黄色或灰白色坏死病灶，淋巴结显著肿大或水肿，胸腔、心包有多量的清亮渗出液。而鲍纳病主要可见到脑髓各部具有血管的灶性淋巴细胞浸润，神经节细胞发生显著的损伤。在显微镜下可发现神经节细胞核内有包涵体存在。

5. 防制

（1）预防。病兔及污染的饲料是主要的传染源，所以，从外地引进种兔时，必须进行隔离观察，确认为健康时才可混群饲养和配种。发现病兔应及早隔离，对兔舍、兔笼等进行彻底消毒，消毒药品可选择苛性钠或石灰乳等。

（2）治疗。在本病流行期间，可在饲料内增喂些食盐以促进消化，并增加饮水量。碘化钾、安钠咖注射，能收到一定的预防效果。治疗也可给予镇静剂，或给予降低脑内压的药物，如注射高渗葡萄糖溶液。有条件时，可注射25%山梨醇溶液或29%甘露醇溶液10~20mL，每天2次，连用3~5天。

第二节　细菌性传染病

一、兔结核病

兔结核病是由结核分枝杆菌引起的一种慢性传染病，以肺、肾、肝、胸膜、心包、支气管、肠系膜淋巴结的结节性肉芽肿及消瘦为特征。本病在世界范围内广泛存在，但是不太常见。本病的病原主要是牛型结核分枝杆菌，禽型和人型结核分枝杆菌也能引起兔发病。

1. 病原

兔结核病的病原主要是牛型结核分枝杆菌，又称牛结核杆菌，禽型和人型结核杆菌也可引起兔发生兔结核病。本菌为革兰阳性菌，在染色标本中，有明显的颗粒。用石炭酸复红加热染色，则着色良好，属于抗酸菌类。结核杆菌在组织和培养物中呈多形性，牛型结核杆菌菌体短，大小为（0.2～0.6）μm×（1～10）μm，较粗，着色较均匀；人型结核菌一般多呈念珠状，常比牛型结核杆菌长；禽型结核杆菌小而粗。

结核分枝杆菌为严格的需氧菌，在缺氧环境下不生长，甚至当培养管塞紧，空气进入受到限制时，细菌的生长也受到抑制。在固体培养基上繁殖缓慢，初代培养常需在37℃孵育3～4周才能看到菌落。菌落开始呈细小而不透明的薄层，逐渐增厚，最后形成干燥的不规则团块，突出于培养基表面。菌落微黄，具有一定的折光性。当细菌适于培养基生长后，可融合覆盖整个培养基表面，形成粗糙、蜡样的菌落。培养数周后，菌苔增厚起皱。在液体培养基中，除非内含有特殊的润湿剂，菌的生长限于表面。

结核分枝杆菌对外界环境的抵抗力相当强，在干燥痰内可生存2～7个月以上，在水中可生存5个月，在土壤中可生存7个月。本菌对3%盐酸、6%硫酸、4% NaOH有抵抗力，对青霉素、磺胺类药物等抗生素不敏感。结核杆菌有“四怕”：①湿热，62~63℃加热15分钟或煮沸即可杀死；②紫外线，直射日光2小时可杀死本菌，牛粪中的病原菌如经太阳照射，可以在38小时内被杀死；③酒精，70%酒精可很快将其杀死；④抗结核药物，链霉素、异烟肼、利福平等药物可以很好治疗结核病。

2. 流行特点

结核分枝杆菌可侵害人和多种动物，在家畜中牛最易感。本病一年四季均可发生，无明显的季节性，多呈散发，但蔓延速度很快。本病主要传播途径是呼吸道和消化道。兔接种牛型结核杆菌后可发生结核，禽型结核杆菌对兔也有高度致病力。健康兔可因接触病兔的飞沫、鼻液、粪便、生殖道分泌物、乳汁等感染。另外也可经交配、皮肤创伤、脐带、子宫内感染。结核病病变发生的部位，很大程度上随病菌侵入动物机体的方式而定。病兔常见的结核菌病灶多见于胸腔，说明感染是通过吸入而发生的。由于食入结核分枝杆菌污染的饲料、奶汁或由于吞下许多本身咳出的带菌痰而发生肠道及肝脏病变。一般认为近亲繁殖的兔种对试验性感染比其他兔要更易感些。

3. 临床表现与特征

本病潜伏期长，常呈隐性经过，不表现明显的临床症状。发病兔食欲缺乏，被毛粗乱，日益衰弱，消瘦，咳嗽气喘，呼吸困难，黏膜苍白，眼睛虹膜变色，晶状体不透明，体温稍高。患肠结核的病兔有腹泻症状，呈进行性消瘦。有些病例可见肘关节、膝关节和跗关节的骨骼畸形，外观肿大。

病兔剖检可见尸体消瘦并呈淡黄色至灰色、贫血。肝、肺、肋膜、腹膜、肾、心包、支气管淋巴结、肠系膜淋巴结等部位出现坚实的结节，肾结核较为少见。结核结节大小不一，中心有坏死干酪样物，外面包有一层纤维组织性的包膜。肺中的结核灶可发生融合，并可形成空洞。当肠道发生结核时，肠淋巴结肿大，肠浆膜面有稍突起的、大小不等的结节，黏膜面上呈现溃疡，溃疡周围为干酪样坏死。消化道内的溃疡区常位于淋巴组织处，其中，包括淋巴集结、圆小囊以及盲肠壁的淋巴小结。支气管和纵隔淋巴结常肿大，含有干酪样坏死灶。关节和骨骼的损害直到尸体剖检或骨骼溶解浸软时，才变得明显（图 1－6 和图 1－7）。

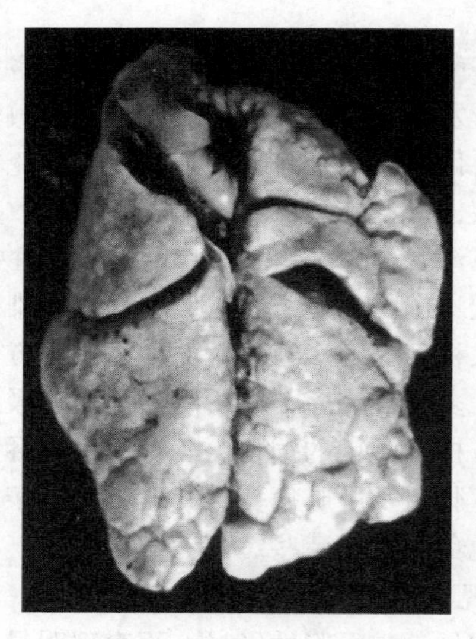

图 1－6　肺脏表面散在大量大小不等的结核结节，结节中心部已发生干酪样坏死

（图片引自：任克良等文献《兔病诊断与防治原色图谱》）

4. 临床诊断

在动物群中发生进行性消瘦、咳嗽等临诊症状时，可作为疑似本病的数据。但仅根据临床症状很难确诊，需结合流行病学、临诊症状、病理变化、结核菌素试验、细菌学试验和血清学试验等综合诊断较为切实可靠。

图1－7　肾脏表面高低不平，可见大小不等的结核结节

（图片引自：任克良等文献《兔病诊断与防治原色图谱》）

（1）结核菌素试验。实验室诊断用结核菌素做变态反应，是诊断本病最为重要的诊断方法。诊断时，须先剃毛，测量皮皱厚度，然后用稀释的结核菌素同时分别皮内接种，72小时后再次测量皮皱厚度，并判定反应，局部有明显炎症反应、皮厚差增厚者为阳性，即为结核病兔。

（2）微生物学诊断。可采取病料（病灶、痰及其他分泌液），然后抹片镜检或分离培养结核杆菌和实验动物接种。

5. 防治

（1）预防。预防本病的重点在于加强饲养管理和严格兽医卫生防疫制度。定期对兔舍、兔笼和用具等进行消毒。兔场要与鸡场、牛场等隔开，坚持经常消毒制度和防疫制度，防止其他动物进入兔舍。结核病人不能当饲养员。引进家兔要从无病场采购并隔离检疫，经一定的捡疫时间，才能混入兔群。发病兔要立即淘汰，被污染的场地要彻底消毒，严格控制病原传染给健康兔。

（2）治疗。本病的治疗意义不大，关键在于预防。必要时，可肌注链霉素，每千克体重4万单位，每天2次，连用7天。同时，饲喂营养丰富的饲料，增加青绿饲料的喂量，补充矿物质、维生素A和维生素D等，有助于增强抵抗力。

二、兔伪结核病

兔伪结核病是由伪结核耶尔森菌引起兔的一种与结核病相类似的慢性消耗性传染病，以肠道、内脏器官和淋巴结发生干酪样坏死结节为主要特征。

1. 病原

本病的病原体为伪结核耶尔森菌，是革兰阴性菌，为多形态性、球状短杆菌，大小为（0.5～0.8）μm×（1～3）μm，没有荚膜，有鞭毛，不形成芽孢，内脏涂片用美蓝染色多呈两级染色。本菌为需氧菌及兼厌氧菌，最适生长温度为28～30℃，最适生长pH值为7.2～7.4。本菌对营养要求不高，可以在普通培养基上生长，在培养基上为细小干燥、边缘不整齐、灰黄色的菌落。伪结核耶尔新氏菌有4个抗原型，以第Ⅰ型和第Ⅱ型最为常见。本菌抵抗力不强，在80℃、5%的石炭酸溶液中可在5～10分钟内死亡，在0.1%升汞溶液中于15～20分钟内能杀死本菌。

2. 流行特点

本菌于自然界广泛存在，啮齿类动物是本病菌的贮存载体，因此，家兔很容易自然感染发病。除兔之外，许多动物，包括哺乳动物、禽类、灵长类、啮齿类以及人类都可因感染而发病。感染动物和带菌啮齿动物是本病的传染源。本病的主要传染途径是消化道（通过污染的饲料和饮水），病原菌可随着病兔的粪便排出。其次，本病也可经皮肤伤口、交配和呼吸器官而感染。

本病多呈散发性，有时也有地方性流行性。多发于冬、春寒冷季节，秋季次之，夏季极少发病。营养不良、应激和寄生虫病等使兔抵抗力降低时，容易诱发本病发生。

3. 临床表现与特征

本病呈慢性经过，病初症状不明显，随着病情的发展，病兔出现下痢，食欲减少以至拒食，逐渐消瘦，行动迟钝，极度衰弱，被毛粗乱，病程较长，通常直到瘦得皮包骨头才死亡。个别病兔可见有下痢和体温升高、呼吸困难等症状。多数病兔有化脓性结膜炎，腹部触诊可感到有肿大的肠系膜淋巴结和肿大坚硬的蚓突。少数病例呈急性败血性经过，体温升高，呼吸困难，精神沉郁，食欲废绝，很快死亡。

原发性病变在肠道的病例，剖检可见小肠的淋巴结肿胀并坏死，最显著的病变在盲肠的阑尾和回盲部的圆小囊上。阑尾肥厚肿硬如腊肠，浆膜下有无数灰白色干酪样小结节，黏膜被干酪样变性的小结节覆盖。圆小囊肿大变硬，浆膜下有散在灰白色乳脂样或干酪样粟粒结节。病变轻者，只有少量散发性小结节。肠系膜淋巴结经常受害，肿大若干倍并含有大面积干酪样坏死。还有肝与脾的大面积干酪样坏死，脾大，较正常肿大约 5 倍左右。上有多量黄白色针帽至粟粒大结节，肝大、质粗，胆囊肿大，充盈胆汁，肠系膜淋巴结肿大，其他脏器未有可视性病变有时肺与肾同样受害。扁桃体、支气管淋巴结可能含有坏死灶。新形成不久的结节中含有白色黏液状物，陈旧的则为白色凝固的干酪样团块。死于败血症的病例，肝、脾、肾等严重淤血肿胀，肠壁血管极度扩张（图 1－8 至图 1－11）。

4. 临床诊断

一般根据特征性病变可做初步诊断，确诊应进行细菌学及血清学检查。对临诊病例，可用粪便做培养。在许多慢性干酪样坏死结节中，细菌的培养结果是阴性。可再用凝集反应和血凝反应作辅助诊断。但要注意，不要与沙门菌、布鲁菌等之间的交叉反

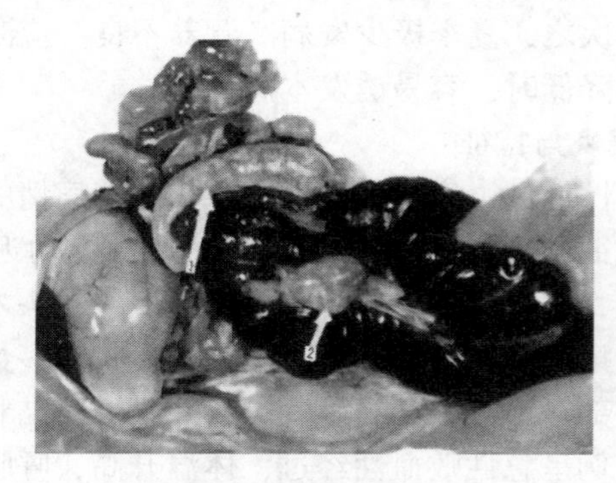

图1－8　盲肠蚓突和圆小囊有粟粒状坏死结节
（图片引自：任克良等文献《兔病诊断与防治原色图谱》）

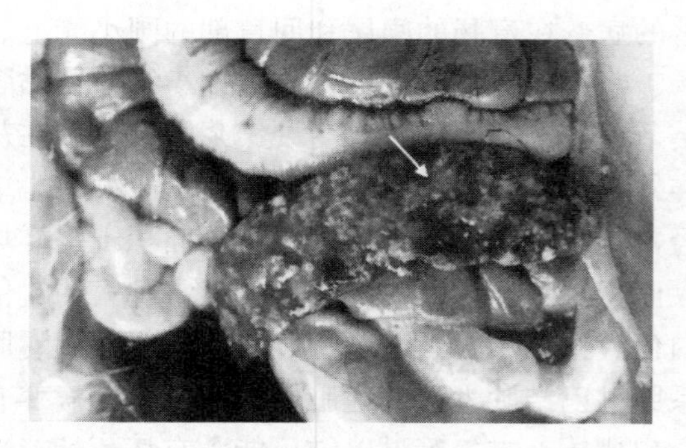

图1－9　脾脏肿大，有大量黄白色结节，干酪样坏死十分明显
（图片引自：任克良等文献《兔病诊断与防治原色图谱》）

应混淆。还要注意与结核病、球虫病的区别诊断。

（1）涂片镜检。采取肠系膜淋巴结、蚓突或圆小囊病料，用亚碲酸钾或麦康凯培养基分离培养。淋巴结、内脏器官病变组织及粪便触片经美蓝染色，镜检可见两极着染的短棒状或多形成的细菌，菌体比巴氏杆菌大。

（2）血清学诊断。可用凝集试验和间接血凝试验进行血清

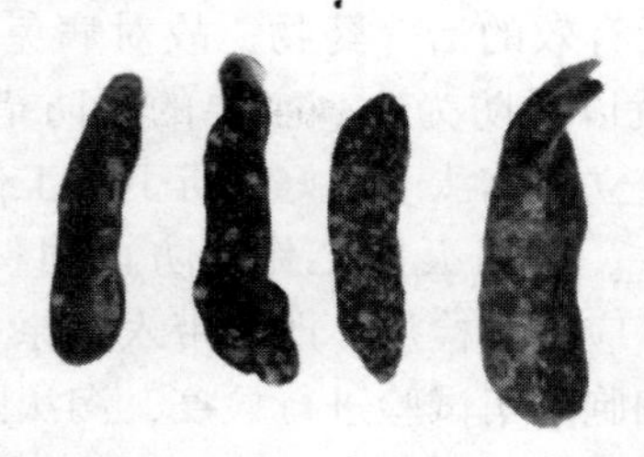

图 1－10　脾脏有大小、数量不等的坏死结节

（图片引自：任克良等文献《兔病诊断与防治原色图谱》）

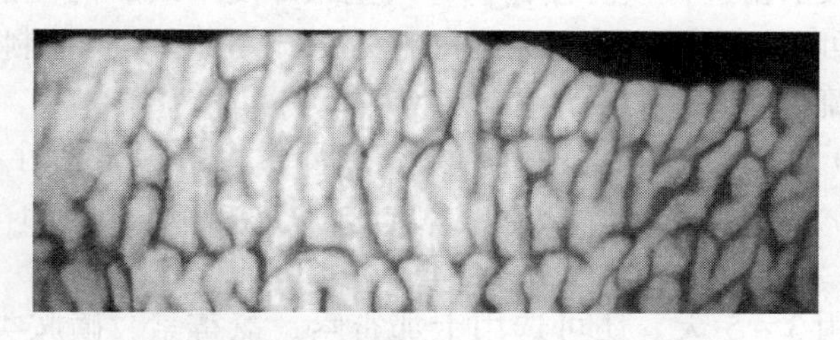

图 1－11　肠黏膜增厚，出现很多皱襞

（图片引自：任克良等文献《兔病诊断与防治原色图谱》）

学辅助诊断，但本病原菌与沙门菌、布鲁菌和鼠疫杆菌有交叉反应，必要时可用生化反应进行鉴定。

（3）鉴别诊断。本病应与结核病和球虫病相区别。伪结核病变结节比结核结节发生和发展得快，早期即干酪化，而且伪结核病原菌为革兰阴性，不抗酸，病死兔的脾脏肿大数倍，盲肠和圆小囊病变明显，肾脏变化较少。而结核病菌为革兰阳性，抗酸，脾，盲肠蚓突和圆小囊病变少见，肾脏病变常见，质地坚硬。在球虫病的病例中，肝和肠道病灶镜检可见到大量的卵囊，盲肠蚓突不肿大，脾，肾及淋巴结无结节病灶。

5. 防治

（1）加强饲养管理，严格执行消毒制度。本病在生前不易确诊，目前，尚无有效的治疗药物，故对病兔难以治疗，因此，本病的防治重点就以预防为主。主要的预防措施是加强饲养管理，发现可疑兔应立即淘汰。做好消毒卫生工作，消毒兔舍和用具，改善卫生条件。加强灭鼠工作，防止饲料、饮水及用具污染。引入新兔时，应隔离检疫，严禁带入病原。平时对兔可用血清凝集试验和红细胞凝集试验进行检疫，淘汰阳性兔，培育健康兔群。

（2）免疫预防。对本病常发饲养场，可使用伪结核耶尔森菌多价灭活苗进行预防接种，每只兔颈部皮下或肌内注射1mL，免疫期可达4个月以上。兔群每年免疫2次，基本可控制本病的发生与流行。

（3）治疗。据报道用链霉素、四环素等抗生素治疗有一定的效果。链霉素，每千克体重20mg，肌内注射，每天1次，连用3～5天。四环素，每千克体重30～50mg，每天2次，口服给药，连用3～5天。还可选用卡那霉素、氯霉素、磺胺类药物，也有一定疗效。

本病具有公共卫生意义，人类可因直接或间接接触病兔或病兔尸体污染物而感染。兔场和屠宰场一经发现本病应立即焚烧，并将场地彻底消毒。

三、兔布鲁菌病

兔布鲁菌病是由布鲁菌引起兔的一种人兽共患慢性传染病。其特征是生殖器官和胎膜发炎，引起流产、不育和各种组织的局部病灶。本病广泛分布于世界各地，我国目前在人、畜间仍有发生，严重危害畜牧业和人类健康。

1. 病原

布鲁菌是一种革兰阴性、球杆状或短杆状细菌，初分离者趋向球形，大小为（0.5～0.7）μm×（0.6～1.5）μm，多单在很少成双。不形成芽孢和荚膜，偶有类似荚膜样的结构。无鞭毛，不运动。本菌为专性需氧，但许多菌株，尤其是在初代分离培养时需要5% ~10%二氧化碳。本菌的最适生长温度37℃，最适pH值为6.6 ~7.4。布鲁菌生长缓慢，初分离者更为迟缓，一般需要5 ~7天，在普通琼脂培养基上，菌落为无色，半透明，圆形，表面光滑，边缘整齐，中央稍凸起。

布鲁菌在自然界存活力较强，在污染的土壤和水中可存活1 ~4个月，皮毛上存活1 ~4个月，干燥土壤中存活20 ~40天，流产胎儿内可存活6个月，在直射阳光下可存活4小时。本菌对湿热的抵抗力不强，60℃加热30分钟或70℃5分钟即杀死，煮沸立即死亡，巴氏消毒法可杀死该菌。对消毒剂的抵抗力也不强，0.1%的升汞溶液、1%的来苏水、1%的福尔马林、5%的生石灰为有效的消毒药。本菌对链霉素、四环素、磺胺类药物敏感(图1 –12至图1 –14)。

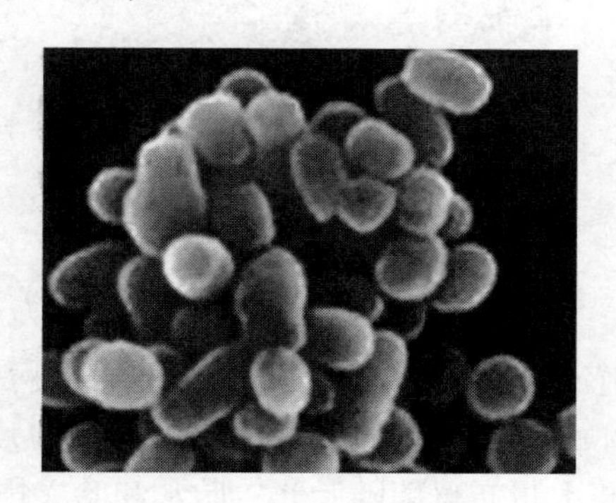

图1 –12　电镜下的布鲁菌

(图片引自：http：//image. baidu. com/)

2. 流行病学

本病一年四季均可发病，常为散发，广泛分布于世界各地。易感动物范围很广，动物的易感性随性成熟年龄接近而增高，青

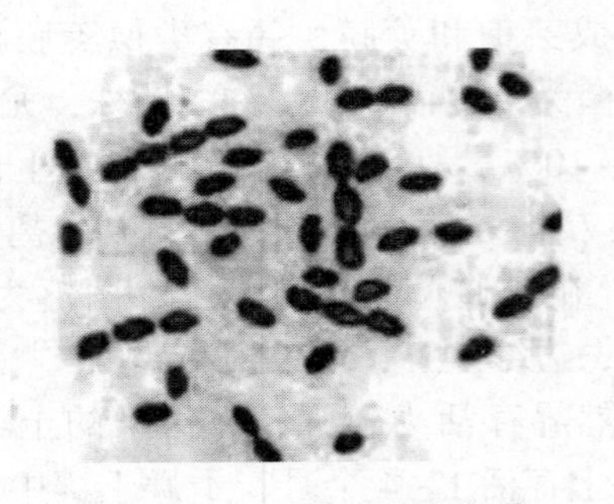

图1-13　光镜下的布鲁菌

（图片引自：http：//image. baidu. com/）

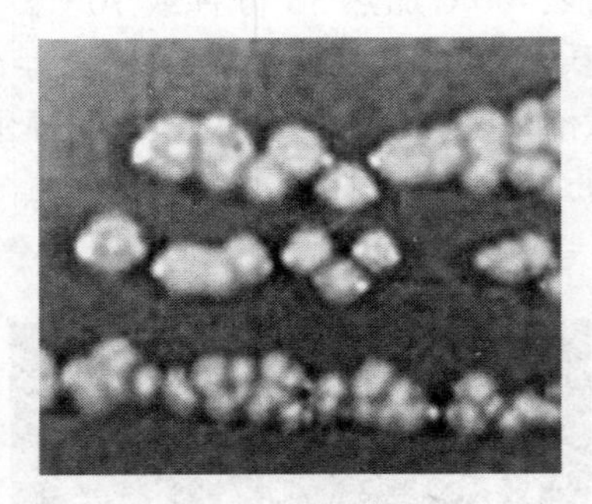

图1-14　普通琼脂平板生长特性

（图片引自：http：//image. baidu. com/）

壮年动物的易感性最高。本病的传染源主要是病兔和带菌动物(包括野生动物)，其中受感染的妊娠母畜是最危险的，它们在流产或分娩时将大量布鲁菌随胎儿、胎水和胎衣排出。流产后的阴道分泌物及乳汁中都含有布鲁菌。感染公畜的睾丸和阴囊中也存在布鲁菌。此外，布鲁菌有时可随尿排出。本病的主要传播途径是消化道，可通过污染饲料和饮水感染，此外，通过皮肤伤口、黏膜和交配引起感染也具一定重要性。吸血昆虫也可以传播本病，在布鲁菌疫区，可通过蜱的叮咬传播此病。饲养管理不善、各种应激因素等均可促进本病的发生。

3. 临床表现与特征

病兔体温升高，精神沉郁。孕兔流产，子宫发炎，从阴道排出大量分泌物，甚至脓性或血样分泌物。公兔的附睾和睾丸肿胀。有时会出现脊椎炎，可引起后肢麻痹。一般情况下全身反应不明显。

剖检可见病死母兔子宫内蓄脓，其黏膜溃疡或坏死。有时在完整的绒毛尿囊膜上出现浅表的化脓性渗出液或膜的纤维化和坏死。肝脏、脾脏、肺脏和腋淋巴结发生脓肿。公兔的附睾和睾丸可能有炎性坏死和化脓灶（图 1－15 和图 1－16）。

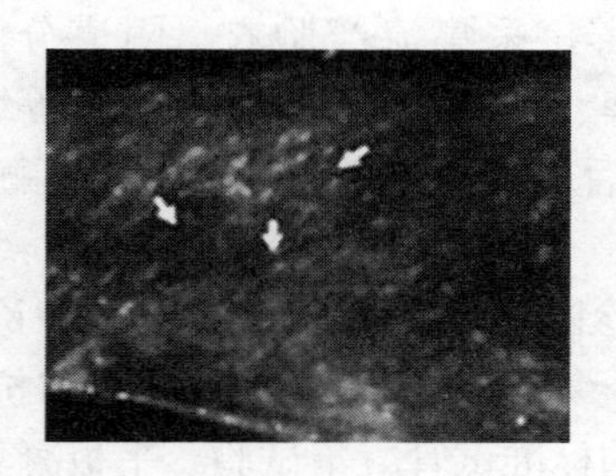

图 1－15　化脓性子宫内膜炎

（图片引自：http：//image. baidu. com/）

图 1－16　胎膜弥散性坏死灶

（图片引自：http：//image. baidu. com/）

4. 临床诊断

根据本病的流行特点、临床症状及病理变化可以作出初步诊断。如需确诊，则需要通过实验室检测。

（1）涂片镜检。采集流产胎衣、绒毛膜水肿液、肝、脾、淋巴结、胎儿胃内容物等组织，制作抹片，用改良的齐尔－尼尔森石炭酸复红原液（碱性复红1g，溶于10mL纯酒精中，加入90mL 5%的石炭酸水溶液，混匀即成）的1：10稀释液染色10分钟，用0.5%醋酸溶液脱色20秒，冲洗后，用1%美蓝复染20秒，镜检。布鲁菌染成红色，背景为蓝色，布鲁菌大部分在细胞内，集结成团，少数在细胞外，则可判定为布鲁菌病。

（2）分离培养。采集流产胎衣、阴道分泌物、脓肿浓汁、病变组织、肝、脾、淋巴结、胎儿胃内容物等组织，用适宜培养基分离培养，然后通过生化鉴定或者聚合酶链式反应，进行鉴定。

（3）血清学诊断。凝集试验是布鲁菌病诊断的一种常用的方法，包括血清凝集试验、乳环沉淀试验和抗人免疫球蛋白试验，其中，经典的标准试管凝集试验、平板凝集试验在发达国家已经基本停止使用，取而代之的是缓冲布鲁菌抗原凝集试验如虎红平板凝集试验，但标准试管凝集试验仍然是我国法定的检测方法。各个国家在布鲁菌病血清学检测中一致认为补体结合试验在特异性方面优于其他方法，其常被用来对试管凝集试验和虎红平板凝集试验检测为阳性或可疑病例的确诊。目前，补体结合反应仍是最有效，应用最广泛的诊断方法。但补体结合试验所要的溶血素的制备困难，试验操作繁琐，难以在临床中大量使用。

5. 防治

目前，布鲁菌病目前尚无有效治疗方法，主要是预防和控制传播蔓延。我国对布鲁菌病的防控主要采取监测、扑杀、免疫预防相结合的措施。非疫区以监测为主；稳定控制区以监测净化为主；控制区和疫区实行监测、扑杀和免疫相结合的综合防治措施。

（1）坚持自繁自养，做好消毒防护。无疫病地区，坚持自繁自养，严防本病传入。不从疫区引种、购入饲料以及污染的畜产品。新引进的兔要严格检疫，隔离观察，证明无病后方可入大群饲养。在本病流行区，搞好检疫消毒工作，淘汰病兔，建立无病新兔群，严格隔离饲养，防止与其他家畜混群或接触。饲养场的金属设施、设备可采取火焰、熏蒸等方式消毒；养畜场的圈舍、场地、车辆等，可选用2%烧碱等有效消毒药消毒；饲养场的饲料、垫料等，可采取深埋发酵处理或焚烧处理；粪便消毒采取堆积密封发酵方式。兽医、饲养人员、屠宰加工人员等要严格遵守防疫卫生和人身防护制度。特别是接产助产需戴乳胶手套，并用消毒液洗手。饲养管理人员接触病兔和流产物时，应做好自身防护，以免感染本病。

（2）治疗。布鲁菌是兼性细胞内寄生菌，致使化疗药物不易生效，对患病动物一般不予治疗，采取扑杀等措施。而对于稀有或珍贵兔种，可选用抗生素和磺胺类药进行治疗。链霉素，每千克体重20mg，肌内注射，每天2次，连用5天。土霉素，每千克体重40mg，肌内注射，每天2次，连用5天。金霉素，每只兔每天100～200mg，分2次内服，连用5天。磺胺嘧啶，每千克体重0.15～0.2g，每天2次肌内注射，连用3天。子宫炎可用0.1%高锰酸钾溶液冲洗，放入金霉素胶囊。睾丸炎可局部温敷，涂擦消炎软膏等。

四、兔葡萄球菌病

兔葡萄球菌病是由金色葡萄球菌引起兔的一种多型性、常见多发的细菌病，以致死性脓毒败血症变化和身体各器官、各部位组织发生化脓性炎症为特征。本病分布广泛，世界各地都有发生。

1. 病原

本病的病原是葡萄球菌属中的金黄色葡萄球菌，革兰染色阳性，呈圆形或卵圆形，直径为0.7～1μm，其排列和大小较整齐，在固体培养基中生长的细菌常呈葡萄串状，但在乳汁或液体培养基中则呈双球或短链状。有些菌株可形成荚膜和黏膜层，无鞭毛，无芽孢。本菌为兼氧或兼性厌氧菌，最适培养温度为35℃～40℃，最适生长pH值为7.0～7.5。本菌可在普通培养基、血琼脂等培养基上生长，在血琼脂平板上形成的菌落较大，产溶血素的菌株多为病原菌，在菌落周围呈现明显的β溶血。

金黄色葡萄球菌的抵抗力较强。在干燥的脓汁或血液中可存活2～3个月。80℃作用30分钟才能杀死，煮沸可迅速杀死本菌，3%～5%石炭酸作用3～15分钟即可杀死，70%乙醇可在数分钟内杀死本菌。金黄色葡萄球菌对碱性染料敏感，浓度为1∶100 000～1∶300 000的龙胆紫可抑制其生长繁殖，因此，临床上采用1%～3%龙胆紫溶液治疗葡萄球菌引起的化脓症，效果良好。1∶20 000洗必泰、消毒净、新洁尔灭，1∶10 000度米芬可在5分钟内杀死本菌。葡萄球菌对磺胺类、青霉素、金霉素、土霉素、红霉素、新霉素等抗生素敏感，但很容易产生耐药性。

2. 流行特点

多种动物和人对金黄色葡萄球菌都有易感性，以兔最为敏感，各种年龄、不同性别的兔都可感染。本病一年四季均可发生，以夏秋季节多见。一经感染，在抵抗力下降时就会发病。病兔是本病的重要传染源，其不断从脓汁、排泄物及分泌物中排出病原菌，污染周围环境。皮肤伤口感染是最常见的感染途径，但也可通过直接接触、呼吸道和消化道等途径感染，哺乳母兔的乳头口是本菌进入机体的重要门户。另外，金黄色葡萄球菌在自然界分布很广泛，该菌在自然界分布很广泛，空气、饲料、饮水、土壤、灰尘和各种动物体表都有染附，动物的皮肤、黏膜、肠道、扁桃腺体、乳房和爪甲缝等也有寄生。在正常情况下一般不能致病，但当皮肤、黏膜有损伤时或从呼吸道，消化道大量感染时或机体抵抗力降低时，可引起发病。气候剧变及饲养管理不良是本病的诱因。幼龄兔和受应激因素作用的兔感染后，病程多呈败血症经过。

3. 临床表现及特征

根据感染部位不同和继续扩散的形式不同，表现出各种不同类型，其临床症状不同。

（1）转移性脓毒败血症。全身各部位、各器官都能发生。在头、颈、背、腿等部位的皮下或肌肉、内脏器官形成一个或几个脓肿。在一般情况下，脓肿常被结缔组织包围形成囊状，用手触摸时感到柔软而有弹性。脓肿的大小不一，一般由豌豆至鸡蛋大。患有皮下脓肿时，一般不影响病兔的精神状态和食欲。而当内脏器官形成脓肿时，患部器官的生理机能受到影响。皮下脓肿经过1~2个月后可能自行破裂，流出浓稠乳白色酪状或乳油样的脓液脓肿破溃后，伤口经久不愈。由伤口流出的脓液沾污并刺激皮肤，引起家兔的瘙痒而损伤皮肤，脓液中的葡萄球菌又侵入抓伤处，或通过血流转移到别的部位形成新的脓肿。当脓肿向内破口时，即发生全身性感染，呈现脓毒血症，病兔可能迅速死亡。

剖检可见皮下肌肉、肺、肝、心脏、脾等及关节、睾丸和附睾有脓肿。在多数情况下，内脏脓肿常由结缔组织构成包膜，脓汁呈乳白色乳油状。有些病例还可引起脊髓炎、骨膜炎、心包炎和胸腹膜炎等。

（2）化脓性脚皮炎。化脓性脚皮炎绝大多数发生于后肢脚掌心。病初，患病部位表皮充血发红稍肿胀和部分脱毛，继而出现脓肿，形成大小不一、经久不愈的出血性溃疡面和褐色脓性结痂皮，并不断排出脓液。病兔食欲日益减少，精神委顿，消瘦，弓背，脚不愿移动，很小心地换脚休息，跛行，患脚常做动弹的动作。脓灶不断扩大并往上移动，最后衰竭死亡。有些病例发生全身性感染，呈败血病症状，病兔很快死亡。病理变化可见皮下有较多乳白色乳油样脓液。

（3）乳房炎。多见于母兔分娩后最初几天，由乳头和乳房皮肤损伤而感染慢性乳腺炎时，乳房皮肤局部红肿，皮肤敏感，皮温升高，继而患部皮肤呈蓝紫色，乳汁中混有血液或脓液，并迅速蔓延至所有乳区和腹部皮肤。此时，患兔体温升高，精神沉郁，食欲下降或停食，饮欲增强，饮水量增加。化脓性乳腺炎也可发展为脓毒败血症。

病理变化主要为全部乳腺呈紫红色结缔组织，无脓性分泌物，质地较硬，乳腺内无乳汁分泌。

（4）外生殖器官炎症。母兔的阴户周围和阴道有大小不一的脓肿，从阴道内可挤出黄白色的稠脓液。母兔还可以表现为阴户周围和阴道溃烂，形成一片溃疡面，形状如花椰菜样溃疡表面呈深红色，易出血，部分呈棕色结痂，有少量淡黄色黏性、黏液脓性分泌物。患病公兔的包皮有小脓肿溃烂或棕色结痂。

病理变化主要为阴道充血并积有白色黏稠的脓液。膀胱内积有多量块状脓液。

（5）仔兔脓毒败血症。仔兔脓毒败血症，多因脐带感染所致。仔兔生后2～6天，在多处皮肤尤其是腹部、胸部、颈、颌下和腿部内侧的皮肤引起炎症，这些部位的表皮上出现粟粒大白色的脓疱，多数病例于2～5天内呈败血症而死亡。年龄较大的乳兔患病，可在上述部位的皮肤上出现黄豆至蚕豆大白色脓疱，其高出于皮表，病程较长，最后消瘦死亡。耐受不死的患兔，脓疱慢慢变干变平、消失而痊愈。

病理变化主要为皮肤和皮下出现小脓疱为最明显变化，脓汁呈乳白色乳油状，多数病例的肺和心脏上有很多白色小脓疱。

（6）乳兔急性肠炎。病兔以急性肠炎为主要症状，主要因为仔兔吃了患乳腺炎母兔的乳汁而发病，一般同窝仔兔全部发生，仔兔肛门四周被毛和后肢被毛潮湿、腥臭，患兔昏睡，停止吮乳，全身发软，病程2～3天，病死率较高。

病理变化主要为膀胱极度扩张并充满尿液肠黏膜（尤其是小肠）充血、出血，肠腔充满黏液（图1－17至图1－23）。

图1－17 局部皮肤脓肿溃破

（图片引自：http：//image. baidu. com）

4. 诊断

根据流行病学、临床症状及病理变化可初步诊断，但确诊尚需进行病原学检查等实验室检测。

（1）涂片镜检。取脓汁、渗出液或病变组织抹片，革兰染色，镜检，可见直径0.4～1.3μm，常呈葡萄串状、双球状、短链状排列葡萄球菌，即可判定。

（2）细菌分离培养。无菌取病死兔的心血或脓汁分别接种

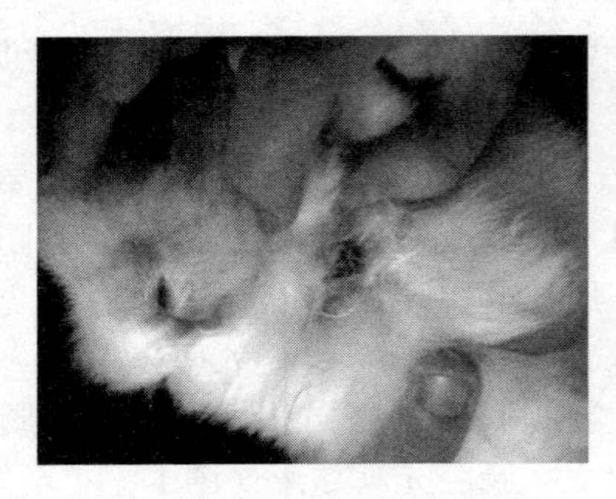

图 1-18　皮肤脓包溃破结痂

（图片引自：网页 http：//tieba. baidu. com）

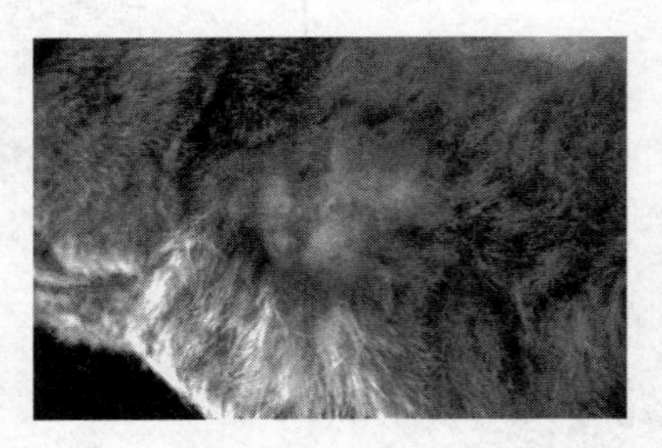

图 1-19　乳房炎，内含浓稠脓液

（图片引自：http：//wenku. baidu. com）

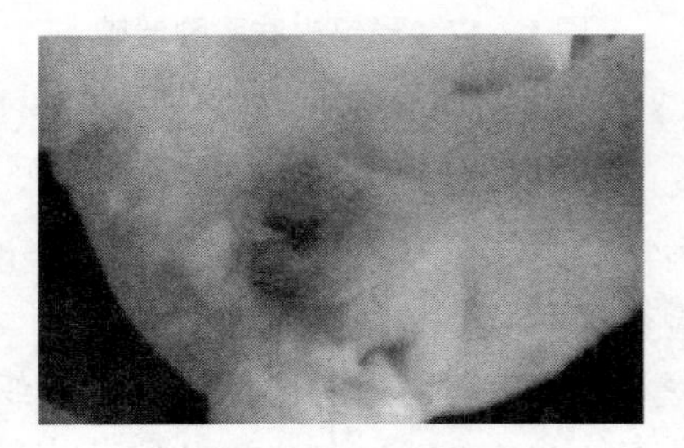

图 1-20　睾丸肿胀

（图片引自：任克良等文献《兔病诊断与防治原色图谱》）

图 1－21 左侧面部脓肿

（图片引自：任克良等文献《兔病诊断与防治原色图谱》）

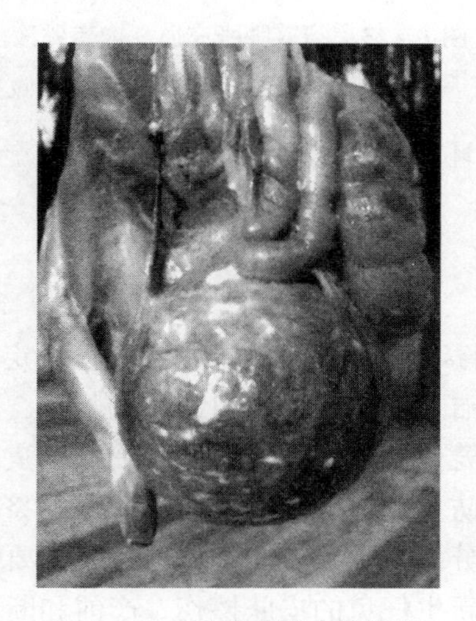

图 1－22 腹腔内增大的脓肿

（图片引自：任克良等文献《兔病诊断与防治原色图谱》）

于普通肉汤、普通琼脂和血液琼脂平皿上，37℃恒温箱中培养24 小时。在肉汤中，初呈均匀混浊，后可于管底产生少许沉淀，

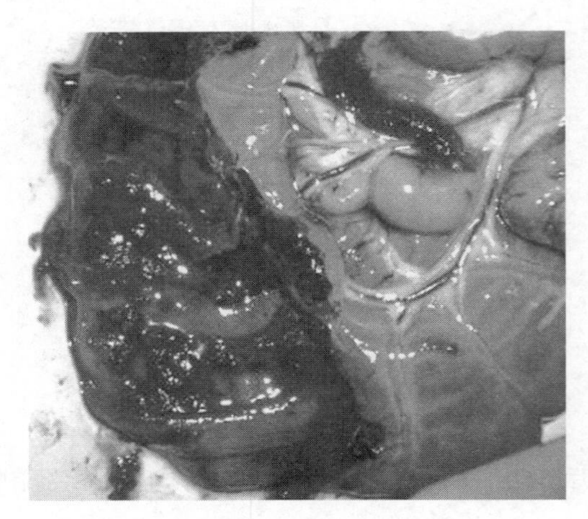

图 1－23 肠道肿胀充血，内有黏液

（图片引自：http：//wenku. baidu. com）

同时，能形成菌环。在普通琼脂上形成圆形、湿润、不透明、稍凸起、表面光滑、边缘整齐的中等大小的菌落。血液琼脂上能形成明显的溶血环。

5. 防治

（1）加强饲养管理，严格执行消毒制度。定期消毒，保持兔笼、运动场的清洁卫生。清除一切锋利的物体，如钉子、铁丝网的尖端等，避免笼舍破损，不使铁丝锐物损伤皮肤。注意新生仔兔断脐的消毒，防止兔体外伤，笼饲时避免拥挤，并把喜欢咬斗的仔兔由兔群内分出单独喂养哺乳。母兔笼内要铺上柔软干燥清洁的垫草，以免新生仔兔的皮肤擦伤。产前和断奶前酌情减少母兔的精料和多汁饲料，以防产后乳汁过浓过多和断奶后发生乳房炎。被病菌污染的兔笼及病兔粪便要严格消毒，死兔应焚烧深埋。

（2）免疫预防。患病兔场的健康兔可采用金黄色葡萄球菌灭活苗进行免疫预防，对健康兔每只皮下注射 1mL，每年注射 2

次，有一定的预防作用。

（3）治疗。发现兔体外伤要及时治疗，首选的外用消毒药是0.3%的双氧水溶液，或碘酊、龙胆紫酒精溶液，也可用抗生素软膏局部涂擦。若全身治疗时，可用磺胺类药或抗生素。抗生素和磺胺药如庆大霉素、青霉素、四环素、长效磺胺等都可应用。但要注意，金色葡萄球菌可产生抗药性。有条件时可作抑菌试验，以确定最敏感药物。局部脓肿、脚皮炎可按一般外科方法彻底处理，或结合全身治疗。

五、兔链球菌病

兔链球菌病是一种由溶血性链球菌引起的急性败血性传染病，临床上以流鼻液、呼吸困难、间歇下痢为主要特征。本病多呈急性经过，对幼兔危害最为严重。

1. 病原

本病的病原主要是C型溶血性链球菌，革兰阳性球菌，直径0.5～1.0μm，呈圆形或卵圆形，常排列成链状或成双排列，链的长短因活体或体外培养而有不同。本菌无运动性，不形成芽孢，兼性厌氧，最适生长温度为37℃，最适pH值为7.4～7.6。致病菌对营养要求较高，普通培养基中生长不良，需在培养基中加入血清、血浆、腹水、葡萄糖等才能良好生长。在血液琼脂平板上形成直径0.1～1.0mm大小、灰白色、表面光滑、边缘整齐的小菌落。

本菌的抵抗力不强，对热比较敏感，煮沸可以很快杀死本菌。常用浓度的各种消毒药均能杀死本菌。本菌对青霉素、磺胺类药物较敏感。

2. 流行特点

一年四季均能发生，但以春秋两季多见。本病主要为害幼兔。本菌在自然界分布广泛。带菌兔及病兔是主要传染源。病原菌随分泌物和排泄物污染饲料、饮水、空气、笼具等，经兔的上呼吸道黏膜、眼结膜、生殖道黏膜、皮肤伤口或扁桃体而传染。由于饲养管理不当、气候突变、受凉感冒、长途运输等应激因素，导致兔的抵抗力降低，从而诱发本病。

3. 临床表现与特征

本病多呈急性经过，往往在24小时内不见任何症状便死亡。慢性病例可见病兔体温升高，可达40℃以上，精神沉郁，食欲减退或废绝。可见浆液性鼻液，黏膜发炎，呼吸困难。有的间歇性下痢，呈脓毒败血症而死亡。多数病兔耳根部肿胀，耳下垂，摇头，搔耳，外耳道内有多量黄色呈纸卷状干酪样渗出物。有的病兔颈淋巴结发炎，硬而肿，之后排出脓液。严重者歪头、倒地、转圈、抽搐甚至死亡。

剖检可见皮下组织出血性浆液性浸润，脾大，肝、肾脂肪变性；肠黏膜弥漫性出血，肠内壁点状或斑状出血，膀胱黏膜充血。肺暗红至灰白色。胸膜发炎、心外膜炎（图1－24和图1－25）。

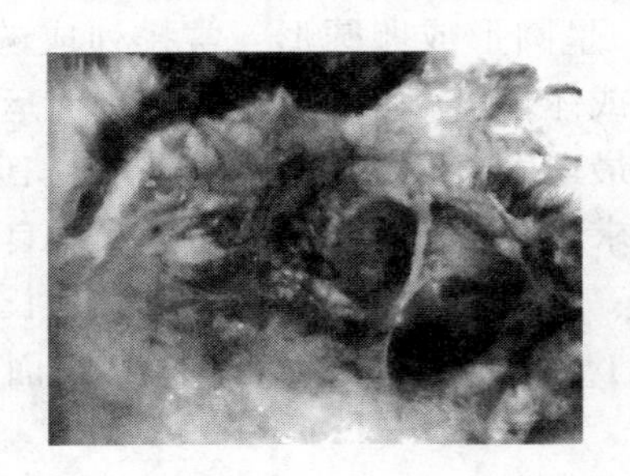

图1－24　皮下组织充血、出血、水肿

（图片引自：任克良等文献《兔病诊断与防治原色图谱》）

4. 临床诊断

根据流行病学、临床症状及病理变化可初步诊断，但确诊尚需进行病原学检查等实验室检测。

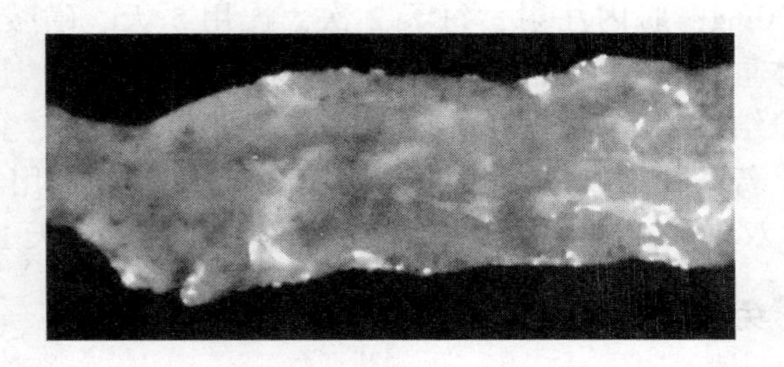

图 1－25　肠黏膜充血、出血、水肿

（图片引自：任克良等文献《兔病诊断与防治原色图谱》）

（1）涂片镜检。取病兔血液、肝、脾等组织涂片，进行革兰染色，镜检，若为革兰阳性球菌，呈链条状排列，可作出初步诊断。

（2）分离培养。取病变组织或炎性渗出物以画线法接种于血液平板上进行分离培养，观察菌落形态及溶血情况。若成露滴样、圆形、凸起、灰白色的菌落，培养时间延长，则呈扁平状，β 溶血，为可疑菌落。可疑菌落可染色镜检和纯培养以及生化试验来鉴定。

5. 防治

（1）加强饲养管理，严格执行消毒制度。平时应加强兔群的饲养管理，寒冷季节注意兔舍保温与通风换气，控制舍内温度，防止兔子受凉感冒，减少诱发因素。发现病兔应立即隔离治疗，兔舍、兔笼及场所用 3% 来苏儿液或 2% ~3% 烧碱水做全面消毒，食槽及饲养用具可选用消毒剂进行消毒。

（2）预防治疗。未发病的兔可用磺胺嘧啶钠进行药物预防，每千克体重 0.1 ~0.3g，口服，每天 2 次，连用 5 天。发病早期可用青霉素或磺胺类药物进行治疗。青霉素，每千克体重 3 万单位，肌内注射，每天 2 次，连用 3 ~ 4 天。红霉素，每只兔子 50 ~100mg，肌内注射，3 次/天，连用 3 天。先锋霉素Ⅱ，每千克体重 20mg，肌内注射，每天 2 次，连用 5 天。磺胺嘧啶钠，每千克体重 0.2 ~ 0.3g，口服或肌内注射，每天 2 次，连用 4 天。对于淋巴结发生脓肿的病兔，若脓肿未成熟而发硬时，可涂鱼石脂软膏，若脓肿已成熟（触摸变软），可切开排脓，用 2% 洗必泰或 3% 双氧水冲洗，涂碘酒或碘仿磺胺结晶粉，每天 1 次。

六、兔肺炎球菌病

兔肺炎球菌病是由肺炎链球菌引起兔的一种呼吸道传染病。本病的特征为体温升高、咳嗽、流鼻涕和突然死亡。

1. 病原

本病的病原为肺炎球菌，又称肺炎链球菌，为链球菌属的成员之一，革兰染色阳性，菌体呈卵圆形、矛头状或瓜子仁状，菌体较大，直径为 0.5 ~ 1.25μm。典型的排列为双球状。组织涂片或者在含有血清的培养基中的细菌具有明显的荚膜。本菌无运动性，不形成芽孢，兼性厌氧，最适生长温度为 37℃，最适 pH 值为 7.6 ~ 7.8。本菌在普通培养基中生长不良，在血液培养基或血清培养基中生长良好。在血平板上菌落周围可形成 α 型溶血圈，在厌氧条件下培养，可 β 型溶血。

本菌的抵抗力不强，在病料中的细菌，于冷暗处可生存数月，直射日光下 1 小时或 52℃ 作用 10 分钟即可杀死本菌。多数消毒剂，如 5% 石炭酸、0.1% 升汞、1∶10 000 高锰酸钾等可以很快杀死本菌。本菌对青霉素等抗生素及磺胺类药物较敏感。

2. 流行特点

本病的发生有明显的季节性，以春末夏初、秋末冬季多发，病死率较高。各种品种、年龄、性别的兔对肺炎链球菌均有易感性。妊娠母兔和成年兔多发，且常为散发，可呈地方流行性流行。仔兔和妊娠兔发病后较严重，引起肺炎、败血症以及妊娠母兔流产。病兔、带菌兔和带菌的啮齿动物等是本病的主要传染源，由污染本菌的饲料和饮水等经胃肠道或呼吸道传播，也可经过胎盘垂直传播。另外，肺炎链球菌为呼吸道的常在菌，一旦兔的抵抗力下降，气候突变，长途运输，兔舍卫生条件恶劣，密度过大，拥挤等均可诱发此病。

3. 临床表现与特征

患病兔精神不振，食欲减退，体温升高、咳嗽、流黏液性或脓性鼻涕。幼兔患病常呈败血症变化而突然死亡。妊娠母兔可发生流产，产仔率和受孕率下降；不发生流产的妊娠母兔产弱仔，仔兔成活率下降。呈败血症的病兔，可能观察不到任何临床症状而死亡。有的病兔发生鼻炎、中耳炎症状。

本病的病理变化主要集中在呼吸道。剖检可见气管黏膜充血、出血，气管内有粉红色黏液和纤维素性渗出物。肺部大片出血斑或水肿，呈大理石样花纹。比较严重的病例肺部出现脓肿，甚至整个肺化脓坏死。肝脏肿大，呈脂肪变性，脾大，子宫和阴道出血，见有纤维素性胸膜炎、心包炎、心包与胸膜粘连。两耳发生化脓性炎症。新生仔兔为败血症变化（图 1 –26）。

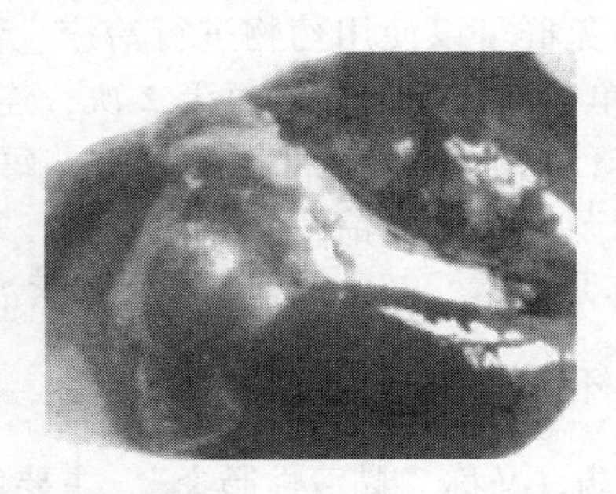

图 1 –26　纤维素性胸膜炎、心包炎，可见心包与胸膜发生黏连

（图片引自：任克良等文献《兔病诊断与防治原色图谱》）

4. 临床诊断

根据临诊症状和病理变化，可初步确诊。进一步采取涂片镜检、分离培养、生化试验确诊。

（1）涂片镜检。取病变组织和鼻咽部分泌物病料或培养基上的菌落涂片，革兰染色，可见呈矛头形、多为成双排列的革兰阳性细菌即可确诊。

（2）分离培养。挑取培养物画线，接种于血平板，37℃培养24小时可形成直径约1mm，圆形、光滑、边缘整齐的菌落，周围有草绿色的α溶血环。然后挑取单菌落进行细菌生化试验，从而确诊。

5. 防治

（1）加强饲养管理，严格执行消毒制度。加强饲养管理，搞好环境卫生和消毒工作，以控制本病发生。保持兔舍笼内清洁干燥，防止兔舍内温度忽高忽低。加强营养，喂兔的饲料要保证清洁、新鲜、多样化。搞好环境卫生，对兔舍、笼内及周边环境做到每周消毒1次。冬季做好兔舍的防护工作，减少应激刺激。经常观察兔群，发现病兔马上隔离和治疗。

（2）治疗。兔群可以使用药物进行治疗。青霉素，每千克体重2万~8万单位，肌内注射，每天2次，连用3~5天。磺胺二甲嘧啶，每千克体重0.05~0.1g，口服，每天2次，连用4天。结合肺炎球菌高免血清治疗效果也很好，每兔10~15mL，连用2~3天。卡那霉素、新生霉素和庆大霉素治疗也有效果。

七、兔大肠杆菌病（黏液性肠炎）

兔大肠杆菌病，又称“黏液性肠炎”，主要由一定血清型的致病性大肠杆菌及其毒素引起仔兔与幼兔的一种暴发性、死亡率很高的肠道传染病。其特征为排水样或胶冻样粪便、严重脱水、肠毒血症和败血症。

1. 病原

本病的病原主要为致病性大肠杆菌，属于肠杆菌科埃希氏菌属。本菌为革兰阴性无芽孢的短小杆菌，大小（0.4～0.7）μm ×（2～3）μm，不形成芽孢，有时可形成荚膜，大多数菌株具有运动性。该菌为肠道正常寄生菌，在一定条件下可大量繁殖，产生毒素并引起发病。

本菌为兼性厌氧菌，在普通培养基上生长良好，最适宜生长温度为37℃，最适宜生长pH值为7.2～7.4，在麦康凯琼脂培养基上形成红色菌落。大肠杆菌的抗原构造复杂，是由菌体抗原(O)，鞭毛抗原（H）和荚膜抗原（K）3部分组成，其为血清型鉴定的物质基础。对家兔有致病力的大肠杆菌主要有01、02、018、085、0119、0128、0142等其他血清型。

本菌对外界环境因素的抵抗力中等，对物理和化学因素较敏感，55～60℃1小时或60℃20分钟即可杀死。一般消毒剂能够迅速杀死本菌。

2. 流行特点

因为大肠杆菌在自然界广泛存在，又经常存在于兔的肠道内，故本病一年四季均可发生，主要侵害20日龄与断奶前后的仔兔和幼兔，即1～3月龄多发，而成年兔很少发病。第一胎仔兔和笼养兔的发病率较高。病兔和带菌兔是本病的主要传染源，通过粪便排出病原菌，散布于外界，污染饲料及饮水等，从而经消化道而感染。当饲养管理不当（如饲料配方突然改变、饲喂量突然增加、采食大量冰冻饲料和断奶方式不当等）或天气剧变等应激因素存在时，兔体抵抗力下降，大肠杆菌数量会急剧增加，内、外源性致病性大肠杆菌产生毒素积累，而发生从而导致本病发生。兔群一旦发生本病，常因场地、兔笼的污染而引起大流行，造成仔、幼兔大量死亡。其他细菌（如魏氏梭菌、沙门菌）、轮状病毒、球虫感染也可以继发感染本病。

3. 临床表现与特征

本病的潜伏期为4～6天，最急性病例在无任何症状前即突然死亡。初生仔兔常呈急性经过，腹泻不明显或排黄白色水样粪便，病程很短，一般在1～2天死亡，很少能康复。亚急性病例一般在7～8天死亡。

多数病兔初期表现为精神沉郁，被毛粗乱，食欲缺乏，脱水，消瘦，腹部膨胀，粪便细小、成串，常有大量透明、胶冻状黏液包括的干粪排出，有的肛门周围干净，但用手挤压可见少量黏液排出。有时病兔交替排出带黏液粪球与正常粪球，随后出现水样腹泻。粪黄，无血无臭，肛门和后肢被毛常粘有大量黏液或水样粪便。病兔四肢发冷，磨牙，流涎，眼眶下陷，迅速消瘦，最终衰竭死亡。成年兔发病病程较长。

剖检可见整个胃肠道有卡他性炎症，气体较多。胃臌大，胃壁明显水肿，其中充满多量液体和气体。十二指肠通常充满气体和混有胆汁的黏液。空肠扩张，充满半透明或淡黄色胶样液体和气泡。回肠内容物呈胶冻样。结肠扩张，有透明胶样凝液。青年兔、成年兔或病程较长者可见结肠和盲肠黏膜水肿、充血或有出血斑点、胆囊扩张，黏膜水肿。有些病例心脏、肝脏、肾脏有局部性的小病死灶。初生病兔胃内充满白色凝乳物，并伴有气体。小肠肿大，充满半透明胶样液，并有气泡（图1－27至图1－33）。

4. 临床诊断

根据流行病学资料、临床症状、病理变化等作出初诊。有突然改变饲料配方、气候骤变等应激史，初生、断奶前后仔、幼兔多发，排出淡黄色至黄色黏胶状物，剖检可见明显的黏液性胃肠炎病变时基本可以作出诊断。如需确诊则要进行实验室诊断，包括病原分离纯化、染色镜检、生化试验、血清学检查等实验。

无菌操作采取病死兔的病变组织，接种于普通营养琼脂培养

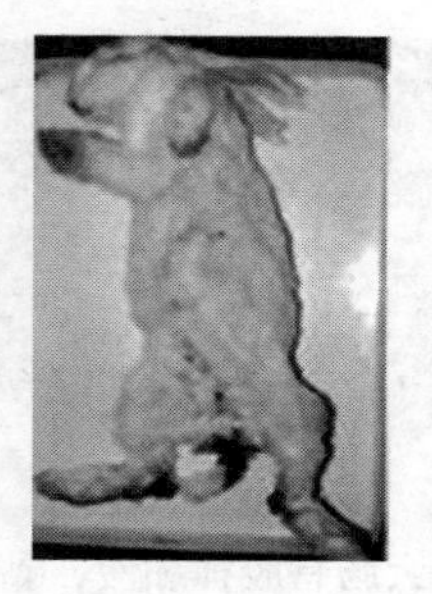

图1－27　肛门及后肢被毛有稀粪

（图片引自：任克良等文献《兔病诊断与防治原色图谱》）

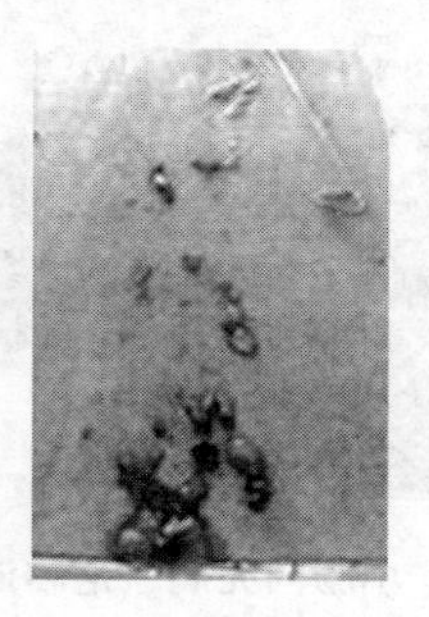

图1－28　排出淡黄色明胶样黏液

（图片引自：任克良等文献《兔病诊断与防治原色图谱》）

图1－29　胃、小肠扩张、水肿

（图片引自：http：//wenku. baidu. com/）

图 1-30　大肠有胶样黏液，黏膜充血出血
（图片引自：http：//wenku. baidu. com/）

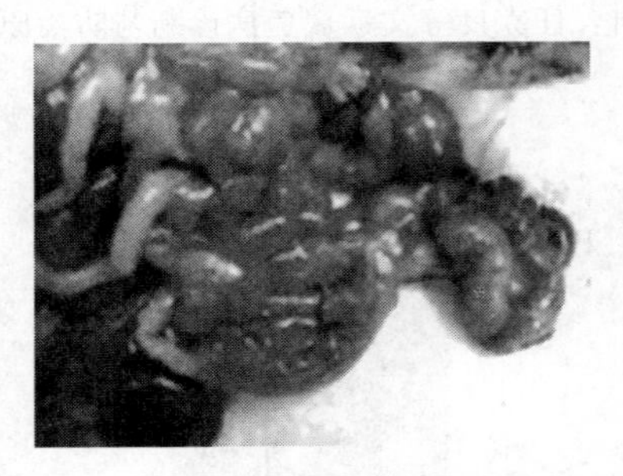

图 1-31　小肠内充满气泡和淡黄色黏液
（图片引自：任克良等文献《兔病诊断与防治原色图谱》）

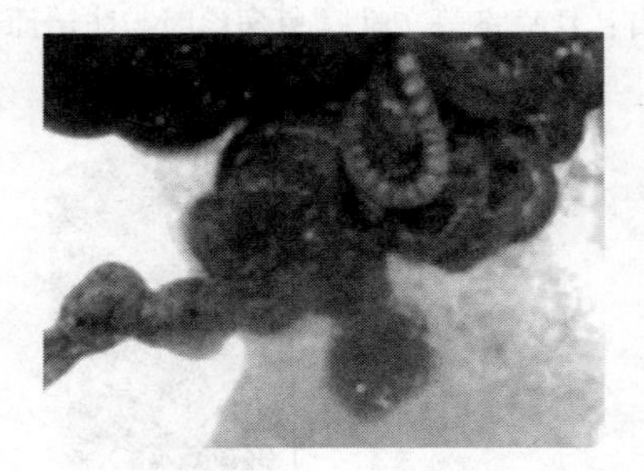

图 1-32　肠腔内黄色黏液
（图片引自：任克良等文献《兔病诊断与防治原色图谱》）

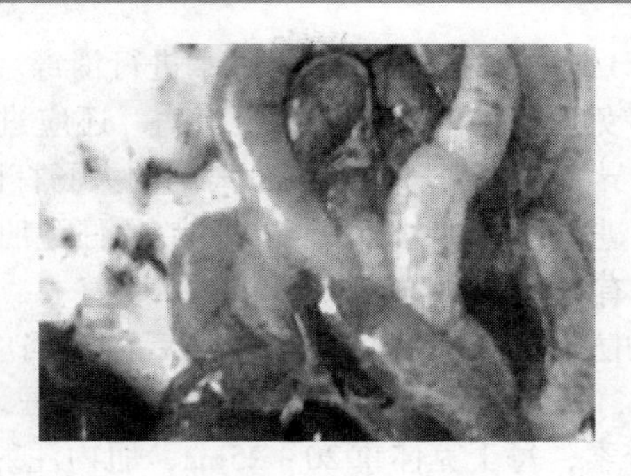

图 1－33　肠腔内充满气体及淡黄色液体
（图片引自：http：//www. 360doc. com）

基或麦康凯琼脂培养基上，37℃条件下培养 24～48 小时。大肠杆菌在营养琼脂培养基上长出中等大小、半透明、露珠样菌落，在麦康凯琼脂培养基上形成红色菌落。挑取单个菌落接种于 LB 培养基中，置 37℃条件下培养 24 小时，取样镜检，本菌为阴性的短小杆菌。取菌液接种微量生化发酵管进行生化试验鉴定是否为大肠杆菌。随着现代分子生物学技术的发展，可采用聚合酶链式反应对分离纯化的病原进行鉴定。

5. 防治

由于本病的病因及诱发因素复杂，必须采取综合防治措施加以控制。

（1）加强饲养管理，严格消毒工作。首先要加强饲养管理，保持兔舍卫生。搞好环境卫生，提高兔群抵抗力。饲料配合要科学，营养全面，保证蛋白质和各种微量元素的足量供应；仔兔断奶前后，不能突然更换饲料，避免或减少应激反应。防治兔大肠杆菌病，还要做好消毒灭源工作，切断细菌入侵途径。应严格遵守防疫消毒规章制度，严格做好隔离消毒工作。兔群一旦发生本病，常因场地、兔笼的污染而引起大流行，造成仔、幼兔大量死亡。因此，一旦发病，应立即隔离或淘汰，死兔应焚烧深埋，兔笼、兔舍用0.1%新洁尔灭或2%火碱水进行消毒。

（2）做好免疫接种。防治兔大肠菌病，还应进行预防接种，增强兔群的特异免疫力。可用本场分离到的大肠杆菌制成氢氧化铝甲醛灭活苗进行预防注射，20～30日龄的仔兔肌内注射1mL，对本病的发生有很好地预防效果。

（3）药物防治。兔大肠杆菌病爆发后可适当应用药物进行治疗。链霉素，每千克体重20mg，肌内注射，每天2次，连用4～5天。氯霉素，每千克体重20～25mg，肌内注射，每天2次，连用4～5天。氯霉素，每千克体重20～25mg，口服，每日3次，连用5天。痢特灵，每千克体重15mg，口服，每天3次，连用3天。也可用磺胺脒（每千克体重100mg）、痢特灵（每千克体重15mg）、酵母片（1片）混合口服，每天3次，连用4～5天。也可用大蒜酊或大蒜泥口服治疗。

由于近年来耐药性日趋严重，多重耐药比较普遍。因此，在采用抗生素治疗兔大肠杆菌病时，首先应选择高度敏感的药物。如果有条件的话最好进行药敏试验，选择高敏感度药物，克服临床上盲目用药。若无条件做药敏试验，可选用平时未曾使用过的抗菌药物，且要注意交替用药，给药时间要早，疗程要足。同时，还应注意辅助治疗，如补充维生素和电解质，尽量避免各种应激。

八、沙门菌病（兔副伤寒）

兔沙门菌病，也称兔副伤寒，是由鼠伤寒沙门菌和肠炎沙门菌引起的一种消化道传染病。以败血症和急性死亡，并伴有下痢和流产为特征。幼兔和怀孕母兔的发病率和死亡率最高。这两种沙门菌可以广泛寄宿在多种动物消化道内，对兔构成威胁的带菌者有鼠类、蝇等，带菌者通过污染兔的饲料、饮水、垫草等或直接接触兔类，从而导致家兔由消化道细菌感染，引发本病，3～5月龄兔易感染。本病病原还可以感染人类，发生副伤寒或食物中毒。

1. 病原

本病的病原是沙门菌属中的鼠伤寒沙门菌和肠炎沙门菌，但以鼠伤寒沙门菌为主。沙门菌是革兰阴性、兼性厌氧菌，无芽孢的短杆菌，大小为（0.7～1.5）μm×（2～5）μm。大多具有周身鞭毛、能运动。沙门菌的最适生长温度是37℃，最适生长pH值是6.5～7.5，培养特性与大肠杆菌相似，在普通琼脂培养基上生长后，形成光滑、湿润、灰白色、边缘整齐、隆起的中等大菌落。本菌能产生毒素，引起人类食物中毒。

本菌对热和消毒的抵抗力不强，在60℃下，5分钟即可杀死。石炭酸和甲醛溶液对本菌具有较强的杀伤力。本菌在土壤、粪便和水中能存活6个月以上。

2. 流行特点

本病一年四季均可发生，主要发生于断奶幼兔和怀孕25天后的母兔，发病率高达57%，流产率为70%，致死率为49%。病兔和带菌兔是本病主要的传染源。本病主要通过消化道传染，幼兔也可经子宫内及脐带感染。健康兔吃了被污染的饲料、饮水而发病。另外，本菌为动物肠道寄生菌，健康兔肠道内在正常情况下也寄生有沙门菌，在管理条件不善，气候变化，卫生条件差，兔机体抵抗力下降及患其他疾病时，沙门菌大量繁殖，可发生内源感染导致本病的发生。此外，鼠类、鸟类及苍蝇也能传播本病。

3. 临床表现与特征

本病的潜伏期为3～5天，最急性型病例不常见，往往不出现症状而突然死亡。临床上常见的是急性型和慢性型。病兔精神沉郁，食欲废绝，体温升高，呼吸困难，喜饮水，消瘦，腹泻，排出有泡沫的黏液性粪便。粪便发软，呈暗绿色或灰黄色，有的粪便如水样，肛门周围被毛被粪便污染。母兔从阴道排出脓性或黏性液体，阴道黏膜潮红水肿。孕兔发生流产后多死亡，少数未死而康复者不易再受孕。流产的胎儿多数已发育完全，未流产的胎儿常发育不全或木乃伊化，有的病例发生胎儿液化。

最急性病例呈败血症病变，多数病兔内脏器官充血、出血，胸腹腔有大量积液或纤维素性渗出物。病程较长的病变主要见于消化道，可见胃黏膜脱落，肠黏膜充血、出血，黏膜下层水肿。肠淋巴滤泡和淋巴结充血水肿，局部坏死形成弥漫性灰白色粟粒大的溃疡，溃疡表面附着淡黄色纤维素坏死物。气管黏膜充血和出血、有红色泡沫，肺水肿、实变。肝脏表面有针尖大小的坏死灶。脾充血肿大，肾肿大。流产母兔子宫肿大，浆膜和黏膜充血，并有化脓性子宫炎，局部黏膜覆盖一层淡黄色纤维素污秽物；有的子宫黏膜充血、出血或溃疡，未流产的子宫内有木乃伊胎或液化的胎儿（图 1－34 至图 1－37）。

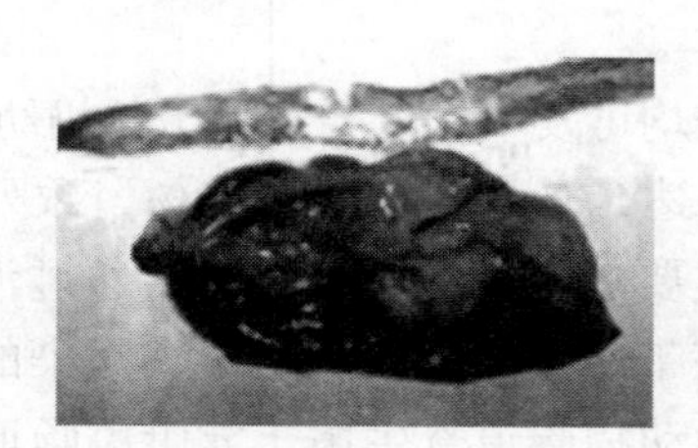

图 1－34　肠黏膜充血、出血

（图片引自：http：//www.360doc.com）

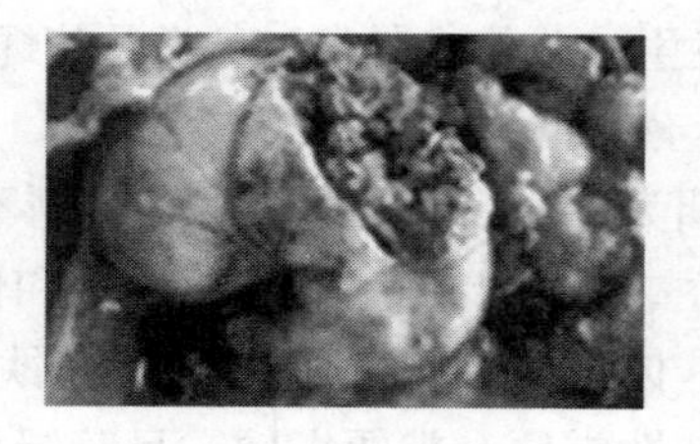

图 1－35　胃黏膜出血

（图片引自：http：//wenku.baidu.com/）

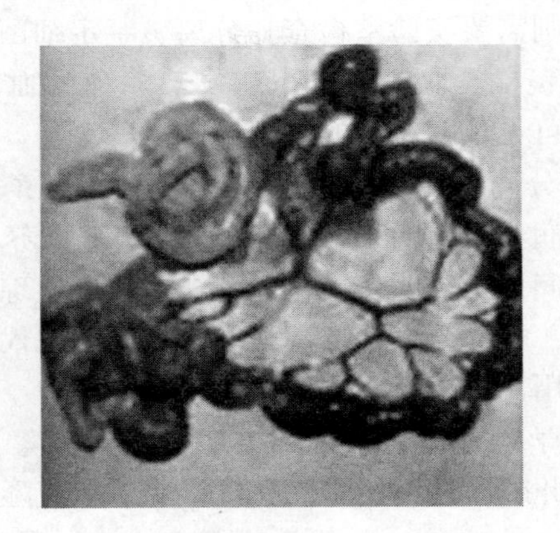

图 1－36　肠系膜充血，含气泡内容物

（图片引自：任克良等文献《兔病诊断与防治原色图谱》）

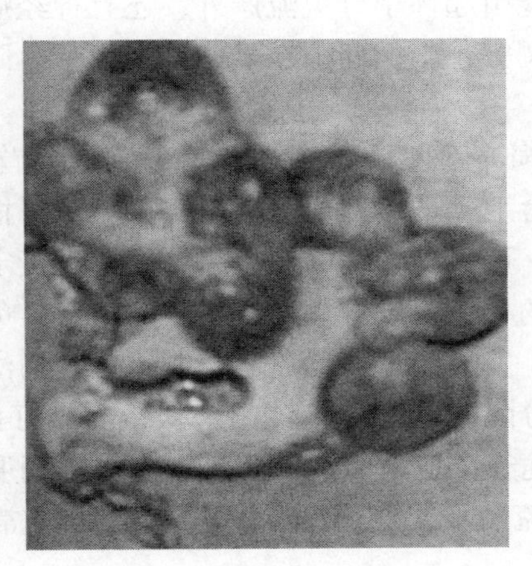

图 1－37　化脓性子宫炎

（图片引自：任克良等文献《兔病诊断与防治原色图谱》）

4. 临床诊断

根据该病的流行特点、临床症状及剖检病变，可作出初步诊断。如要确诊则需要实验室检查，分离、鉴定细菌。

（1）涂片镜检。取病变组织或发热病兔的血液涂片，革兰染色，镜检，可见革兰阴性的小杆菌。

（2）细菌分离培养。沙门菌在普通琼脂培养基上，形成圆形、光滑、湿润、半透明灰白色菌落。在SS培养基上，形成圆形、光滑、湿润、半透明灰白色菌落。在麦康凯琼脂平板上，长出无色小菌落，容易与大肠杆菌相区别。随着现代分子生物学技术的发展，常用PCR技术来检测沙门菌。

（3）血清学检查。最常用的方法是血清凝集试验或全血平板凝集试验。此外，还可用酶联免疫试验、单克隆抗体免疫斑点试验进行检查。

（4）鉴别诊断。应注意将本病与兔李氏杆菌病相区别。兔李氏杆菌病除能引起怀孕母兔流产外，还有神经症状，如头、颈歪斜，运动失调等；李氏杆菌在显微镜下为革兰阳性的小杆菌。

5. 防治

（1）加强饲养管理，严格执行消毒制度。首先要加强饲养管理，保持兔舍卫生。搞好环境卫生，提高兔群抵抗力，避免或减少应激反应，可减少本病的发生。兔场要进行定期检疫，淘汰感染兔。引进的种兔要进行隔离观察，淘汰感染兔、带菌兔，建立健康的兔群。发病兔、病死兔应及时治疗、淘汰或销毁。兔场应与其他畜场分隔开。防治兔沙门菌病，要做好消毒灭源工作，切断细菌入侵途径。应严格遵守防疫消毒规章制度，严格做好隔离消毒工作。兔场要做好灭蝇、灭鼠工作，经常用2%火碱或3%来苏儿消毒。

（2）做好免疫接种。防治兔沙门菌病，还应进行预防接种，增强兔群的特异免疫力。对怀孕初期的母兔可注射鼠伤寒沙门菌灭活苗，每次颈部皮下或肌内注射1mL，每年注射2次。疫区兔场也就紧急预防接种这种菌苗。

（3）治疗。治疗时应将病兔隔离，保证充足的用药量和疗程。氯霉素，每千克体重20～25mg，肌内注射，每天2次，连用3～4天。氯霉素，每千克体重30～50mg，口服，每天2次，连用3天。磺胺二甲基嘧啶，每千克体重0.1～0.3g，口服。氟苯尼考，每次2mL，肌内注射，连用3～5天，也可用土霉素、链霉素、环丙沙星、蒽诺沙星、四环素等。还可用大蒜汁口服，每次1汤匙，每天3次，连用7天。

九、兔支气管败血波氏杆菌病

兔支气管败血波氏杆菌病是由支气管败血波氏杆菌引起家兔的一种多发性呼吸道传染病。本病可导致哺乳仔兔和断乳仔兔的急性死亡，成年兔的鼻炎、支气管炎和脓疱性肺炎等。近年来，随着我国规模化养兔业的发展，支气管败血波氏杆菌率显著增加，并常与葡萄球菌、多杀性巴氏杆菌等混合感染，对养兔业造成了巨大的经济损失。

1. 病原

本病的病原是支气管败血波氏杆菌，为革兰阴性的小的球杆菌，（0.2～0.5）μm×（0.5～2）μm，单在或成双，很少成链，常呈两极着色。不产生芽孢，以周鞭毛运动。本菌为需氧或兼性需氧菌，最适生长温度35～37℃。在普通肉汤或蛋白胨水中呈轻度均匀混浊生长，不形成菌膜。在波－让琼脂培养基上菌落光滑、凸起、珍珠状、湿润、半透明，菌落周围有无明显边缘的溶血环。本菌在牛血平板35℃培养48小时，菌落直径0.5～1mm，圆形、光滑、边缘整齐。某些菌株β溶血，并可同时出现大小不等的溶血菌落及不溶血变异菌落。麦康凯平板菌落显蓝灰色，周围边有狭的红色环，培养基着染琥珀色。本菌的抵抗力不强，常用消毒剂均对其有效。在液体中，经58℃作用15分钟可将其杀灭（图1－38）。

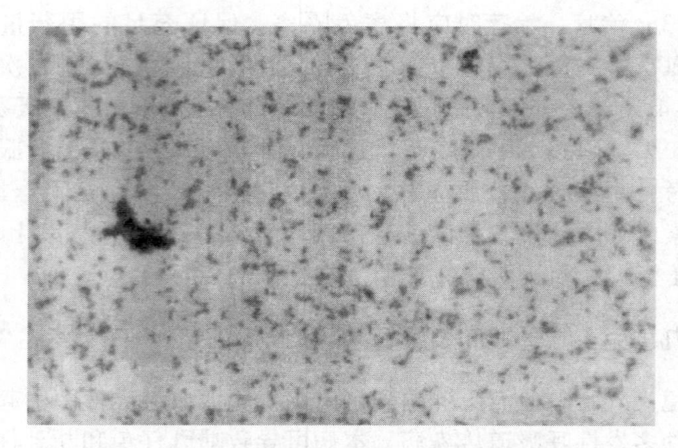

图 1－38　支气管败血波氏杆菌革兰染色照片

（图片引自：柴家前等文献《兔病快速诊断防治彩色图册》）

2. 流行特点

本病传播广泛，常呈地方性流行，一般慢性型多见，急性败血性死亡较少。本病多发于气候易变化的春秋两季，冬季兔舍通风不良时也易流行。本病主要通过呼吸道传播，带菌动物或患病动物的鼻腔分泌物中带有大量病菌，常可污染饲料、饮水、笼舍和空气；病菌液可随着咳嗽、喷嚏飞沫传染给健康动物。在家兔中，病菌常寄生在家兔的呼吸道中，故鼻炎型常呈地方型流行，而支气管肺炎型多呈散发性。成年兔常为慢性，仔兔与青年兔多为急性。随着兔龄的增大，带菌率上升，发病率随年龄的增长而下降，成年兔多为带菌感染但不发病。

该菌常存在于动物上呼吸道黏膜上，在气候骤变的秋冬之交，机体因气候突变、感冒、寄生虫病、兔舍内氨浓度过高或密度过大等因素影响，使其抵抗力降低，或其他诱因如灰尘、强烈刺激性气体的刺激，使上呼吸道黏膜脆弱等，都易引起发病。这主要是由于动物受到体内、外各种不良因素的刺激，导致抵抗力下降，支气管败血波氏杆菌得以侵入机体内引起发病。本病也可和巴氏杆菌病和李氏杆菌病混合感染。

3. 临床表现与特征

兔支气管败血波氏杆菌病初期，表现为鼻炎，出现喷嚏和呼吸困难，随着病情的发展，病兔鼻腔流出少量浆液或黏液性分泌物，呼吸音粗，气喘，严重者张开呼吸，头偏向一侧，侧卧，不能站立。本病按临床症状可分为鼻炎型、支气管肺炎型和败血型。

（1）鼻炎型。较常见，在6~8周龄幼兔最为常见，常呈地方性流行，可与多杀性巴氏杆菌病并发。多数病例鼻腔流出浆液性或黏液脓性分泌物，主要表现打喷嚏，流鼻涕，眼流泪，结膜潮红，眼角有浆液性分泌物，精神萎靡不振，体温升高，呼吸急促，呈腹式呼吸，心跳加快，心音低沉，肺部听诊呼吸音粗粝，个别兔有腹泻症状。症状时轻时重，病程一般较短，多可康复，但急性期时可引起部分死亡，部分转为慢性，可产生生长障碍。

病变主要在鼻腔和鼻窦，常呈现鼻液，鼻腔、鼻窦、副鼻窦内含有多量浆液、黏液或脓液，可见鼻腔黏膜增厚、红肿、充血、出血，间或有糜烂处（图1-39和图1-40）。

图1-39　兔鼻炎

（图片引自：http：//image. baidu. com）

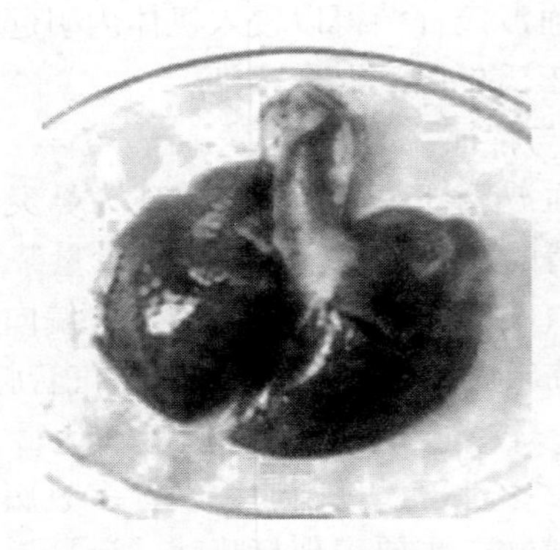

图 1－40　肺脏出血、淤血及气管内充满大量泡沫

（图片引自：http：//www. 360doc. com）

（2）支气管肺炎型。较少见，多呈散发。流黏液性或脓性鼻液，鼻炎长期不愈，食欲缺乏，逐渐消瘦，呼吸加快，由于细菌侵害支气管或肺部，引起支气管肺炎。有时节鼻腔流出白色黏液脓性分泌物，病程数周至数月，病后期呼吸困难，常呈犬坐式姿势，有的发生死亡。成年母兔常在妊娠后期或分娩等代谢增强时死亡。

剖检可见支气管黏膜充血，下 1/3 最为严重，充满黏液或稀薄脓液，肺呈散在的点状出血，严重者发生大面积出血，水肿明显，以隔叶为重。肺部有大小不一的脓疱，切开可流出乳白色或灰白色脓液。胸膜与肺、心包粘连，化脓或有纤维素性渗出物。有的病例可见肝表面呈现黄豆至蚕豆大的脓疱，脓疱内积有黏稠的乳白色或灰白色脓液，有时可见纤维素性疤痕，脾大。

（3）败血症型。比较少见，细菌侵入血液生长、繁殖即引起败血症，不加治疗，很快死亡（图 1－41）。

4. 临床诊断

可根据流行病学资料，病史、临床症状和病理变化，尤其是

图 1-41　兔气管淤血、出血

（图片引自：http：//image. baidu. com）

鼻炎、支气管炎和脓疱性肺炎等病理变化作出初诊。如要确诊则需要实验室检查。

（1）细菌分离鉴定。细菌分离鉴定是经典和较为常用的方法，通过尸体剖检和从活体拭子中分离鉴定支气管败血波氏杆菌进行诊断。但细菌分离鉴定方法费时、费力，发生假阴性结果的可能性也比较高。

（2）血清学方法。可利用酶联免疫吸附试验、凝集试验等方法检测病原菌及其抗体，从而诊断是否感染支气管败血波氏杆菌。

5. 防治

（1）加强饲养管理，严格执行消毒制度。加强饲养管理，做好日常兽医卫生防疫工作。保持通风，减少灰尘，避免异常气体刺激。保持兔舍适宜的温度和湿度，避免兔舍潮湿和寒冷。坚持自繁自养，如引进种兔，应隔离观察 1 个月。及时检出有鼻炎症状的可疑兔，给予治疗或淘汰。定期进行消毒，保持兔舍清洁。兔舍、笼具、垫料、工作服等要定期消毒，及时清除舍内粪便、污物。平时消毒可使用3%的甲酚皂液，1% ~2%的氢氧化钠液，1% ~2%的福尔马林溶液等。

（2）免疫接种。预防波氏杆菌病主要的手段就是进行免疫接种。可用兔巴氏杆菌－波氏杆菌二联苗或巴氏杆菌－波氏杆菌－兔病毒性出血症三联苗预防。每只兔皮下注射1mL，每年免疫2次。也可用本场分离到的支气管败血波氏杆菌，制成氢氧化铝甲醛菌苗，制备疫苗的时候加入蜂胶、黄芪多糖等佐剂，能使机体免疫效果增强。蜂胶能刺激机体免疫机能，促进抗体生成，增强巨噬细胞活力。多糖可增强机体的非特异性或特异性免疫应答，使抗体在血液中或黏膜表面维持更长时间，发挥持久的免疫效力，提高抗病力。

（3）治疗。药物添加能有效地预防或减轻波氏杆菌病的发生，取得一定的经济效益。对于发病严重的病兔，不予治疗，进行淘汰。症状较轻的病例，可以使用氧氟沙星治疗，连用5天即可。还可以使用卡那霉素和庆大霉素进行治疗。卡那霉素，每千克体重10 ~30mg，肌内注射，每天2次，连用3 ~4天。庆大霉素，每次1万 ~2万单位，肌内注射，每天2次，连用3 ~4天。此外，多种抗生素及磺胺类药物，均有较好的疗效。

十、兔魏氏梭菌病

兔魏氏梭菌病又称魏氏梭菌性肠炎，主要由A型和E型菌及其产生的毒素引起的一种死亡率极高的兔急性胃肠道疾病。以水样腹泻、病兔迅速脱水死亡为特征，是危害养兔业的重要疾病之一。

1. 病原

本病病原为魏氏梭菌，又称产气荚膜杆菌，革兰阳性，两端稍钝圆，大小为（0.6 ~2.4）μm×（1.3 ~19.0）μm，单在或成双，无鞭毛，不具备运动性。芽孢大而卵圆，位于菌体中央或近端，但在一般条件下罕见形成芽孢。多数菌株可形成荚膜，荚膜多糖的组成可因菌株不同而有变化。该菌在自然界广泛存在，可从饲料、污水、土壤等分离得到。目前，该菌可分为A、B、C、D、E、F 6型，但引起兔病的病原主要为A型，也偶见E型魏氏梭菌致病。本菌对厌氧程度的要求并不严。对营养要求不苛刻，在普通培养基上可生长，若加葡萄糖、血液，则生长更好。A、D和E型菌株的最适生长温度为45℃，B和C型为37～45℃，多数菌株的可生长温度范围为20～50℃。在绵羊血琼脂平板上，可形成直径2～5mm、表面光滑半透明的菌落。菌落周围有溶血环，在兔、绵羊、牛、马或人血琼脂平板上，大多数菌株可产生双环溶血。

本菌在含糖的厌氧肉肝汤中，因产酸于几周内即可死亡，而在无糖厌氧肉肝汤中能生存几个月。芽孢抵抗力极强，在外界环境中可长期存活，一般消毒药不易杀灭，升汞、福尔马林杀灭效果较好。

2. 流行特点

本病一年四季均可发生，尤以冬、春季发病率较高。除哺乳仔兔外，各种年龄、品种、性别的兔子均有易感性。本病的主要传染源是病兔和带菌兔及排泄物。传染途径主要是消化道或伤口，粪便污染的病原在传播方面起主要作用。病原菌自消化道或伤口侵入机体，在小肠和盲肠绒毛膜上大量繁殖并产生强烈的毒素，改变毛细血管的通透性，使毒素大量进入血液，引起全身性毒血症。

魏氏梭菌为人体和动物体的肠道寄生菌，并不致病，但在一定条件下，特别是饲养条件的快速变化，如冬春季交替季节，动物由干草饲料变为啃青、气温骤变、饲养密度加大等都可导致该病的爆发。该病主要是动物体内的魏氏梭菌大量繁殖，成为肠道优势菌群，大量分泌的外毒素经过一定的途径，进入血液循环，引起败血症，从而导致机体心脏、肾脏等器官衰竭而死。

3. 临床症状与特征

本病的潜伏期长短不一，一般为2～10天，最急性病例往往尚未见临床症状即死亡。大多数病例主要临床症状为急剧腹泻。病兔精神萎靡，食欲减退或拒食，粪便初期变软，不成形、稀软、很快变成带血的水样或胶冻状稀粪，或黑褐色水样粪便，有恶臭味，肛门及臀部被毛被粪便污染。提起病兔，即有水样粪便从肛门流出。病兔体温不高，病兔眼球下陷，躯干干瘪，常在水泻后12小时内死亡。病程多为1～2天，少数病例长达1周以上，最后因衰竭而死亡。

尸体脱水、消瘦，剖检打开腹腔，有腥臭气味。胃底黏膜脱落，有大小不一的溃疡点或溃疡斑，胃内积有食物和气体。肠黏膜弥漫性充血或出血，小肠内充满气体，肠壁薄而透明。盲肠和结肠内充满气体和黑绿色稀薄内容物，有腐败臭味。大肠大面积出血。心脏表面血管怒张，呈树枝状。肝脏变脆，脾呈深褐色（图1－42至图1－44）。

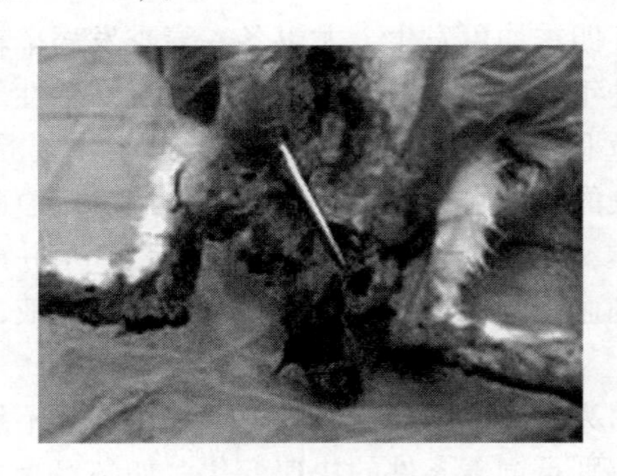

图1－42　病兔肛门及臀部被毛被粪便污染

（图片引自：http：//baike. baidu. com/）

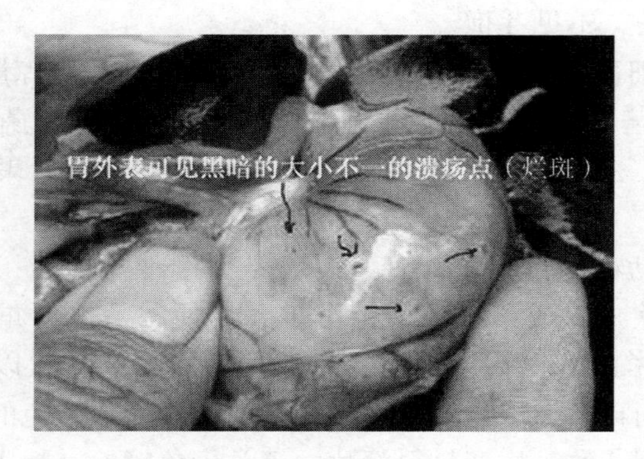

图1－43　胃外表可见黑暗的大小不一的溃疡点

（图片引自：http：//image. baidu. com）

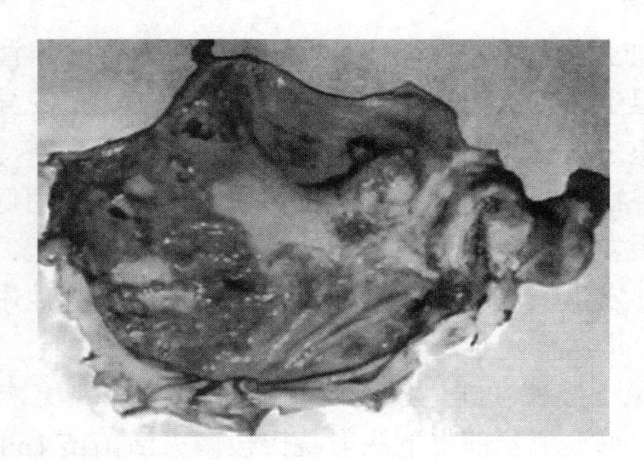

图1－44　胃黏膜可见大小不一的溃疡点

（图片引自：http：//image. baidu. com）

4. 临床诊断

可根据流行病学资料，病史、临床症状和病理变化作出初诊。确诊则需要进行实验室诊断。

（1）涂片镜检。取病死兔的空肠、回肠、盲肠内容物、肠黏膜及心血、肝脏病变组织涂片，作革兰染色镜检，魏氏梭菌为革兰阳性菌，不见芽孢。

（2）细菌分离鉴定。将肠内容物接种于鲜血琼脂培养基，37℃厌氧培养 24 小时，可见有双溶血环的圆形菌落，直径 1.5 ~3mm，呈浅灰色。取培养菌株作生化鉴定或者聚合酶链式反应鉴定。

（3）动物实验。分离细菌纯培养物接种兔体后，各试验组均出现食欲减退或不食，精神沉郁，粪便稀薄，严重者排水样便，攻毒后 16 小时内全部死亡。接种后的临床症状以下痢为主要特征，同自然发病兔临床症状相同，接种后致死兔的病理变化与自然病例一致。病变材料涂片，革兰染色镜检，魏氏梭菌为革兰阳性菌端钝圆的大肠杆菌。

5. 防治

（1）加强饲养管理，消除诱发因素。加强饲养管理，做好日常兽医卫生防疫工作。保持通风，减少灰尘，避免异常气体刺激。保持兔舍适宜的温度和湿度，避免兔舍潮湿和寒冷。防止饲喂过多的谷物类饲料和含有过高蛋白质的饲料，采用低能量饲料饲养，可明显降低腹泻死亡率。从控制病原传入抓起，不从发病种场引种。发生疫情时，要立即对兔舍、兔笼及其他用具彻底消毒，隔离、淘汰病兔。

（2）免疫接种。健全疫病防控制度，做好魏氏梭菌疫苗的免疫接种。每只兔颈部皮下注射魏氏梭菌灭活菌苗 1mL，免疫期 4 ~6 个月。仔兔断奶前 1 周进行首次免疫接种，可明显提高断奶仔兔成活率。发生兔魏氏梭菌病疫情时，应用魏氏梭菌灭活菌苗进行紧急预防注射。

（3）治疗。对于发病初期病兔，可注射特异性血清，每千克体重 2 ~3mL，皮下或肌内注射，每天 2 次，连续注射 3 天。另外，也可采用抗生素进行治疗。恩诺沙星注射液，每千克体重 1mL，每天 2 次，连用 3 天。红霉素或金霉素，每千克体重 20 ~

40mg，肌内注射，每天2次，连用3天。卡那霉素，每千克体重20mg，肌内注射，每天2次，连用3天。对于发病兔群中的未发病兔，可用金霉素、环丙沙星等抗生素拌料饲喂。同时，采用对症治疗，可腹腔注射5%葡萄糖生理盐水，内服食母生（每兔5～8g）和胃蛋白酶（每只兔1～2g）等，可明显提高疗效。

十一、兔棒状杆菌病

兔棒状杆菌病是由鼠棒状杆菌和化脓性棒状杆菌等引起的一种慢性传染病，以皮下、实质器官或关节等部位形成小化脓灶为特征。本病可见于各年龄阶段兔群。

1. 病原

本病的病原主要为棒状杆菌属鼠棒状杆菌和化脓棒状杆菌，为革兰阳性菌，菌体粗细不一，呈一端粗大棍棒状，常呈V或L形分布。染色时菌体着色不均匀，部分种类出现段状浓染或异染颗粒。无鞭毛，无荚膜，无形成芽孢能力。本菌为需氧或兼性厌氧菌，有的菌株需要5%～10%二氧化碳才能生长。本菌的最适生长温度为37℃，最适生长pH值为7.0。本菌易在血液或血清培养基上生长，菌落直径约为2～3mm，扁平、有干燥感，边缘不光滑，呈锯齿状。本菌与分枝杆菌属、奴卡氏菌属和放线菌属相似，抗原反应有交叉。

本病病原可形成芽孢能力，对高温和抗生素抵抗能力不强，常规加热和消毒方法即可杀死。

2. 流行特点

本病多呈散发，偶尔为地方流行，一年四季均可发生，可见于各年龄阶段兔群，但以母兔居多。啮齿动物是本病菌的主要携带者。本菌广泛分布于自然界，通过污染的土壤、垫料与外伤接触而感染，也可经过污染的饲料、饮水等方式经消化道感染。本菌多数为动物及人类皮肤和黏膜的正常菌落，正常条件下无致病性，当存在兔群管理不善、饲料配方不科学、兔场卫生条件较差等应激因素时，细菌转移至实质器官或皮下，大量增殖并释放外毒素，从而引起动物体感染。

3. 临床表现与特征

临床常见为急性型及慢性型。急性型棒状杆菌感染往往未见临床症状而死亡。慢性感染时，病兔表现为精神不振、食欲减退、时有咳嗽，流涕及呼吸粗大。患病晚期，病兔体表出现淋巴结肿大、溃烂，有硬痂生成，有类似慢性支气管炎症状。个别病兔伴有关节炎。

解剖病兔尸体，可见大小不一的灰色或灰绿色结节构成的淋巴结脓肿，其状呈同心环状，呈干酪或灰浆状，外有一层坚韧的膜状物。肺脏小叶变硬，有钙质沉积而形成的绿色干酪样化脓灶；肝、脾、肾等实质器官也可见此类化脓灶。

4. 临床诊断

根据病兔临床症状及剖检病状，可作出初步判断。确诊需要进行病原分离鉴定等实验室检测。

（1）现场诊断。可根据病兔体表淋巴结是否肿大，体表溃疡处有无牙膏状脓汁流出，是否咳嗽、流涕、肺脏小叶有无变硬、成肉样等病理特征，作出现场诊断。

（2）实验室诊断。利用采样拭子以收集脓液，进行革兰染色镜检，棒状杆菌属细菌多为一端较为粗大，呈棍棒状，革兰氏阳性菌。利用鲜血或血清培养基，放置37℃培养24～48小时，有细小菌落形成，并有β或α溶血。必要时，还可进一步做生化鉴定以及动物试验予以确诊。

（3）鉴别诊断。本病易与波氏杆菌病、坏死杆菌病混淆，在鉴别诊断上应注意如下：波氏杆菌病同样可引起内脏器官形成化脓病灶，但此病灶较大，内有黄色黏稠乳脂样脓液，而棒状杆菌则为干酪状。波氏杆菌病不引起淋巴结肿大。另外，革兰染色，波氏杆菌为阴性，而棒状杆菌为革兰阳性菌，显微镜观察，波氏杆菌多为小杆菌，无一端膨大。坏死杆菌病与棒状杆菌病主要区别为，坏死杆菌病除了会导致实质器官化脓灶外，并有空腔黏膜坏死，这是棒状杆菌病所没有的。革兰染色，坏死杆菌为阴性，菌体呈丝状，而棒状杆菌为阳性。

5. 防治

棒状杆菌为条件致病菌，主要致病因为兔机体免疫能力下降，或者体表有伤口，棒状杆菌从皮肤或黏膜系统转移至非正常定居区，从而导致疾病的发生，因此，主要做好如下工作。

（1）加强饲养管理，严格执行消毒制度。做好饲料管理、存放，杜绝啮齿动物污染；科学饲喂，不投喂蛋白质含量过高或过细精料，控制兔笼放养密度，提高兔体免疫力。平时多注意观察兔体，防止发生外伤感染。如有外伤应立即涂碘酒或龙胆紫，以防止伤口恶化。搞好环境卫生，特别是做好防鼠工作。健全卫生清洁工作，定时对兔笼，兔场其他用具做好消毒工作，可用2%火碱或3%来苏儿泼洒全场，然后用石灰粉铺垫兔舍地面。

（2）治疗。病兔可用青霉素、链霉素、新胂凡纳明（914）等进行治疗，效果较好。青霉素，每千克体重2万~4万单位，肌内注射，每天2次，连用5~7天。链霉素，每千克体重2万单位，肌内注射，每天2次，连用5~7天。新胂凡纳明，每千克体重40~60mg，用生理盐水配成5%溶液，耳静脉注射。对于健康兔群，可用多西环素，按每千克饲料300mg拌料投喂，连喂14天。对于食欲不佳兔群，可用复合维生素B注射液，每天3次，1次0.5~1.0mL，连用3~5天。

十二、土拉杆菌病（野兔热）

土拉杆菌病又称野兔热、土拉热，是由土拉热弗朗西斯菌引起的一种急性人畜共患的急性、败血性传染病。本病原发于野生啮齿动物，传染于畜禽和人类。主要表现为发热、淋巴结肿大、脾和其他内脏呈坏死性变化。世界动物卫生组织（OIE）将其列为B类疫病。

1. 病原

土拉热弗朗西斯菌，又称土拉杆菌，为弗朗西斯菌属成员，革兰阴性专性需氧杆菌，革兰染色着色不良，用美兰染色呈明显的两极着染。在患病动物血液中为球形，在适宜培养基中的幼龄培养物形态相对一致，呈小的、单在的杆状，大小为（0.2×0.2）μm~0.7μm，培养24小时呈多形态，表现豆形、球形、杆状和丝状形态，死亡期的丝状细胞裂解成碎片。不运动，无芽孢，在病料中可看到土拉菌荚膜。本菌最适生长温度37℃，可生长温度范围为24~39℃。生长必需半胱氨酸或胱氨酸。在葡萄糖半胱氨酸血琼脂（GCBA）平板上培养2~4天可形成灰色光滑的菌落，围绕特征性褪色绿环，直径约1mm。

本菌在外界环境中抵抗力较强。在动物尸体中室温下可生存40天，在禽类脏器中为26~40天，4℃时生存5个半月以上。在病兽毛中能生存35~45天，在织物上72天，在谷物上23天。对热与化学药物敏感，56℃经30分钟可死亡，煮沸立即死亡。在直射日光下经30分钟死亡。一般消毒药物都能很快将其杀死。

2. 流行特点

本病一般多见于春末、夏初季节，但也有秋末冬初发病的，主要与啮齿动物以及吸血昆虫繁殖活动有关。在野生啮齿动物中，常呈地方性流行，洪灾或其他自然灾害可导致大流行。

本病的传染源为病畜和带菌动物。病菌通过污染的饲料、饮水、用具以及吸血昆虫而传播，并通过消化道、呼吸道、伤口及皮肤与黏膜而入侵。已发现有83种节肢动物能传播该病，主要有蜱、螨、牛虻、蚊、虱、吸血蝇类等。被污染的饲料、饮水也是传染源。本菌感染谱很广，野兔和其他野生啮齿类动物是主要易感动物及自然宿主，已发现有136种啮齿动物是本菌的自然储存宿主。猪、牛、山羊、骆驼、马、驴、犬和猫及各种毛皮兽均易感。人也可感染。

3. 临床表现与特征

本病的潜伏期为1～9天。急性病例多无明显症状而呈败血症死亡。多数病例病程较长，体温升高，呼吸困难，食欲废绝，迅速死亡，个别病兔精神沉郁，不吃，运动失调，呈高度消瘦和衰竭。一般病兔表现为衰弱，颌下、颈下、腋下和腹股沟淋巴结肿大、质硬。有的病兔表现鼻腔黏膜发炎，有鼻液。体表淋巴结化脓，发热，白细胞增多，昏迷，经过1～2周死亡。

急性死亡者，无特征病理变化。如病程较长，可见淋巴结显著肿大，颜色深红，切面见大头针头大小的淡黄灰色坏死点。淋巴结周围组织出现充血、水肿；脾大、色深红，表面与切面有灰白或乳白色的粟粒至豌豆大的结节状坏死。肝大，有散发性针尖至粟粒大的坏死结节。肾的病变和肝的相似（图1－45至图1－47）。

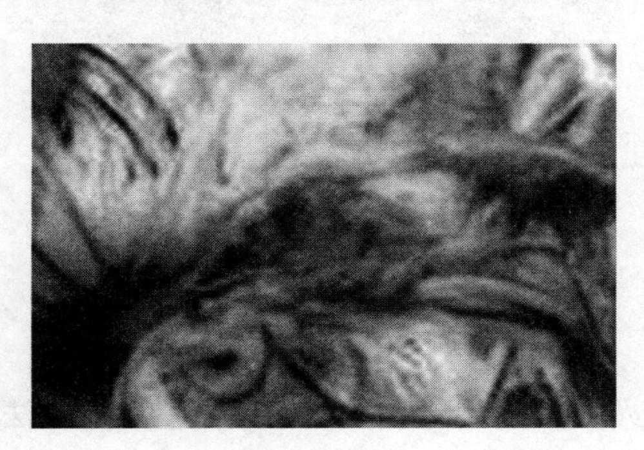

图1－45　淋巴结充血，肿大

（图片引自：任克良等文献《兔病诊断与防治原色图谱》）

4. 临床诊断

根据临床症状和病理变化可作出初步诊断，确诊需进一步实

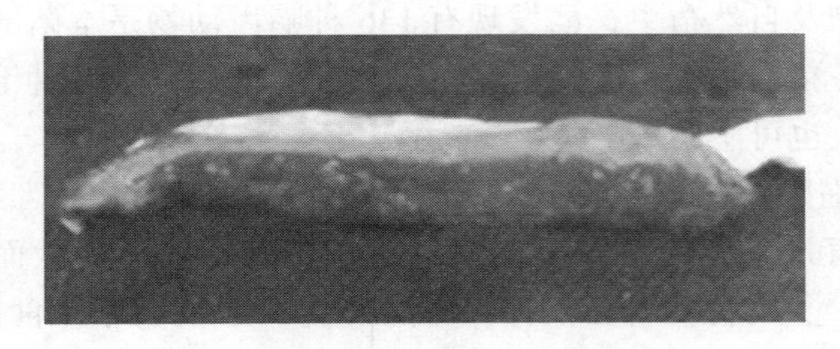

图 1-46　脾脏切面见黄色坏死结节

（图片引自：任克良等文献《兔病诊断与防治原色图谱》）

图 1-47　肾表面的坏死点

（图片引自：http：//www. 360doc. com/）

验室诊断。

在国际贸易中，无指定诊断方法，主要诊断方法为病原分离鉴定。采取组织器官如肝、脾等压片或固定切片，或血液涂片可以检查到细菌。免疫荧光抗体试验是一种非常可靠的方法。还可通过接种豚鼠或鼠进行病原的分离和鉴定。血清学检查：试管凝集试验、酶联免疫吸附试验、土拉杆菌皮内试验。病原分离鉴定可采集动物淋巴结、肝、肾和胎盘等病灶组织。

本病淋巴结、脾、肝、肾有特征的化脓性坏死结节，因此根据病变和细菌检查可作出诊断。但要与兔伪结核病、李氏杆菌病作鉴别诊断。伪结核病：灰白色粟粒状结节病变主要位于盲肠蚓突，其次为脾大，较正常在约5倍左右。有慢性下痢症状，病原为伪结核耶尔森菌。李氏杆菌病：灰白色坏死灶主要位肝、心、肾，同时，有脑炎、流产及单核细胞增多等临诊变化，无淋巴结坏死灶。

5. 防治

(1) 预防。在本病流行地区，应驱除野生啮龄动物和吸血昆虫。经常进行杀虫、灭鼠。严防野兔进入兔场，按防疫规定引进种兔。发现病兔，按《中华人民共和国动物防疫法》规定，采取严格控制，扑灭措施，防止扩散。扑杀病畜和同群畜，并进行无害化处理。厩舍进行彻底消毒。被污染的场地、用具、厩舍等应彻底消毒，粪便堆积发酵处理。剖检病尸时要严格消毒，防止对人感染。

(2) 治疗。发病初期应用链霉素、土霉素、卡那霉素治疗，治疗效果较好。链霉素，每千克体重20~50mg，肌内注射，每天2次，连用4天。土霉素，每千克体重20mg，用溶媒溶解后肌内注射，每天2次，连用3天。卡那霉素，每千克体重10~30mg，肌内注射，每天2次，连用4天。但是发病后期治疗效果不理想。

十三、兔李氏杆菌病

兔李氏杆菌病是由单增李氏杆菌引起的人畜共患、散发性传染病。兔感染本病后以突然发病死亡、脑膜炎、败血症和怀孕母兔流产为特征。典型症状表现为发热、精神呆滞、食欲废绝，出现神经质，如全身展颐、眼球突出、扭头转圈、身体倒向一侧抽搐等，怀孕母兔流产，并从阴道排出棕褐色或红色分泌物。

1. 病原

本病的病原菌为单增李氏杆菌，属于革兰阳性杆菌，大小为（0.4～0.5）μm×（0.5～2.0）μm，两端钝圆，多单在，也有时排列成V形、短链。老龄培养物或粗糙型菌落的菌体可形成长丝状，长达50～100μm。不形成荚膜、无芽孢，在20～25℃培养可产生周鞭毛，具有运动性，在37℃无运动力。

本菌为需氧或兼性厌氧菌，最适温度为30～37℃。在普通琼脂培养基中可生长，但在血清或全血琼脂培养基上生长良好，加入0.2%～1%的葡萄糖及2%～3%的甘油生长更佳。在4℃也可缓慢生长。光滑型菌落透明、蓝灰色，培养3～7天直径可至3～5mm。在血清琼脂培养基上，可形成狭窄的β溶血环。在液体培养基不形成菌环、菌膜。

李氏杆菌具有较强的抵抗力。秋冬时期在土壤中能保存5个月以上。抗干燥能力强，在干粪中能存活两年以上。低温可延长其存活时间。本菌耐碱不耐酸，在55℃湿热中经40分钟、常用消毒药5～10分钟能杀死本菌；在培养基上可存活几个月。本菌对氨苄青霉素等敏感，对土霉素等敏感差，对磺胺、枯草杆菌素和多黏菌素有抵抗力。

2. 流行病学

本病一年四季都可发生，以冬春季节多见，夏秋季节只有个别病例。本病呈散发性，有时呈地方流行性。本病的发病率低，但死亡率高。幼兔和妊娠母兔易感性高。病兔和带菌兔是本病的传染源。患病动物的粪尿、乳汁、精液以及眼鼻生殖道的分泌物都可分离到病菌。啮齿动物、野兽野禽常成为本菌在自然界中的贮存宿主。李氏杆菌可通过消化道、呼吸道、眼结膜及皮肤损伤等途径感染。饲料和饮水是主要的传染媒介，吸血昆虫也有可能营养不良天气剧变等应激促进发病。营养不良、应激因素等均可诱发本病。

3. 临床表现与特征

本病的潜伏期为 2～8 天。病兔表现为以下急性型、亚急性型和慢性型。

急性型多见于幼兔，体温可达 40℃以上，精神沉郁，食欲废绝。鼻腔黏膜发炎，流出浆液性、黏液性、脓性分泌物，几个小时或 1～2 天死亡。

亚急性型主要为子宫炎及脑膜炎。孕兔在妊娠后几日精神沉郁，不食，阴道中流出暗红色或褐色分泌物，接着流产，或胎儿干化有的流产后死亡，有的耐过康复，但久配不孕；脑膜炎型病兔表现为中枢神经系统功能障碍，精神委顿，不食，全身震颤，做转圈运动，共济失调，头颈偏向一侧，逐渐消瘦而死亡。一般经 4～7 天死亡。

慢性型病兔产要表现为子宫炎，分娩的 2～3 天发病。病兔精神沉郁、拒食、流产，并从阴道内流出红色或棕褐色分泌物。有的出现头颈歪斜等神经症状。流产康复后的母兔长期不孕（图 1－48 至图 1－50）。

图 1－48　神经症状，转圈

（图片引自：http：//wenku. baidu. com/）

患急性或亚急性病死亡的兔，主要病理变化是皮下水肿，

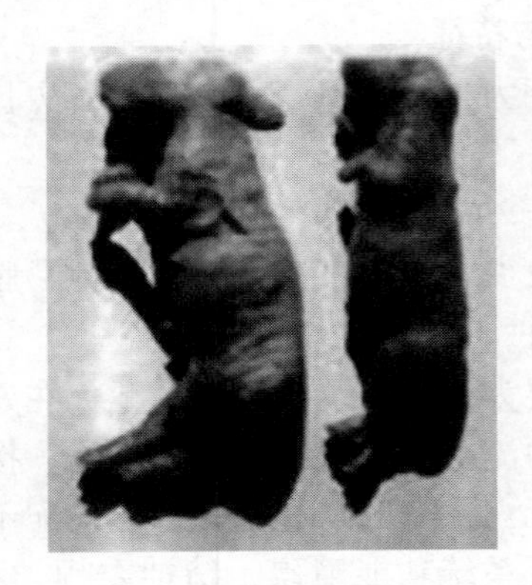

图 1－49　流产，胎儿皮肤出血

（图片引自：http：//wenku. baidu. com/）

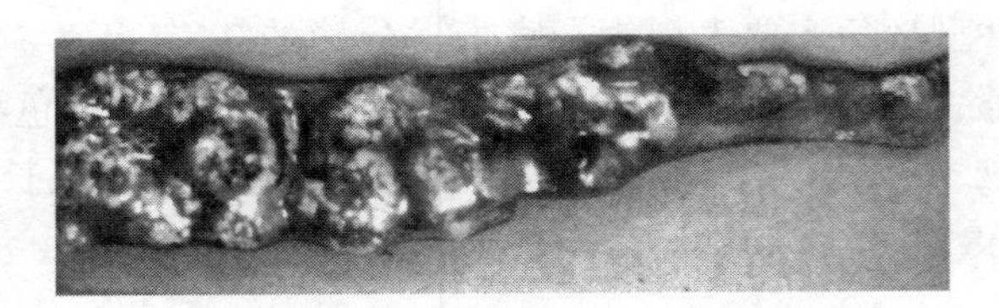

图 1－50　脾脏肿大，有大量坏死灶

（图片引自：任克良等文献《兔病诊断与防治原色图谱》）

心、肺出血性梗死或水肿，胸腔有多量清亮液体。肝脏、心肌、肾、脾有散在或弥漫性、针尖大小的淡黄色或灰白色坏死点，淋巴结肿大。

慢性病例除上述病理变化外，可见子宫内积有化脓性渗出物或暗红色的液体，子宫壁增厚并有坏死灶。孕兔子宫内有变性胎儿或灰白色凝乳块状物。神经症状病例可见脑膜和脑组织充血或水肿。单核白细胞显著增加。

4. 临床诊断

根据流行特点病母兔流产后排出血色分泌物，有特殊的神经症状等特征，结合病变和实验室检查，即作出确实诊断。

（1）涂片镜检。采取剖检病死兔肝脏、肾脏、心、血，涂片染色后镜检，如发现革兰阳性球杆菌，菌体散在或呈 V 形，菌端钝圆，有时呈弧形，再结合临床症状，可作出初诊。

（2）血清学检查。用李氏杆菌 O 抗原作凝集反应，并结合病原检查，可以检出畜群中隐性或潜伏感染动物。

（3）动物试验。用病料接种家兔、小鼠、豚鼠等，一般在接种后 1 ~6 天内死亡。

5. 防治

（1）加强饲养管理，严格执行消毒制度。首先要加强饲养管理，保持兔舍卫生。严格执行卫生防疫制度，搞好环境卫生，消灭老鼠及其他啮齿类动物。管好饲草、水源，防止污染。发病时，应全群检疫，病兔隔离治疗或淘汰。死亡兔应作无害化处理，有关工作人员应注意个人防护，以防感染。

要做好消毒灭源工作，切断细菌传染途径。应严格遵守防疫消毒规章制度，严格做好隔离消毒工作。在疫点李氏杆菌普遍存在于环境中，因此，需要用苛性钠溶液、甲醛溶液喷洒圈舍。笼舍及用具应彻底消毒。饮水用漂白粉消毒，青饲料用 0.1% 高锰酸钾洗净后喂兔。

（2）治疗。患病初期治疗有一定效果，一旦出现神经症状，药物就难以奏效了。特效的抗生素是土霉素，发现后应立即静脉注射盐酸土霉素注射液，一日 2 次，病初大剂量应用抗生素，可取得满意效果。磺胺类、青霉素新霉素的治疗效果也可以。磺胺嘧啶或磺胺脒 0. 3g/kg 体重，每天 2 次，肌注；增效磺胺嘧啶，每千克体重 25mg，肌内注射，每天 2 次；四环素每只 200mg，口服，每天 1 次；庆大霉素，每千克体重 1 ~ 2mg，肌内注射，每天 2 次；新霉素或青霉素混合于饲料中，每只 2 万 ~ 4 万单位，每天喂 3 次。也可用中药进行治疗，中药处方：忍冬藤、栀子根、野菊花、茵陈、钩藤根、车前草各3g，水煎，分早晚2次灌服，连用3~5天。

十四、兔坏死杆菌病

兔坏死杆菌病是由坏死梭杆菌引起兔的以溃疡和脓肿为特征的散发性传染病。在临床上表现为组织坏死，多见于皮肤、皮下组织和消化道黏膜，有时在内脏形成转移性坏死灶。

1. 病原

本病的病原为坏死梭杆菌，又称坏死杆菌，为多型性的革兰阴性菌。小者呈球杆菌，大小为（0.5×0.5）~（1.5×0.5）μm，大者呈长丝状，其大小为（0.75~1.5）μm×（100~300）μm，且多见于新鲜病灶及幼龄培养物中，染色时因原生质浓缩而呈串珠状。本菌无运动性，不形成芽孢和荚膜。本菌为专性厌氧菌，最适生长温度为37℃，最适pH值为7.0。普通琼脂和肉汤均不适宜本菌生长，培养基中加血清、葡萄糖、肝和脑块等能促进其生长。在血清琼脂平板上经48~72小时培养，形成灰色不透明的小菌落，菌落边缘呈波状。在血平板上，菌落周围形成溶血环，呈β溶血。在肉汤中形成均匀一致的混浊，后期可产生特殊的臭味。

本菌对外界环境的抵抗力不强，55℃加热15分钟即可将其杀死。常用的化学消毒剂于段时间内可杀死本菌。但在污染土壤中生活力很强，可存活数月之久。

2. 流行特点

本病多发生于低洼潮湿地区，常发于炎热、多雨季节，一般散发或呈地方流行性。坏死梭杆菌广泛存在于自然界，如土壤、动物的消化道和粪便中，存活时间较长。患病和带菌动物是主要传染源，患病动物的四肢、皮肤、黏膜出现坏死性病理变化，病菌随渗出分泌物或坏死组织污染周围环境。本病主要经损伤的皮肤、黏膜（口腔）而感染，特别是四肢和口腔的创伤而引起。新生动物有时经脐带感染。有时还可经血流而散布至其他器官和组织，形成继发性坏死病灶。家兔一般通过伤口、食粪或卫生条件差等感染。营养不良、长途运输等应激因素，均可促进本病的发生于发展。

3. 临床表现与特征

本病的潜伏期不等，短者数小时，长者可达 1～2 周。病兔采食受阻，流涎，消瘦，唇部、口腔黏膜、齿龈颈部、胸部、脚部及四肢关节等处的皮肤和皮下组织等处发生溃疡、坏死，并散发出恶臭气味，有的炎性肿块发生于颈部肉髯以及胸部，病兔体温升高，体质衰弱。当细菌浸入血管后，可转移到心、肝、肺和脑等器官形成坏死灶。病程一般数周或数月，多数死亡（图 1－51）。

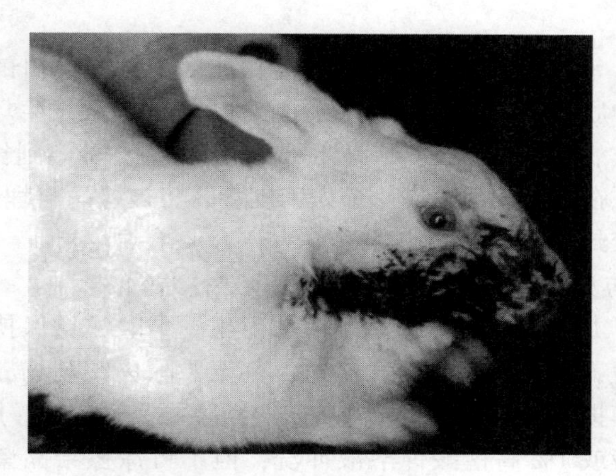

图 1－51　兔头颈部皮肤坏死

（图片引自：任克良等文献《兔病诊疗原色图谱》）

剖检可见口腔黏膜、齿龈、舌面、颈部皮下坏死。颌下淋巴结肿大，有干酪样坏死灶。许多病例肝、肺、脾等处有坏死灶或伴有脓肿，并出现胸膜炎和心包炎，四肢有深层溃疡病变。坏死组织有特殊臭味。

4. 临床诊断

根据临床症状、病理变化及特殊臭味可作出初步诊断，确诊应进行实验室检查。

（1）染色镜检。无菌采取肺、皮肤溃疡等病灶脓汁或坏死组织与健康组织交界处的物质，从病健组织交界处刮取材料涂片，然后以碱性美蓝染色后，镜检可见佛珠状的菌丝，即为坏死梭杆菌。

（2）分离培养与鉴定。采用无菌的方法，将病死兔的肝、脾坏死灶周围的病健交界处的材料，接种于血液培养基上，置37℃，厌氧培养2~3天后，见到无光泽、圆形、灰白色的小菌落，获纯培养物后，通过生化试验或聚合酶链式反应进一步鉴定。

（3）动物试验。将本菌纯培养物注射于健康小白鼠尾根皮下，接种后3天在注射局部出现化脓性肿胀，7天发生坏死，15天后死亡。死后心、肝、肺有坏死灶，从器脏中分离到长丝状细菌。也可在兔耳背部做成一个人工皮囊，将被检病料埋入其中，用火棉胶封好创口，逐日观察。

5. 防治

（1）加强饲养管理，注意清洁卫生。平时注意保持兔舍的清洁卫生，保持干燥，空气流通。兔笼要除去锐利物，防止皮肤、黏膜损伤。对已经破损的皮肤、黏膜要及时治疗，用3%双氧水溶液或1%高锰酸钾溶液冲洗，但不可涂擦结晶紫和龙胆紫。引进兔种要严格检验，隔离观察后再入群。兔群一旦发病，及时隔离治疗。加强对兔舍、兔笼及饲养用具的消毒。

（2）治疗。局部治疗首先彻底清除坏死组织，口腔先用0.1%高锰酸钾溶液冲洗，然后涂擦2%碘甘油，每天2~3次。

其他部位可用3%双氧水溶液或5%来苏儿溶液冲洗，然后涂擦5%鱼石脂酒精或鱼石脂软膏。患部出现溃疡时，清理创面后涂擦土霉素或青霉素软膏。

为防止形成内脏的转移性病灶，在局部治疗的同时还应进行全身治疗。肌内注射青霉素，每千克体重20万单位，每天3次，连用5天，同时，配合投喂磺胺二甲嘧啶，每千克体重0.2g，连用1周。还可用磺胺二甲嘧啶注射液进行治疗，每千克体重0.15~0.2g，肌内注射，每天2次，连用3天。

十五、兔巴氏杆菌病

兔巴氏杆菌病，又称"兔出血性败血症"，是由多杀性巴氏杆菌引起的各种兔病的总称。兔对多杀性巴氏杆菌十分敏感，且本病发病急很难早期发现，导致病兔不能获得及时有效的治疗而死亡，给养兔业造成很大的经济损失。由于巴氏杆菌的毒力、感染途径以及病程长短不同，其临床症状和病理变化也不同。主要有以下几种：全身败血病、传染性鼻炎、地方流行性肺炎、中耳炎、结膜炎、子宫积脓、睾丸炎和脓肿。

1. 病原

本病的病原为多杀性巴氏杆菌，为革兰阴性、两端钝圆、呈卵圆形的短小杆菌，大小为（0.25~0.4）μm×（0.5~2.5）μm。单个存在，有时成双排列。组织病料涂片，经姬姆萨或瑞氏法染色，可见典型的两极着色。无鞭毛，不形成芽孢。多杀性巴氏杆菌需氧或兼性厌氧菌。对营养要求较严格。在普通培养基上生长贫瘠，在麦康凯培养上不生长。在加有血液、血清或微量血红素的培养基中生长良好。最适温度为37℃，最适pH值为7.2~7.4。在血琼脂平板上培养24小时，长成水滴样小菌落，无溶血现象。在血清肉汤中培养，表面形成菌环。从病料新分离的强毒菌株具有荚膜，菌落为黏液型，较大。

该菌对外界环境因素抵抗力不强。在无菌蒸馏水和生理盐水中很快死亡。在阳光中暴晒10分钟，或在56℃15分钟或60℃10分钟，可杀死本菌。厩肥中可存活1个月，在空气干燥中2~3天可死亡。3%福尔马林、10%石灰乳1%石炭酸、1%漂白粉或0.5%~1%氢氧化钠等5分钟可杀死本菌。多杀性巴氏杆菌对青霉素、链霉素、四环素、土霉素、磺胺类等抗菌药物敏感。

2. 流行特点

本病一年四季均可发生，春、秋及湿热季节发病率较高，常呈散发或地方性流行。各种年龄的兔均可发生本病，但以幼龄或体质虚弱的兔更易感染，本病潜伏期长短不一，一般几小时至5天或更长。本病传播快，常造成整群发病，暴发时可全群覆灭，发病率20%~70%不等。

患病动物和带菌动物以及野生动物均为本病的主要传染源。被多杀性巴氏杆菌污染的饲料和饮水，可引起本病的流行，尤其是以屠宰动物脏器作为饲料饲喂的毛皮兽等经济动物最为危险。本病的感染途径主要是消化道和呼吸道，也可以通过吸血昆虫和损伤的皮肤、黏膜等引致感染。病兔通过其排泄的粪便、分泌物污染饲料、饮水、用具和外界环境，经消化道又传染给健康兔或由咳嗽、喷嚏排出病菌，通过飞沫经呼吸道而传染，黏膜的伤口也可发生传染。巴氏杆菌有时也有可能通过胎盘屏障而发生垂直传播。本病发生之后，在同种动物之间可迅速传染，在不同动物之间也经常见到相互传染。

在一般情况下，家兔鼻腔黏膜带有巴氏杆菌，而不表现临床症状，在环境卫生不良，遇到寒冷、闷热、气候剧变、潮湿、拥挤、兔舍通气不良、阴雨连绵、营养缺乏、饲料突变、过度疲劳、长途运输、发生其他疾病或寄生虫病等诱因时，致使机体抵抗力下降的情况下，存在于上呼吸道的巴氏杆菌大量繁殖，从而引起本病的发生，并形成传播。兔巴氏杆菌病还经常与其他疫病一起形成混合感染，此时巴氏杆菌病有可能是继发病，也有可能是原发病。各种诱因导致内源性感染巴氏杆菌病之后，致使机体的抵抗力进一步下降，从而继发其他疫病。

3. 临床表现与特征

本病的潜伏期长短不一，一般几小时至5天，或更长。潜伏期长短主要决定于病菌的毒力、感染途径以及家兔的抵抗力等。症状和病变常分为以下几型。

（1）败血症。急性型败血症（或称出血性败血症）病例多呈急性经过，常在1～3天死亡。病兔精神委顿，对外界刺激不发生反应，不食，体温40℃以上，呼吸急促，流浆液性或脓性鼻液，有时发生下痢。临死前体温下降，全身颤抖，四肢抽搐。有的无明显症状而突然死亡。病程短者24小时内死亡，较长者1～3天死亡。剖检可见鼻黏膜充血并附有黏性、脓性分泌物；喉与气管黏膜充血、出血，其管腔中有大量红色泡沫。肺严重充血、出血、水肿。心内外膜有出血斑点。肝大，淤血，变性，并常有许多坏死小点。肠道黏膜充血、出血。

亚急性型败血症常由鼻炎型与肺炎型转化而来，主要表现为肺炎和胸膜炎，病程约1～2周，终因衰竭而死亡。主要症状为病兔呼吸困难、急促，鼻腔中有黏液或脓性分泌物，常打喷嚏。体温稍高，食欲减退。有时见腹泻，关节肿胀，眼结膜发炎。剖检可见肺呈纤维素性胸膜肺炎变化，甚至有肺充血、出血、脓肿形成。胸腔积液，胸膜和肺常有乳白色纤维素性渗出物附着。鼻腔与气管黏膜充血、出血，并附有黏稠的分泌物。淋巴结发红、肿大（图1－52）。

（2）传染性鼻炎型。这种病型较常见，病程可达数月或更长，传播慢，但常成为疫源，使兔群不断发病。病兔初期表现为上呼吸道的卡他性炎症，流出浆液性鼻涕，以后转为黏性以至脓性鼻涕。病兔经常打喷嚏、咳嗽。由于分泌物刺激鼻黏膜，常用前爪

图1－52　肺、肠、脾、膀胱等均有出血点，肝大、变性，有坏死点
（图片引自：http：//wenku. baidu. com/）

抓、擦鼻部，使鼻孔周围的被毛潮湿、缠结，甚至脱落，上唇和鼻孔周围皮肤红肿、发炎。经过一段时间后，鼻涕变得更多、更稠，在鼻孔周围形成结痂，堵塞鼻孔，导致呼吸更加困难，并发出鼾声。通过喷嚏、咳嗽，病原菌通过空气传播再感染其他兔。由于病兔经常抓、擦鼻部，可将病菌带到眼内、耳内或皮下，因而引起化脓性结膜炎、角膜炎、中耳炎、皮下脓肿、乳腺炎等并发症。病兔最后常因精神萎顿，营养不良，衰竭而死亡。

剖检可见鼻腔内积有多量鼻涕，其性质因病程长短而又不同。当病从急性转向慢性时，鼻涕由浆液性变为黏性，黏液脓性。鼻腔黏膜潮红、充血、肿胀或增厚，有时发生糜烂。鼻窦和副鼻窦黏膜充血、红肿，窦内积有多量分泌物。

（3）肺炎型。常呈急性经过。病兔常急性死亡，虽有肺炎病变发生，但很少见临床症状。由于家兔运动的机会不多，即使大部分肺实质发生变化，也难以见到呼吸困难的表现。最初表现食欲缺乏、体温较高和精神沉郁，常以败血病告终。往往在晚上检视时还健康如常，次晨却已经死亡了。

剖检可见纤维素性化脓性胸膜肺炎，主要表现为肺的尖叶、心叶和膈叶前下部的炎症，肺脏出血，实变，膨胀不全，并有脓肿和灰白色结节病灶，胸膜和心包膜常有纤维素性渗出物覆盖（图 1 –53 至图 1 –56）。

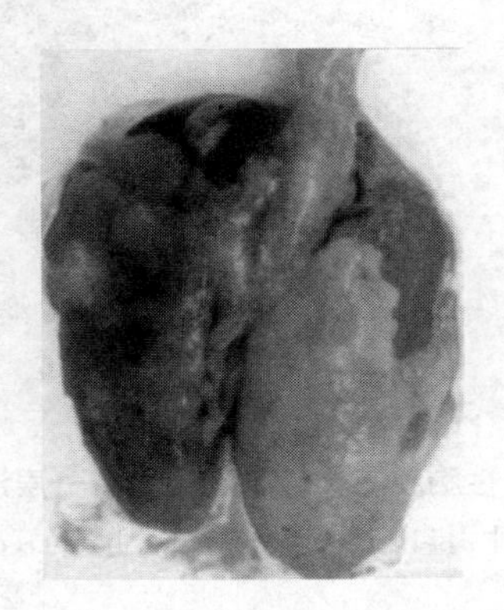

图 1 –53　肺前下部实变
（图片引自：http：//wenku. baidu. com/）

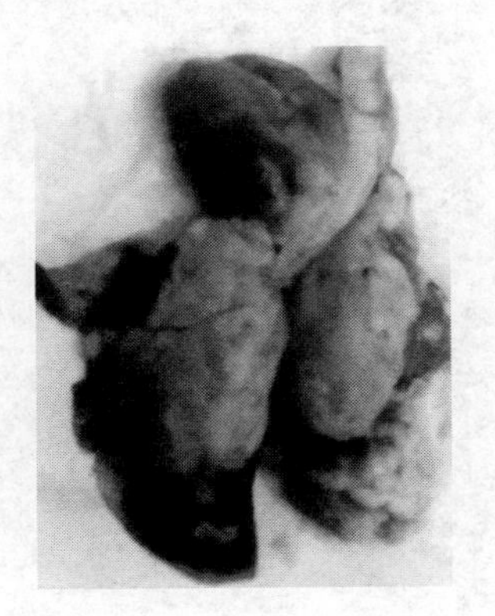

图 1 –54　肺出血（左肺）与脓肿形成（右肺）
（图片引自：http：//wenku. baidu. com/）

（4）中耳炎型。中耳炎型又称歪脖病或斜颈病。单纯的中

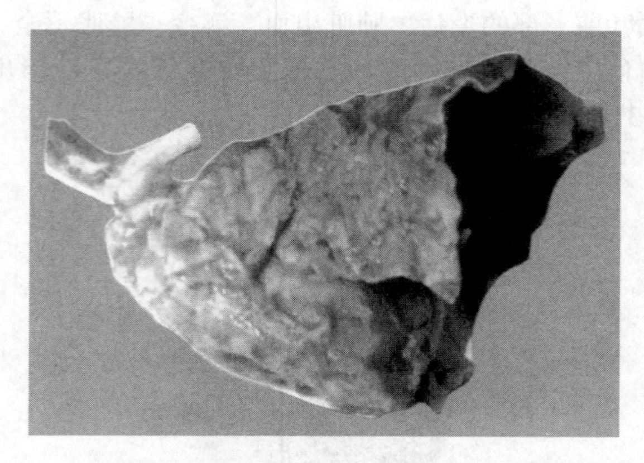

图 1－55　纤维素性胸膜肺炎，肺胸膜上有一层淡黄色纤维素薄膜
（图片引自：http：//wenku. baidu. com/）

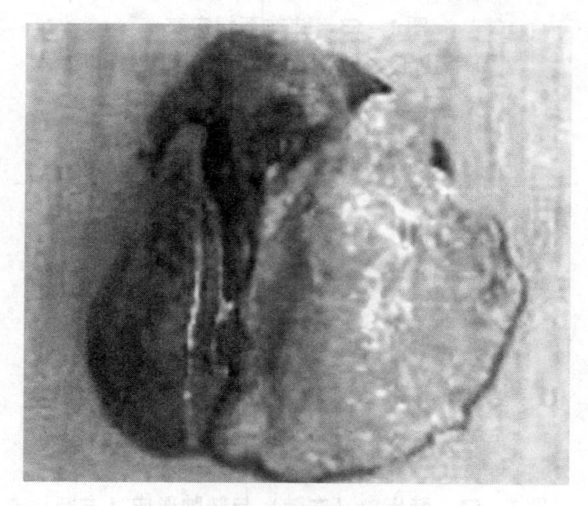

图 1－56　肺部发生炎症、实变
（图片引自：http：//www. 360doc. com/）

耳炎不出现临床症状，在能认出的病例中，斜颈是主要临床症状。斜颈是病菌感染扩散到内耳或脑部的结果，而不是单纯中耳炎的症状。斜颈的程度不同，取决于感染的范围。严重的病例，兔向一侧滚转，一直倾斜到抵住围栏为止。病兔不能吃饱喝够，体重减轻，出现脱水现象。如感染扩散到脑膜和脑组织，则可出现运动失调和其他神经症状。

剖检可见化脓性鼓室内膜炎和鼓膜炎，主要是一侧或两侧鼓室内有一种奶油状的白色渗出物，病的早期鼓膜和鼓室内壁变红，有时鼓膜破裂，脓性渗出物流出外耳道。如果炎症由中耳、内耳蔓延至脑部，则可见化脓性脑膜脑炎变化（图 1－57）。

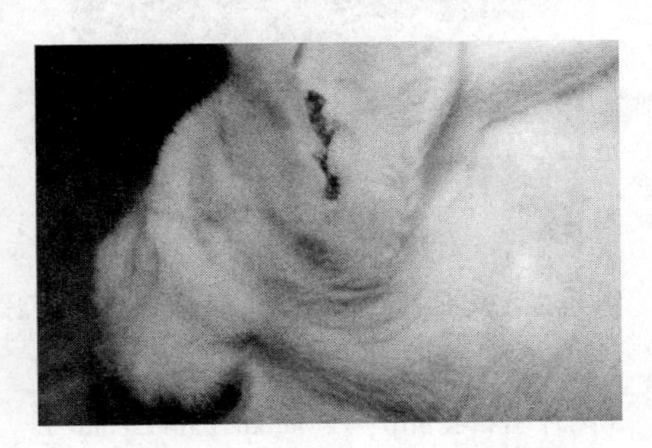

图 1－57　中耳炎，有白色渗出物

（图片引自：http：//wenku. baidu. com/）

（5）生殖器官炎症型。主要发生于成年兔，母兔的发病率高于公兔，交配是主要的传染途径，但败血型和传染性鼻炎型的病兔，细菌也可能转移到生殖器官，引起发病。如转变为败血病，则往往造成死亡。慢性感染通常没有明显的临床症状，但母兔在交配后，甚至在几次交配后仍不能怀孕，并可能有黏液脓性的分泌物从阴道排出。母兔发子宫内膜炎，一侧或两侧子宫扩张，急性感染时，子宫仅轻度扩张，腔内有灰色的水样渗出物；慢性感染时，子宫高度扩张，子宫壁变薄，呈淡黄褐色，子宫腔内充满黏稠的奶油样脓性渗出物，常附着在子宫内膜上。公兔主要表现一侧或两侧睾丸肿大，质地坚实，有些病例伴有脓肿，同时，受胎率降低，由它交配的母兔阴道有排出物，或发生急性死亡，开始表现病变常从附睾开始。

（6）结膜炎型。本病型很常见，各种年龄的兔均可发生。可以由患鼻炎的兔子抓搔痒引起眼睑感染，或细菌经鼻泪管侵入结膜囊，或经污染的外物带入眼内而感染发病。病兔眼睑红肿，结膜潮红，附着浆液性或脓性分泌物，重者可将眼睑粘住，轻者可转入慢性，红肿消退，但长期流泪（图1－58和图1－59）。

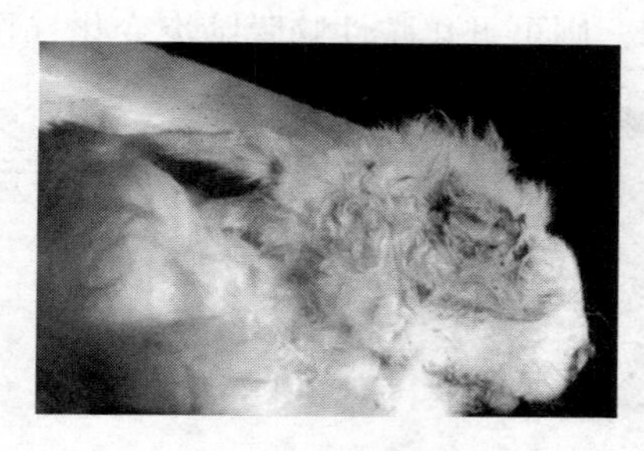

图1－58　眼结膜炎

（图片引自：http：//wenku. baidu. com/）

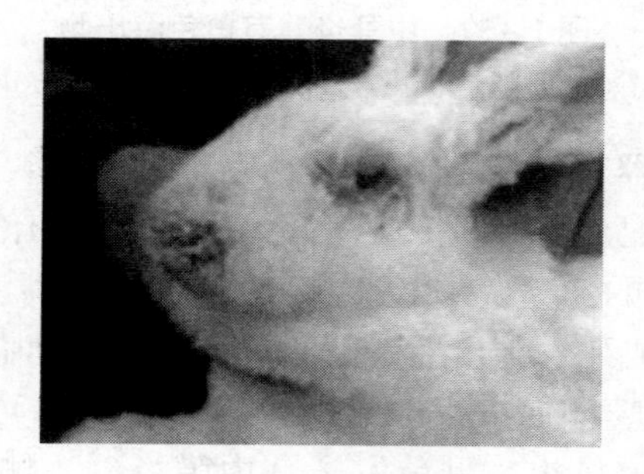

图1－59　眼结膜炎

（图片引自：http：//www. 360doc. com/）

（7）脓肿型。全身各部皮下都可能发生脓肿，体表的脓肿易于查出，但内脏器官的脓肿则不易诊断。肺、肝、脑、心、肌肉、睾丸或其他器官和组织内发生的脓肿，未至严重阶段，往往不显临床症状。脓肿通常含有白色或黄褐色奶油状的浓汁。病程较长者形成一个纤维性包囊，长期难以消失。

4. 临床诊断

本病可根据流行特点、临床症状和病理变化作出初步诊断。为了准确诊断，败血症型和肺炎型可以对心、脾、肝等脏器或体腔渗出物做细菌学检查，其他病例主要从病变部位的脓汁、渗出物、分泌物中检查病原。但慢性病例或大量使用抗生素的病例常呈阴性结果，可采取血清学方法进行诊断。同时，在进行诊断时应与兔瘟等疾病进行鉴别诊断。

（1）涂片镜检。血液作推片，其他的肝、脾、淋巴结等病料作涂片，一部分用甲醇固定作革兰染色，一部分作瑞氏染色或碱性美蓝染色，如发现大量革兰阴性、两端钝圆、中央微凸的短小杆菌且瑞氏或美蓝染色为卵圆形、两极浓染、似呈并列的两个球菌者即可作出初步诊断。

（2）分离培养。用麦康凯琼脂和血液琼脂平板同时进行分离培养，本菌在麦康凯琼脂上不生长，而在血液琼脂平板上生长良好，培养24小时后，可长成淡灰白色、圆形、湿润、不溶血的露珠样小菌落。涂片染色镜检，为革兰阴性小杆菌。可进一步生化试验进行鉴定。

（3）动物试验。取标本在灭菌研钵中按照1：10加入生理盐水制成乳剂，如做纯培养的毒力鉴定，则用4%血清肉汤24小时培养液或取血液琼脂平板上菌落制成生理盐水菌液，皮下接种家兔，接种后48小时内取心血作涂片染色镜检，同时，画线接种于血琼脂平板，培养24小时，再进行检查菌落和涂片镜检。

（4）血清学试验。检查被检兔的血清是否呈阳性，可用试管法、玻片法、琼扩法，也可用间接突光抗体法、间接ELISA、被动血凝试验等方法。

（5）分子生物学诊断。目前，多杀性巴氏杆菌在分子流行病学、病原 PCR 检测、不同基因的克隆鉴定都采用聚合酶链式反应（PCR）技术进行。除 PCR 方法外，还有其他一些检测和分析方法可用于兔多杀性巴氏杆菌病的检测和诊断，如菌落杂交、限制性内切酶图谱分析、核型分型、脉冲场凝胶电泳（PF-GE）等。

（6）鉴别诊断。本病须与兔波氏杆菌病、李氏杆菌病、野兔热、兔出血症等兔的疾病进行鉴别诊断。

兔李氏杆菌病：死于李氏杆菌病的兔，剖检可见肾、心肌、脾有散在的针尖大的淡黄色或灰白色坏死灶，胸、腹腔有多量的渗出液。病料涂片革兰染色，镜检，李氏杆菌为革兰阳性多形态杆菌。在鲜血琼脂培养基上培养呈溶血，而巴氏杆菌无溶血现象。

野兔热：死于野兔热的兔，剖检可见淋巴肿大，并有针尖大的灰白色干酪样坏死灶。脾脏肿大，深红色，切面有大小不等的灰白色坏死灶。肾和骨髓也有坏死。病料涂片镜检，病原为革兰阴性多形态杆菌，呈球状或长丝状。

兔出血症：其病原为兔瘟病毒，可凝集人的红细胞。该病主要危害 2 月龄以上青年兔，多发于冬季，发病急、死亡快，实质器官可见游血、出血和水肿，呼吸道往往有气管黏膜的严重充血、游血和出血而呈弥漫性发红，肺脏斑块状出血并呈严重的变性坏死。

兔波氏杆菌病：本病多发于气候易变化的春秋两季，主要经呼吸道而感染。剖检可见鼻黏膜潮红，附有浆液性或黏液性分泌物质。支气管黏膜充血、出血，管腔内有黏液性或脓性分泌物。肺有大小不等、数量不一的脓肿，小如粟粒，大如乒乓球。有时胸腔梁膜及肝、肾、睾丸等有脓肿。此外，尚可见化脓性胸膜炎、心包炎。

5. 防治

（1）加强饲养管理，严格卫生消毒工作。加强兔的科学饲养管理，认真搞好环境卫生，提高机体素质，增强兔的抗病力。特别要注意预防气候变化引起伤风感冒和寄生虫病的侵袭危害。兔场应自繁自养，禁止随便引进种兔，建立无多杀性巴氏杆菌的种兔群。必须引种时，应先隔离观察1个月，进行细菌学检查后，健康者方可进场。另外，兔场应严禁畜禽出入，以预防传染源。

经常对兔舍、兔笼、饲槽、引水盒进行消毒，保持良好的卫生条件。兔场严禁畜禽进入，以杜绝或减小传染来源。对兔群要定期检疫，净化兔群。将流鼻涕、打喷嚏、鼻毛潮湿蓬乱的兔子及时检出，隔离饲养观察和治疗，以及淘汰慢性病例。对兔舍内清除的粪便污物及垃圾，必须进行堆堆肥腐熟发酵处理。一旦发病后要隔离、封锁、治疗、淘汰及消毒（如1%石炭酸溶液、0.1%福尔马林溶液、5%氨水、10%～20%石灰乳或2%～3%烧碱液等）措施，期限一般为20天。重症病兔捕杀，对肉尸等污物必须进行彻底的消毒处理。

（2）免疫接种。目前，已有商品化的兔巴氏杆菌灭活疫苗，也有兔瘟－兔巴氏杆菌二联疫苗。另外，还有兔巴氏杆菌－波氏杆菌二联灭活疫苗和兔瘟－兔巴氏杆菌－波氏杆菌三联疫苗的研究报道。健康兔群用疫苗进行免疫接种，幼兔35日龄后注射兔瘟－兔巴氏杆菌二联苗或巴氏杆菌苗。成年兔每半年注射1次，免疫期为4～6个月，每年注射2次。兔场发生巴氏杆菌疫情，应尽快将病兔和可疑兔隔离，并对兔场进行彻底消毒，迅速切断疫源。对健康兔中的易感兔群立即紧急注射巴氏杆菌疫苗，也可以在每100kg饲料中加30～40g喹乙醇饲喂，有良好的预防效果。

（3）治疗。治疗可用以下药物：链霉素肌内注射，5 000～10 000单位/kg 体重，每天 2 次，连续 5 天；或者每只每次滴注 3～5 滴，每天 3～4 次，连用 5～7 天，有显著疗效。若配合青霉素（剂量相同）联合应用，效果则更好。磺胺嘧啶，每千克体重 0.05～0.2g，每天 2 次，连续 5 天。也可用四环素、土霉素、庆大霉素等进行治疗，庆大霉素每只兔肌内注射 4 万单位，每天 2 次，连用 3 天。此外，氯霉素、红霉素肌内注射，每千克体重 10 万～15 万单位，效果也显著。中药也可治疗本病，可按每千克体重用金银花 5g、菊花 3g、黄连 1.5g、黄柏 2g、黄零 1.5g、蒲公英 8g、赤苟 1.5g 共熬汁 500～1 000mL，分 10 次拌入少量精料喂给。急性病例，皮下注射抗出败多价血清，每千克体重约 6mL，8～10 小时后再重复注射 1 次，有显著疗效。对于有慢性呼吸道症状的病兔，用青霉素、链霉素滴鼻，每毫升各 2 万单位，每天 2 次，连续 5 天。

十六、兔绿脓杆菌病

绿脓杆菌病由绿脓杆菌（铜绿假单胞菌）引起的一种散发性流行性传染病。临床上以发生皮下脓肿为主要特征。该病是一种人畜共患病，对食品的污染已引起公共卫生注意。该病特征发病急，病程短，不及时治疗便很快死亡，多年来，给养兔业带来极大的经济损失。

1. 病原

绿脓杆菌又称铜绿假单胞菌，革兰阴性杆菌，（0.5～0.7）μm×（1.5～3.0）μm，有鞭毛，能运动。单个、成双或成短链。最适生长温度为 30～37℃，5～43℃可生长，4℃不生长。在普通固体培养基上可产生两种类型的菌落，一种为大而光滑；另一种为小而粗糙。临床分离株多为前者，而环境分离株常为后者。大多数菌株能产生水溶性的蓝色的绿脓素和蓝绿色的荧光素，色素由菌落向周围扩散，使培养基也着色。在血平板上出现溶血环。

本菌抵抗力不强，常用浓度的洗必泰、度米芬、新洁尔灭、消毒净等5分钟即可将其杀死。

2. 流行特点

本病一般为散发，无明显的季节性。任何年龄的家兔都可发病。本菌在自然界中广泛分布于土壤、水和空气中，在人、畜的肠道、呼吸道和皮肤上也普遍存在。因此，病兔和带菌动物的粪便、尿液和分泌物所污染的饲料、饮水和用具是本病的主要传染源。消化道、呼吸道和伤口是本病主要的感染途径。饲养管理条件恶劣或长途运输等应激反应导致体质下降，特别是环境污染及注射用具消毒不严时、不合理使用抗生素预防或治疗兔病，也可诱发本病。皮肤外伤、烧伤、手术后的感染可引起绿脓杆菌继发感染。

3. 临床表现与特征

病兔精神沉郁，食欲减退或废绝，呼吸困难、气喘，体温升高，下痢，排出褐色粪便，一般在出现腹泻24小时左右死亡。常有创伤性化脓性炎症，皮下往往形成脓肿。有的病兔生前无任何症状，死后剖检才见有病理变化。慢性病例有腹泻表现，有的出现皮肤脓肿，病灶有特殊气味。

死亡患兔全身呈青紫色，脐部肿胀，皮下有少量绿色或褐色渗出液。胸腔内有黄绿色积液，胃、十二指肠及空肠黏膜出血，肠内容物呈血样。脾脏肿大，呈樱桃红色，肝脏肿大，表面有黄绿色坏死灶。肺脏有点状出血，有的病例肺脏肿大，呈深红色，有的病例肺部有大量大小不等的淡绿色或褐色脓疱，内含淡绿色或褐色黏稠样脓液，肺边缘与胸膜黏连，气管和支气管黏膜出血，有淡绿色黏液（图1－60和图1－61）。

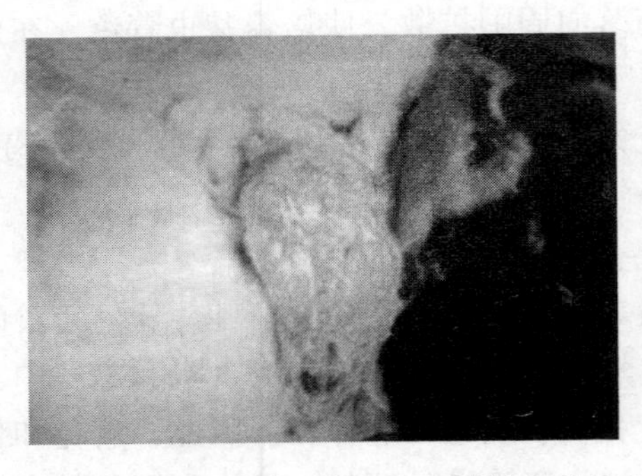

图 1－60　皮下脓肿，有包囊，脓液呈黄绿色

（图片引自：任克良等文献《兔病诊断与防治原色图谱》）

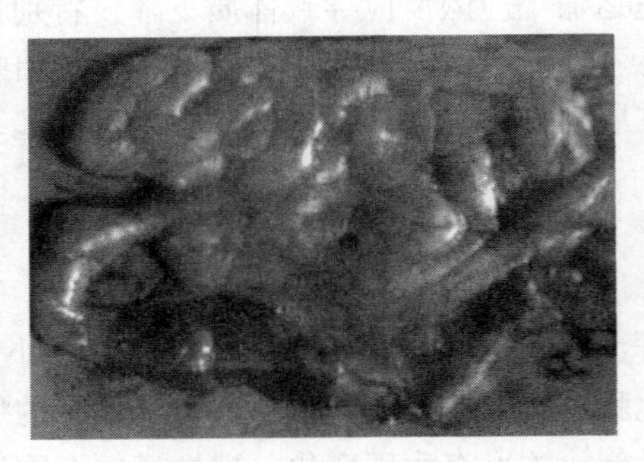

图 1－61　肠黏膜充血、出血，肠腔中有大量血样内容物

（图片引自：任克良等文献《兔病诊断与防治原色图谱》）

4. 临床诊断

根据流行特点、临床症状、病理变化可作出初步诊断。必要时进行实验室诊断。

采取粪便、呼吸道分泌物、脓液和病变器官等作为被检材料，接种于普通琼脂平板和麦康凯琼脂平板培养基上，进行细菌学分离。以纯培养物做生化鉴定和动物试验可确诊。主要采用平板凝集试验等免疫学方法用于本病的诊断。

5. 防治

（1）加强饲养管理，严格执行消毒制度。加强日常饮水和饲料卫生。做好防鼠灭鼠工作。应严格遵守防疫消毒规章制度，严格做好隔离消毒工作。兔舍、兔笼应保持清洁干净，定期对兔笼进行清洗，可用0.1%新洁尔灭或2%火碱水进行消毒。

（2）免疫预防。有本病史的兔场，可用绿脓假单胞菌单价或多价灭活苗。每只1mL，皮下注射，免疫期6个月，每年2次。

（3）治疗。可采用敏感药物进行治疗。多黏菌素，每千克体重1万单位，分2次肌内注射，连用3~5天。也可用新霉素进行治疗，每千克体重2万~3万单位，每天2次，连用3~5天。据报道，环丙沙星对本病有特效，每千克体重2.5~5mg，肌内注射，每天2次。但本菌极易产生抗药性，故治疗时应先做药敏试验。

十七、兔泰泽氏病

泰泽氏病是由毛样芽孢杆菌引起的一种急性传染病，其临诊表现为严重腹泻、排水样或黏液样粪便，脱水或迅速死亡，发病率和死亡率较高。特征病变为肝多发性坏死。肠出血性坏死首次报道在日本华尔兹小鼠群中发生这种致死性流行性疾病以来，相继在兔、猴、猫、犊牛、犬、羔羊、马和人中都有发现。目前，很多国家和地区的家兔中有本病流行，我国家兔中也有本病发生。

1. 病原

兔泰泽氏病的病原菌是毛样芽孢杆菌，又称毛样芽孢梭菌，为一种细长或多形性的革兰阴性菌，姬姆萨染色良好，该菌具多形性，大小0.5μm×（4~6）μm，在细胞内形成芽孢时菌体可达（0.5~1）μm×（10~40）μm，有密生鞭毛，能运动。毛样芽孢杆菌为严格细胞内寄生，只能在活细胞内生长，该菌不能在常规或特殊的细菌培养基上生长但可在鸡胚中生长。将组织匀浆接种到5～8日龄鸡胚卵黄囊内可进行传代，还能在成年小鼠肝原代细胞单层上生长，并于接种后产生类似CPE的病变，回归动物实验可引起坏死性肝炎。

毛样芽孢杆菌的繁殖体，即在感染细胞中成束成堆似毛发样的细长杆菌极不稳定，本菌存在于感染动物的肝脏和肠道，在感染细胞内呈束状排列，由于它不能在体外无活细胞的人工培养基上生长，而且其自溶性导致该菌在缺乏活体组织活细胞的情况下很快自溶。即使在冰水浴中也只能存活几个小时，如严重感染的动物死亡后超过2小时，取肝组织制成悬液，不能再感染可的松处理过的动物。感染卵黄囊的提取物，在室温下经3～5分钟失去活性，37℃时则更快，但其芽孢的形式却相当稳定，在56℃可存活1小时。芽孢在接种后死亡的鸡胚卵黄囊中，于室温下可保持感染力达1年。粪便中的芽孢体56℃需1小时才灭活。在感染动物的垫料中也可保持相同的时间，因此可以认为，垫料的污染是动物发生自然感染的主要途径之一。本菌对胰酶、酚类杀菌剂、乙醇、新洁尔灭敏感。福尔马林、碘伏、过氧乙酸、0.3%次氯酸钠在5分钟内均能灭活菌体。本菌对一般的抗生素有很强的抵抗力，对磺胺类药物不敏感。比较有效的仅有红霉素、四环素、氯霉素，并仅能预防症状的出现不能阻止肝病变的产生。

2. 流行特点

家兔和其他多种动物均可发病。本病多发生于3～12周龄的幼兔，断乳前的仔兔和成年兔也可感染。秋末至春初多发。

患病的、隐性感染的和耐过的动物是传染源，特别是隐性感染和耐过动物的销售或转移，毛样芽孢杆菌可以从病兔的粪便中排出而污染周围环境，常常是该病由疫群（场）传染给清净无病群（场）的重要传播途径或方式。经口感染是自然传播的主要途径，感染动物从粪中排出含有芽孢的病原菌，通过污染环境、棚舍饲料饮水用具以及管理人员，而传染给易感动物。此外该病还可通过同类相食传染和经胎盘传染种间传播虽可通过人工接种完成，但迄今未见自然实例。

应激因素，如拥挤、过热、气候剧变、长途运输及饲养管理不当等往往是该病的诱因。同样，在感染其他疾病时，也可引起亚临床型的毛样芽孢梭菌感染。泰泽氏病的发病不仅与泰泽氏病病原体的感染力和致病力有关，还与宿主的种属健康状况、周龄、性别、饮食、机体免疫以及宿主所处的周边环境有密切关系，尤其是动物在离乳、卫生情况不好、过分拥挤、糖皮质激素处理以及接受 X 线照射下更容易发病。不同种属动物对泰泽氏病病原体菌株的敏感性不同，雌性动物比雄性动物较易感染泰泽氏病病原，体幼小动物比成年动物较易发病，免疫缺陷的动物对泰泽氏病病原体比较敏感，营养良好环境卫生好有利于预防泰泽氏病的发生。

3. 临床表现与特征

自然感染潜伏期不明。不同种类的动物，症状基本相似。一般没有前期症状，呈急性经过，严重腹泻，常伴有黄疸，血浆中转氨酶（GPT）明显升高。对幼兔威胁性很大，感染后产生暗黑色的腹泻，粪呈水样或黏液状。病兔精神沉郁委顿，减食或废食，急剧脱水，消瘦，迅速死亡；也有无腹泻症状而突然死亡的；还有少数病兔耐过而成为生长发育停滞的僵兔。

剖检病变主要局限于消化道。出血性肠炎和肝多发性灶样坏死并发是各种动物自然病例病变的一个特点，但也有的病例有肠病变而无肝病变。肠病变最常见于盲肠结肠前段和回肠后段，肠黏膜萎缩坏死，浆膜面充血、出血，盲肠壁水肿增厚，有的甚至由于坏死而发黄皱褶，盲肠和结肠腔内容物液状，常含有鲜血，各种动物的肝病变相似，坏死灶白色，散在肝实质中，直径 1～3mm，在致死性病变末期，病灶融合，中心暗红色。此外，坏死性心肌病变已见于家兔和马等动物的病例，呈灰白色条纹或小灶，宽0.5~2mm，长4~8mm。

组织学变化为在具有上皮坏死和溃疡的肠黏膜和肌层，可见有坏死、出血和水肿。在盲肠和结肠起始部的平滑肌细胞内可见有病原菌。肝的坏死灶多数呈类圆形，坏死部和其周围有嗜中性白细胞浸润，最特征的是在急性病变边缘，还有活力的肝细胞内见有毛样芽孢杆菌，在胆管上皮和星状细胞内也可见到细菌。此外，在心肌坏死周缘附近的心肌纤维中也可找到病菌。用姬姆萨染色时可见到菌体具有念珠样的形态特征（图1-62至图1-65）。

图1-62　结肠浆膜出血，肠水肿

（图片引自 http：//www.360doc.com）

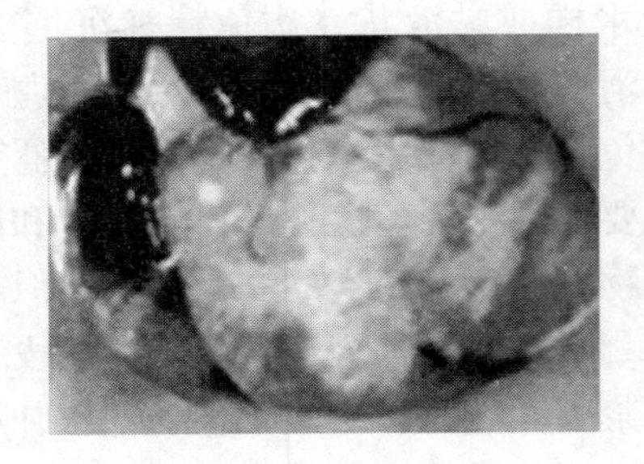

图1-63　心肌坏死

（图片引自 http：//www.360doc.com）

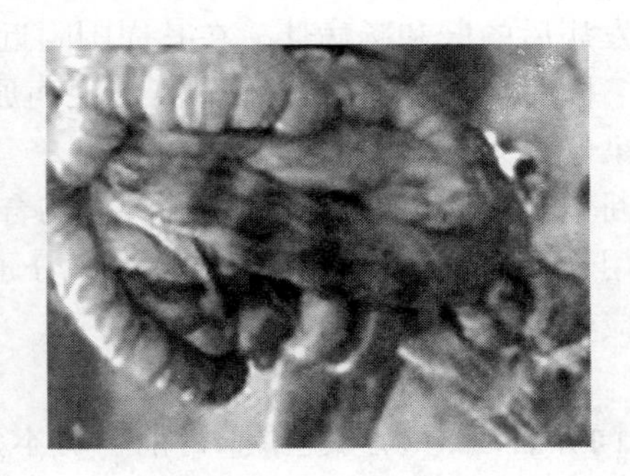

图 1-64　盲肠浆膜出血

（图片引自：任克良等文献《兔病诊断与防治原色图谱》）

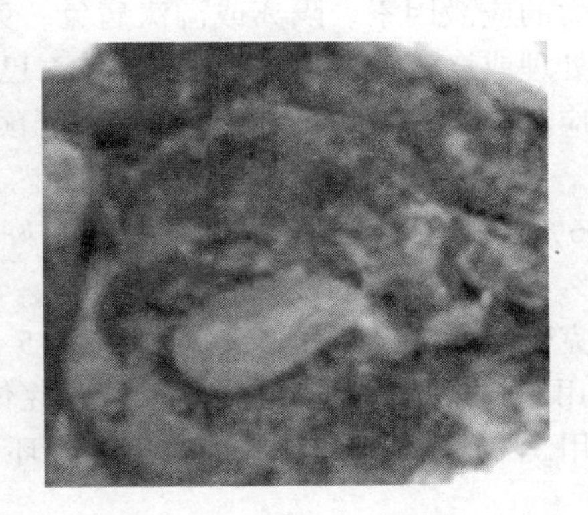

图 1-65　肝脏有弥散性坏死

（图片引自：任克良等文献《兔病诊断与防治原色图谱》）

4. 临床诊断

根据发病周龄、典型临床症状和病理变化只能作出初步诊断。确诊需做实验室诊断。

确诊泰泽氏病的传统可靠方法是进行组织病理学检查，应用银染或姬姆萨染色，发现肝或肠上皮细胞内的特征性毛样芽孢杆菌。此外，采取新鲜的肝病料乳剂，脑内或静脉内接种小鼠等试验动物检查其发病后的肝和肠病灶，在其周围附近细胞内观察到本病而诊断之。同时，最好用病料作分离其他病原的常规检查，以排除并发感染。

血清学诊断包括酶联免疫吸附试验、补体结合试验、荧光抗体技术等，可用于动物群体潜伏感染的检查。分子生物学技术，如聚合酶链反应等方法也应用于本病的诊断。

5. 防治

（1）加强饲养管理，减少应激。目前，对本病除采用一般性预防措施外，尚无有效的治疗方法。控制家兔泰泽氏病发生，关键是加强饲养管理，改善环境条件，定期进行消毒，消除各种降低机体抗病力的应激因素。隔离或淘汰病兔。兔舍全面消毒，兔排泄物发酵处理或烧毁，防止病原菌扩散。对已知有本病感染的兔群，在有应激因素作用期间使用抗生素，可预防本病发生。

（2）治疗。在兔发病初期，治疗有一定效果。大群发生时，患病兔用0.006%～0.01%土霉素饮水，疗效良好。青霉素，每千克体重2万～4万单位肌内注射，每天2次，连用3～5天。链霉素，每千克体重20mg肌内注射，连用3～5天。青霉素和链霉素联合使用，效果更明显。红霉素，每千克体重10mg，分两次内服，连用3～5天。此外，用金霉素、四环素等治疗也有一定效果。

十八、兔炭疽病

兔炭疽病是因兔接触炭疽杆菌而引起的急性、热性、败血性传染病，其病变特点是败血症变化、脾脏显著增大、皮下和浆膜下有出血性胶样浸润，血液凝固不良。自然条件下，食草动物最易感，人中度敏感。

1. 病原

本病的病原为炭疽杆菌，属于芽孢杆菌科，需氧芽孢杆菌属，革兰染色呈阳性，大小为（1.0~1.5）μm×（3~5）μm。该菌为链状、竹节状的粗大杆菌，两端平直，有荚膜，无鞭毛。与空气接触时，在菌体中央可形成卵圆形或圆形的芽孢。炭疽杆菌为兼性需氧菌，在12~44℃都能生长，最适生长温度为37℃。对培养基要求不严，在普通培养平板上生长良好，形态为灰白色、菌落表面粗糙，在低倍镜下边缘呈卷发状。在血琼脂平板上的形态为灰白色、半透明、中等大小、常不规则，玻璃样，周围无溶血环。

炭疽杆菌的繁殖型菌体对外界抵抗力较弱，加热70℃经10~15分钟，或煮沸可立即死亡。一般的消毒药能在短时间内杀死本菌。但形成芽孢后则抵抗力特别强大，在干燥状态下，可存活50年以上，直射阳光下可生存100小时。消毒药中以碘溶液、过氧乙酸、高锰酸钾及漂白粉对芽孢的杀死能力较强。3%~5%来苏儿经12~24小时，4%碘酊经2小时可杀死本菌芽孢（图1-66）。

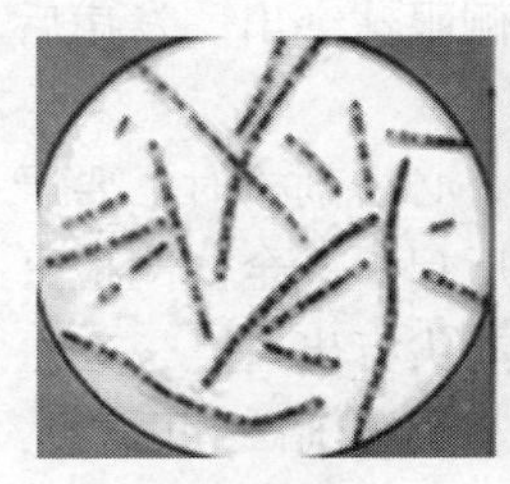
革兰氏染色

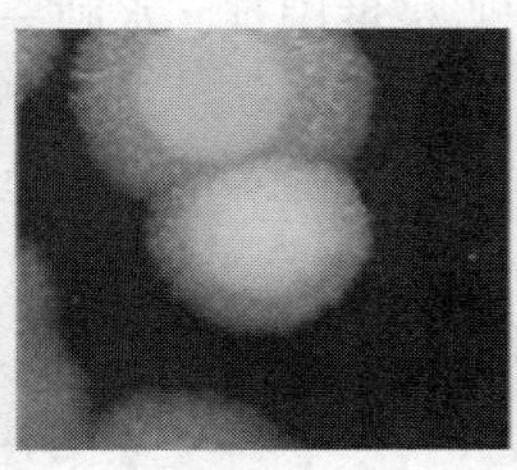
琼脂平板生长

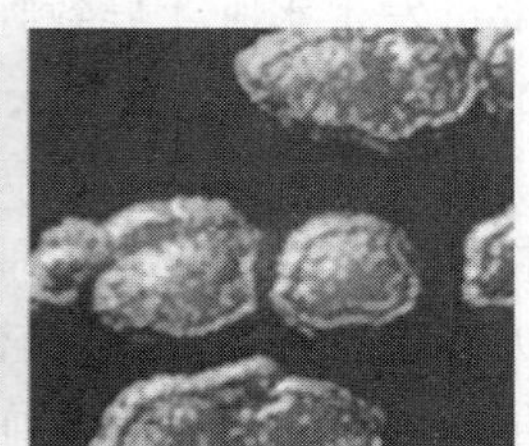
血琼脂平板生长

图1-66 炭疽杆菌培养特性及革兰染色结果
（图片引自：http：//image. baidu. com/）

2. 流行特点

本病常呈散发，有时可呈地方流行性。全年均可发生本病，但有明显的季节性，多见于炎热多雨或炎热干旱季节。本病发病年龄无明显特异性，不同年龄、性别和品种的兔均具有易感性。炭疽杆菌以芽孢的形式广泛存在于土壤、污水、空气中，洪水泛滥、吸血昆虫多都是促进炭疽爆发的因素。此外，从疫区输入患病动物产品，如骨粉、皮革、毛发等也常引起本病的爆发。

本病的传染源主要是患病动物，处于菌血症的动物可通过粪、尿、天然孔出血等方式排菌，尸体处理不当会使大量病原菌散播到外界环境中，形成芽孢，污染土地、水源、牧场等，很可能成为长久疫源地。本病主要通过采食污染的饲料、饲草、饮水经消化道感染，也可经呼吸道或吸血昆虫叮咬而感染。

3. 临床表现与特征

本病潜伏期长短不一，一般为 1 ~ 5 天，最短者为 10 ~ 12 小时，最长可达 14 天。病兔表现为体温升高，精神沉郁，缩成一团，呈昏睡状态，呼吸困难，黏膜发绀，食欲缺乏，行走不稳，战栗，血尿和腹泻，在粪便中常混有血液和气泡。口、鼻流出清稀的黏液，颈、胸、腹下严重水肿。病程稍长，病兔的喉部、头部可发生水肿，导致呼吸极度困难，水肿一侧眼球突出。发病后 2 天左右死亡。死后天然孔出血。

如果怀疑是炭疽病，不得随意剖检病兔。必需剖检时，要严格做好个人防护和各种消毒措施。动物死亡后尸僵不全，剖检可见气管严重出血，肺轻度充血，心肌松软，心尖有出血点，心血呈酱油色。胃黏膜出血、溃疡、肠黏膜充血，被覆暗红色黏液，肠流出暗红色血液，凝固不全，胆囊肿大，充满黏稠胆汁。脾大，呈暗红色，质软如泥。头、咽皮下组织胶样浸润，咽部淋巴结肿胀。膀胱积尿，黏膜出血（图 1 – 67 和图 1 – 68）。

4. 临床诊断

根据发病情况、典型临床症状和病理变化只能作出初步诊断。对疑似病死兔，禁止剖检，因此，最后诊断一般需要通过微生物学及血清学方法等实验室诊断。实验室诊断应采取血液、水

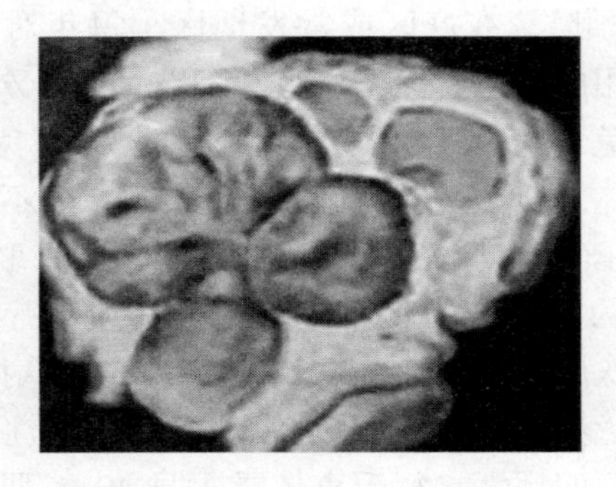

图 1－67　颌下淋巴结病变

（图片引自：http：//image. baidu. com/）

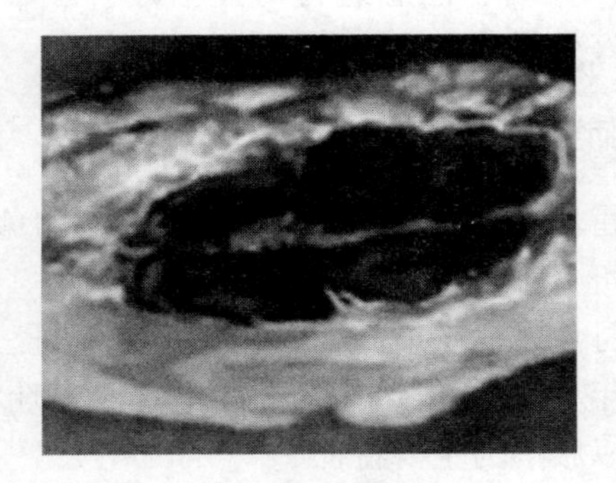

图 1－68　肠系膜淋巴结病变

（图片引自：http：//image. baidu. com/）

肿液或脾脏等病料涂片，进行荚膜染色，镜检可发现带荚膜的革兰阳性大杆菌，或者进行炭疽沉淀试验，即可确诊。

5. 防治

（1）加强饲养管理，严格执行消毒制度。平时要加强预防措施，消灭吸血昆虫，严禁野生动物以及其他家畜进入兔场，不喂食污染的饲料和饮水，兔舍、兔笼以及用具定期进行消毒。未出现症状的兔群用药物进行预防。

（2）免疫预防。在疫区或常发地区，每年对易感动物进行预防注射，常用的疫苗有无毒炭疽芽孢苗和Ⅱ号炭疽芽孢苗。工作人员接触病兔以及污染物时注意自身防护，以免感染。

（3）治疗。对于已确诊的患病动物，一般不予治疗，而应严格销毁。对于特殊动物必须治疗时，应及时采取治疗措施，治疗应该有严格的隔离和防护条件。一般是血清疗法，抗炭疽血清，每只兔每次肌内注射4～6mL，第二天再注射1次，共注射2次。二是抗生素疗法，青霉素，每只兔每次肌注5万～10万单位，每天2次；四环素，每千克体重每日40mg肌内注射，每天2次；磺胺疗法，磺胺嘧啶，每千克体重0.15～0.2g，肌内注射，每天2次。同时，注意进行对症治疗，强心、补液、解毒等，可获得良好效果。

十九、兔肺炎克雷伯菌病

兔肺炎克雷伯菌病是由肺炎克雷伯菌引起的兔的一种散发性传染病。本病可见于各年龄、品种、性别的兔群，但以断奶前后的仔兔及怀孕母兔发病率最高，患病兔年龄不同，临床主要特征不尽相同，成年兔以肺炎及内脏器官化脓性病灶为主要病变特征，而幼兔则以腹泻为主要特征。

1. 病原

本病原为肺炎克雷伯菌，属于肠杆菌科，克雷伯菌属，革兰阴性，为较粗短的直杆菌，大小为（0.3～1）μm×（0.6～6）μm，常呈两端相接或单个存在。菌体无鞭毛，不具备运动性，有明显的荚膜，多数菌株有菌毛。本菌为动物及人消化道、黏膜系统正常菌群，广泛存在于自然界水、土壤和饲料中。本菌属于兼性厌氧菌，较易生长，对营养要求不高，最适生长温度为37℃，可成长温度范围为15～40℃，形成菌落大小一般为1～2mm。普通培养基平板上，菌落呈乳白色，表面有凸起，麦康凯琼脂平皿上呈红色菌落，在 DHL 琼脂平板上形成的菌落为淡粉色，菌落较大有隆起，光滑湿润，用接种环挑起易成丝状。

2. 流行特点

本病为散发，多为地方流行，一年四季均可发生。各年龄阶段兔均可感染本菌发病。本菌常存在于动物及人的消化道，广泛存在于自然界水、土壤和饲料中。主要发病原因为兔机体免疫力下降，特别是外界环境对兔群造成各种应激，如气温急剧变化，兔场空气不畅通，兔群经过长途运输，短时间改变饲料，从而导致肺炎克雷伯菌大量增殖，引起发病。冬春转化季节，兔群由饲料改为啃春等极易诱发本病。

3. 临床表现与特征

青年兔、成年兔病程长，无特殊临床症状。病兔一般表现为精神不振，躯干消瘦，身体被毛粗乱，经常喷嚏，有清水样鼻涕，呼吸急促且困难。患病幼兔粪便不成形，为黑色糊状，腹部肿胀。腹泻严重，因脱水严重，很快死亡。怀孕母兔则发生流产。

剖检病兔尸体，可见气管有肌肉出血，管腔有泡沫状积水。肺部充血，病情严重者，出现肺炎，肺组织呈现大理石样，肝脏有颗粒状坏死灶，脾脏肿大。幼兔肠道黏膜充血，胃多膨胀，十二指肠有气体充盈，回肠壁变薄且透明，盲肠可见有黑褐色稀粪。个别病兔，皮下、肌肉、肺部有脓肿，内有灰白色黏稠脓液(图 1－69 和图 1－70)。

4. 临床诊断

根据临床症状、病理变化可作出初步诊断。本病临床症状和病理解剖缺乏特征性，很难根据表观作出判断，因此通常通过实验室分离病原菌从而确诊，并与其他细菌感染区分。

收集病灶分泌液，接种于营养琼脂平板培养基或麦康凯平皿培养基，放置 37℃ 培养 24～48 小时。形成菌落为黏液状，易拉

图 1-69　气管肌肉出血，管腔有泡沫状积水

（图片引自：http：//www. 8breed. com）

图 1-70　脾脏肿大，胃多臌胀，十二指肠有气体充盈，回肠壁变薄且透明

（图片引自：http：//www. 8breed. com）

成丝，表面湿润，有凸起，相邻菌落往往融合。然后挑菌落进行革兰染色镜检及生化鉴定。

5. 防治

肺炎克雷伯菌为条件致病菌，主要致病因为兔体抵抗力下降，加上应激因素，从而引起本病发生，因此，需要从以下几方面防治。

（1）加强饲养管理，合理安排引种和出笼时间。不轻易改变饲料配方，冬春季节不安排引种，尽量减少对仔兔和怀孕母兔的环境刺激。做好兔场清洁，及时隔离病兔、清理病死兔。定期对兔场以及养殖用具做好消毒工作。做好防鼠，控制兔笼放养密度。

（2）免疫预防。重视疫苗防疫工作，可用肺炎克雷伯菌病灭活疫苗，仔兔20日龄进行首免，断奶后再免疫1次，每兔每年注射2次。

（3）治疗。对于病兔，可用抗生素进行治疗。链霉素，每千克体重2万单位，肌内注射，每天2次，连续3天；庆大霉素每千克体重3～5mg或卡那霉素每千克体重2万国际单位，肌内注射，12小时1次，连用3天；也可用氟苯尼考每千克体重20mg，肌内注射，12小时1次，连用3天。同时，可用维生素C、复合维生素B，增强抗病能力，加速痊愈。

二十、兔类鼻疽

兔类鼻疽是由伪鼻疽单胞菌引起兔、啮齿类动物的一种疾病。本病的主要特征是侵害的器官发生化脓性炎症和特异性肉芽肿结节，鼻、眼分泌物、呼吸困难甚至死亡。本病发生于东南亚、南亚、中西非、中美洲和大洋洲北部等地区，我国于1975年首次发现本病。

1. 病原

本病的病原为伪鼻疽单胞菌，又称类鼻疽杆菌，为革兰染色阴性，有鞭毛，能运动。常呈单个、成双、短链或栅状排列，形似别针或呈不规则形态，有时呈两极染色。菌体两端钝圆，呈球杆状；病料用姬姆萨染色可见假荚膜。该菌在25～27℃生长良好，42℃仍可生长，最适pH值为6.8～7.0，在培养过程中该菌能够散发出一种特殊的土霉味。该菌在普通培养基上极易形成由粗糙到黏稠以及呈奶油色至橙黄色的菌落。

本菌对外界环境的抵抗力较强，在土壤和水中能存活一年以上，但不耐高热和低温，常用消毒药可将其杀死。类鼻疽杆菌对多种抗生素有天然耐药性，但对强力霉素、四环素、卡那霉素、磺胺嘧啶和甲氧苄氨嘧啶等较为敏感。

2. 流行特点

本菌对啮齿类、猫、狗、猪、山羊、绵羊、马和人类有致病力，兔和豚鼠对本菌高度易感。各种年龄与各品种的兔都有易感性，常造成暴发。本病自然发生于啮齿动物和兔，通过跳蚤等昆虫的叮咬而在这些动物中传播。本病的传染源主要是流行区的水和土壤，不需要任何动物作为它的储存宿主。动物和人多因接触污染的水或土壤，通过损伤的皮肤黏膜或吸血昆虫（跳蚤）叮咬皮肤而感染。也可经呼吸道、消化道或泌尿生殖道感染。

3. 临床表现与特征

当家兔感染本菌发病后，鼻腔内流出大量分泌物，鼻黏膜潮红。在眼角也出现浆液性或脓性分泌物。病兔表现呼吸急促，甚至由于窒息而死亡。另外，病兔体温升高、颈部和腋窝淋巴结肿大。公兔睾丸红肿、发热，病程1～2周，死亡率不高。母兔可能出现子宫内膜炎的症状或造成孕兔流产。

本菌进入机体后以菌血症形式经淋巴系统扩散到全身各器官和组织。细菌扩散到肺脏和鼻黏膜后，在鼻黏膜处形成结节，这些结节可能破溃形成溃疡。肺脏出现结节或弥散性斑点，在慢性病例可见肺脏的突变。肝、脾、肾或关节有散在的、大小不等的结节，期内常含有浓稠的干酪样物质。腹腔和胸腔的浆膜上有许多点状坏死灶。睾丸和附睾组织有干酪样坏死区域．在全身的淋巴结，特别是颈部和腋窝淋巴结内有干酪样的小结节。

4. 临床诊断

根据流行特点、临床症状、病理变化可作出初步诊断。必要时，进行实验室诊断。

实验室检查可采用动物接种方法。取病料直接接种豚鼠腹腔，动物将于接种后 48 小时开始死亡，剖检肝、脾、睾丸等器官可见典型病变，用含有头孢菌素和多黏菌素的选择性培养基进行分离培养鉴定。也可采取病料涂片，然后用荧光抗体染色后镜检。还也可用间接血凝试验、补体结合试验、间接酶联免疫吸附试验进行鉴定，予以确诊。

5. 防治

（1）加强饲养管理，严格执行消毒制度。加强对兔群的饲养管理，严防饲料和饮水受到污染。兔舍、兔笼、用具和环境定期进行全面消毒，不接触污染的土壤和水。杀灭吸血昆虫，搞好灭鼠工作。发生疫情时，兔病隔离治疗，无治疗价值的一律淘汰，不准食用。病死兔及其分泌物和排泄物全部销毁、深埋，彻底进行消毒。该病的疫区应定期检疫、消毒，消灭鼠害，防止水源、饲料和土壤污染。工作人员应注意自身防护，严防感染。

（2）治疗。发现患病动物应及时隔离、消毒和治疗。链霉素，每千克体重 20mg，肌内注射，每日 2 次，连用 5 天。卡那霉素，每兔每次 100 ~ 250mg，肌内注射，每天 2 次，连用 5 天。强力霉素，每千克体重 5 ~ 10mg，口服，每天 1 次，连用 3 ~ 5 天。此外，还可用四环素和磺胺类药物进行治疗。为防止产生耐药性，可交替使用治疗药物。长效磺胺和磺胺增效剂联合使用，效果更好。

二十一、兔破伤风

破伤风又称强直症，俗称锁口风，是由破伤风梭菌经伤口深部感染引起的一种急性、创伤性、中毒性的人兽共患病。本病的特征是以骨骼肌持续性痉挛和对外界刺激反射兴奋性增高为主要特征。

1. 病原

本病的病原菌为破伤风梭菌，革兰阳性，为两端钝圆、细长、直或略弯曲的杆菌，为(0.5～1.7) μm×(2.1～18.1) μm，长度变化很大。本菌多单个存在，在湿润琼脂表面上，可形成较长的丝状。无荚膜，多具周鞭毛而能运动。在动物体内外均能形成圆形芽孢，位于菌体一端，呈鼓槌状。培养24小时以后常常出现革兰阴性染色者。本菌为严格厌氧菌，接触氧气后很快死亡，最适生长温度为37℃，在25℃和45℃生长微弱或不生长，最适pH值为7.0～7.5。本菌的营养要求不高，在普通培养基中即能生长。在血琼脂平板上生长，可形成β溶血环。在厌氧肉肝汤、庖肉培养基和PYG肉汤中，轻微浑浊生长，有细颗粒状或黏稠状沉淀，产生气体并散发特殊臭味。

本菌的繁殖体抵抗力不强，但其芽孢的抵抗力极强。芽孢在土壤中可存活数十年不死，120℃20分钟、煮沸10～90分钟或干热150℃1小时以上才可以杀死破伤风梭菌芽孢。4%甲醛溶液或者10%氢氧化钠溶液也可杀死本菌的芽孢。

2. 流行特点

本病分布广泛，无明显的季节性，多呈散在性发生，但在某些地区一定时间里可出现群发。带菌兔是主要传染源，本菌亦广泛存在于自然界，粪便都可带有破伤风梭菌，尤其是施肥的土壤、腐臭淤泥中，芽孢通过带菌兔的粪便扩散。创伤或外伤污染是本病的主要传播途径，如断脐、手术、咬伤、断尾等不注意消毒，常可因污染本菌而导致发病。在临诊中，有些病例查不到伤口，可能是创伤已经愈合或可能经损伤的子宫、消化道黏膜而感染。

3. 临床症状和特征

本病的潜伏期长短不一，一般为 4 ~ 20 天。潜伏期长短与创伤部位有关，创伤距头部较近、组织创伤口深而小、创伤深部严重损伤、发生坏死或创口被粪土覆盖等，潜伏期缩短，反之则延长。病初病兔食欲减退，逐渐食欲废绝，牙关紧闭，流涎，四肢强直，呈木马状。病兔以死亡告终。

病死兔剖检内脏无明显病理变化，仅见因窒息导致的病变，如血液凝固不良，呈黑紫色，肺脏充血和水肿，黏膜和浆膜散布数量不等的小出血点等（图 1 – 71 和图 1 – 72）。

图 1 – 71　病兔耳朵直立，四肢强直，肌肉僵硬，呈木马状

（图片引自：任克良等文献《兔病诊断与防治原色图谱》）

4. 临床诊断

根据病兔全身肌肉痉挛和僵直的临床症状，并结合创伤史，即可作出初步诊断，确诊需做实验室检测。目前，实验室检测主要有涂片镜检、动物实验及免疫荧光技术。

5. 防治

（1）防止外伤感染。平时要注意饲养管理和环境卫生，兔

图1－72　病兔流涎，牙关紧闭

（图片引自：任克良等文献《兔病诊断与防治原色图谱》）

舍、兔笼及用具要保持清洁卫生。严禁有外露的铁钉和铁丝，严防发生各种外伤。剪毛时避免损失皮肤。一旦发生外伤，要及时处理，防止感染。手术、装耳标、注射时要严格消毒和无菌操作。

（2）预防注射。在本病常发地区，应进行定期接种破伤风类毒素。对较大、较深的创伤，除做外科处理外，应肌内注射破伤风抗血清1万～3万单位。

（3）治疗。创伤处理：尽快查明感染的创伤和进行外科处理。清除创伤内的脓汁、异物、坏死组织，对创伤深、创口小的要扩创，以5%～10%碘酊和3%双氧水或者1%高锰酸钾消毒，再撒以碘仿硼酸合剂，然后用青霉素、链霉素做创周注射和全身治疗。

药物疗法：早期使用破伤风抗毒素，疗效较好，静脉注射，每天1万～2万单位，连用2～3天。肌内注射青霉素，每天20万单位，分2次注射，连用2～3天。

对症治疗：当动物兴奋不安和强直痉挛时，可使用镇静解痉剂。镇静一般可用氯丙嗪肌内注射或静脉注射，每天早晚各1次，还可以配合应用水合氯醛。解痉可选用25%硫酸镁注射液肌内注射或静脉注射，每只兔每次肌内注射1~2mL，每天2次，以解除痉挛。对咬肌痉挛、牙关紧闭者，还可选用1%盐酸普鲁卡因注射液于开关穴和锁口穴注射，每天1次，直至开口为止。

本病属于人畜共患病，技术人员接触病兔时要做好个人防护。

二十二、兔嗜水气单胞菌病

兔嗜水气单胞菌病是由嗜水气单胞菌引起兔的一种传染病，以排泄乳白色稀便、盲肠浆膜、黏膜出现弥漫性出血为特征的。本病在兔群中不常见。

1. 病原

本病的病原是嗜水气单胞菌，属于革兰阴性菌，直或弯曲，菌株短杆状，有时亦可呈双球状或丝状，大小为（0.5~0.8）μm×（3.0~4.0）μm。无荚膜，无芽孢，运动者有端鞭毛，在固体培养基上有的还可产生侧生鞭毛。本菌兼性厌氧，最适pH值为5.5~9.0，最适生长温度为25~30℃。本菌对生长条件要求不严，在普通营养琼脂和麦康凯培养基上即可生长，形成边缘整齐、表面湿润、隆起、光滑、半透明、灰白色至淡黄色的圆形菌落。在血平板上于10~37℃条件下培养有很强的溶血性，可形成β溶血圈。

2. 流行特点

嗜水气单胞菌的宿主范围十分广泛。嗜水气单胞菌在自然界，尤其是在水中广泛分布。病兔和带菌兔可排出病原菌，是本病重要的传染源。嗜水气单胞菌可通过外伤经污染的水源感染，能产生具有溶血性并引起败血症的外毒素，1~2月龄的幼兔最易感。本病可以单独感染，或者与其他致病菌混合感染。

3. 临床表现与特征

发病初期病兔精神沉郁，食欲缺乏，甚至食欲废绝。随后出现腹泻，粪便呈乳白色，病兔很快死亡。剖检可见肠道严重出血，特别是盲肠的浆膜和黏膜呈弥漫性出血。肝脏、肾脏淤血，心包有积液，心肌出血，肺脏淤血。腹膜炎，腹水增多，腹腔内脏器官表面有灰白色假膜，肝脏和肾脏苍白或因胆汁浸润而变绿。肾脏肿大而松软（图 1－73 和图 1－74）。

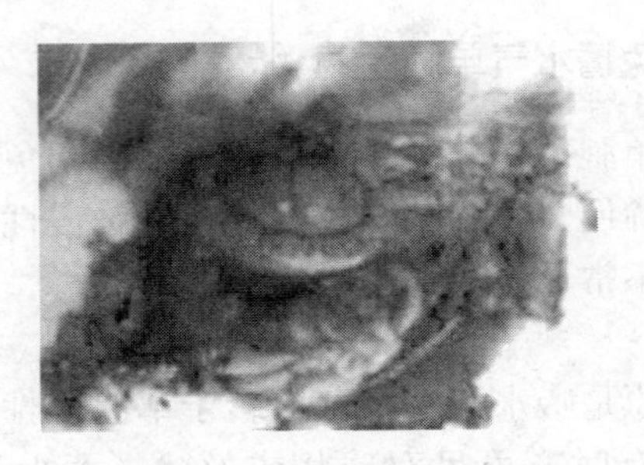

图 1－73　结肠、盲肠弥散性出血

（图片引自：任克良等文献《兔病诊断与防治原色图谱》）

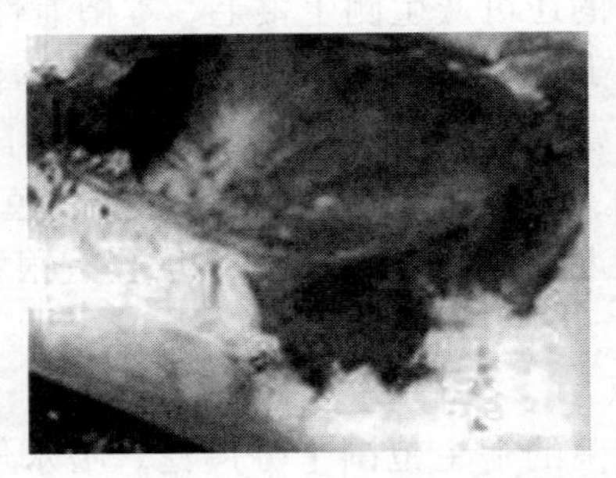

图 1－74　皮下出血、肝淤血肿大

（图片引自：任克良等文献《兔病诊断与防治原色图谱》）

4. 临床诊断

根据排出乳白色粪便等典型临床症状和病理变化即可作出初

步诊断。确诊需做细菌学检查等实验室诊断。采取病料，分离细菌，然后进行革兰染色，镜检为革兰阴性杆菌。可进一步生化试验或者聚合酶链式反应进行鉴定。

5. 防治

(1) 预防。预防本病关键是加强饲养管理，改善环境条件，定期进行消毒。嗜水气单胞菌在自然界，尤其是水中广泛存在，所以，在饲养饮水过程时应特别注意。大多情况下，兔饮用了被污染的水而被感染。因此，应注意水质的检查和消毒。隔离或淘汰病兔。被病兔污染的场所、用具等应彻底消毒。

(2) 治疗。可选用庆大霉素、环丙沙星、增效磺胺等药物进行治疗。

二十三、兔恶性水肿

恶性水肿是由以腐败梭菌为主的多种梭菌引起的一种经创伤感染的急性、致死性传染病。其特征为病变组织发生气性水肿，并伴有发热和全身性毒血症。

1. 病原

恶性水肿的病原主要为腐败梭菌，又称为恶性水肿梭菌，革兰阳性，直或弯曲的杆菌，(0.6～1.9) μm×(1.9～35) μm，但在动物体内尤其是在肝被膜和腹膜上可形成微弯曲的长丝，长者可达数百微米。在体内外均易形成芽孢。腐败梭菌能产生四种毒素，α毒索为卵磷脂酶，具有坏死、致死和溶血作用；β毒素为脱氧核糖横敢酶，有杀白细胞的作用；γ和δ毒素分别具有透明质酸酶和溶血素活性。这些毒素可使血管通透性增加，引起组织炎性水肿和坏死，毒素吸收后可引起致死性的毒血症。腐败梭菌在自然界分布极广，其芽孢抵抗力很强，一般消毒药物短期难以奏效，但20%漂白粉、5%氢氧化钠等强力消毒药可于较短时间内杀灭。

2. 流行特点

多种动物可以感染梭菌，发病与年龄、性别、品种无关，各个年龄均可发生。病畜可将病原体散布于外界，但在本病的传染方面意义不大。病兔和带菌兔是主要传染源。发病兔不能通过直接接触传染健康兔。本病的传染途径主要是由于外伤如去势、断尾、分娩、外科手术、注射等没有严格消毒致是腐败梭菌芽孢污染而引起感染。本病一般只是散发形式，但在外伤（如断尾、剪耳号或免疫注射）消毒不严时，也会群体发病。

3. 临床表现与特征

本病的潜伏期长短不一，一般较短，多在12~24小时，长者可达3~5天。患兔病初食欲减少，体温升高，精神不振，随后则卧地不起，食欲废绝。在伤口周围发生炎性水肿，迅速弥散扩大，尤其在皮下疏松结缔组织处更明显。初期触摸较坚实，发热，有疼痛感。数小时后手摸松软，无热、痛感，有轻度捻发音。切开肿胀部，皮下和肌间结缔组织内有多量淡黄色或红褐色液体浸润并流出，有少数气泡，具有腥臭味。

剖检变化可见尸僵不完全。采取末梢血镜检，发现单个或双链的菌体正直的大杆菌。因腐败梭菌经伤口进入组织，繁殖并产生毒素，损害血管壁并引起毒血症，故在剖检时可发现局部组织的弥漫性水肿。皮下可见弥漫性炎性水肿和淡黄色或红色胶样浸润，含有腐败酸臭味的气泡。肌肉呈灰白或暗褐色，多含有气泡。有的心脏水肿，心包内充满气体。肺呈紫红色。肝大，呈灰黑色，质脆，胆囊肿大。脾脏肿大。全身淋巴结水肿，切面出血。胃底部弥漫性出血，肠道大量充气。

4. 临床诊断

根据临床症状，结合外伤情况及病理剖检一般可作出初步诊断。诊断要点为发病前常有外伤史；病变部明显水肿，水肿液内含气泡；病变部肌肉变性、坏死；若为产后发病，则子宫及其周围组织（结缔组织、肌肉等）明显水肿，内含气泡。确诊尚需结合动物接种试验、细菌学诊断等。

（1）涂片镜检。分别以美兰和瑞氏染色，可见菌体正直、两端钝圆的大杆菌，个别菌生成芽孢。肝脏涂片细菌呈丝状体和柠檬体，则具有诊断参考价值。取病料接种厌气肉肝汤，37℃24小时培养，液体混浊且有气泡。挑取菌液涂片，革兰染色镜检，有革兰阳性，呈梭状的细菌即可初步判定。

（2）毒素检查。取肉肝汤培养液，经细菌滤器过滤后，以无菌滤浓 0.01mL 和 0.02mL 两个浓度，尾静脉注射小白鼠，每个浓度用鼠 2 只，每只鼠体重 20～21g 接种后 2～3 分钟内，试验鼠后肢麻痹，继而尾呈紫色，前肢亦出现麻痹，呼吸极度困难。3～4 小时内接种鼠全部死亡。

5. 防治

（1）避免外伤，严格消毒管理。外伤（包括分娩和去势等）后严格消毒及正确治疗是防治本病的重要措施。应经常检查兔笼，及时清除铁丝头等，保证兔舍不要有外露的钉子和其他尖锐物。避免兔群咬伤。一旦发现外伤，必须及时处理，预防感染发病。在免疫注射、剪毛或外科手术时，应严格消毒措施。疫情发生后，应立即隔离病兔，并选择有效的消毒剂对兔舍、笼具和周围环境进行消毒，防止传染。

（2）治疗。发病早期用青霉素或与链霉素联合应用，在病灶周围注射，甚为有效。四环素或土霉素静脉注射，尽早应用时效果亦好。亦可采用磺胺药物与抗生素并用。早期之局部治疗可切开肿胀处，清创使病变部分充分通气，再用 1% 高锰酸钾或 3% 过氧化氢溶液冲洗，后撒入磺胺碘仿合剂等外科防腐消毒药，并施以开放疗法。机体全身可采用强心、补液、解毒等对症疗法。

二十四、兔密螺旋体病

兔密螺旋体病又称兔梅毒，是由兔密螺旋体引起成年兔的生殖器官的一种传染性疾病。本病的主要特征是外生殖器、肛门、颜面部（口腔周围、鼻端）皮肤与黏膜发生炎症、结节和溃疡。兔群一旦发生本病，传染极快，严重影响繁殖、增重及皮毛的质量；严重者常使全群毁灭，是养兔业中必须严加注意的重要疾病。

1. 病原

本病的病原体是密螺旋体，一般菌体宽 0.25μm，长 10～16μm，螺旋弯曲而致密，规则或不规则。密螺旋体对一般细菌染料不易着色，姬姆萨染色呈玫瑰红色。显微镜暗视野检查，可见其呈旋转运动。密螺旋体对培养条件要求苛刻，至今尚不能在人工培养基和细胞培养中培养，但可通过睾丸内接种兔来繁殖。病原体抵抗力较弱，一般消毒药都能将其杀死，阳光直射 1.5～2 小时死亡，在 56℃ 环境下 20 分钟死亡，螺旋体对酸敏感，0.5% 石炭酸能在 5 分钟内将其杀死（图 1－75）。

图 1－75　密螺旋体吉姆萨染色照片，呈红色，细长，弯曲

（图片引自：柴家前等文献《兔病快速诊断防治彩色图册》）

2. 流行特点

本病仅发生于家兔和野兔，该病主要发生于性成熟的成年兔，极少见于幼兔。病兔和带菌兔是传染源，病原体主要存在于病兔的外生殖道的病灶内。本病主要在配种时经生殖道传染。病兔所污染的垫草、饲料、用具等都是传染媒介，如有局部损伤可增加感染的机会。有时仅引起局部淋巴结感染，外表看似健康，但长期带菌成为危险的传染源。兔群中流行本病时发病率很高，但几乎没有死亡的。成群散放饲养的兔，一旦发生本病，成年兔很快几乎全部发病，8 个月龄以内未交配过的兔也有少数发病。

3. 临床表现与特征

该病的潜伏期通常为 2 ~ 10 周，长者可达 2 个月，最长有达 3 ~ 4 个月的病例。发病初期，病兔精神、食欲、体温均正常，主要是外生殖器和会阴区的皮肤和黏膜发生炎症、结节和溃疡。患病公兔包皮和阴囊水肿，阴囊皮肤呈糠麸样，龟头肿大，阴茎水肿。母兔阴唇红肿，肛门周围的黏膜和皮肤潮红肿胀或出现粟粒大小的结节，在肿胀和结节部位有渗出物，形成紫红色或棕色的屑状结痂，痂皮下有局灶性溃疡。上述症状扩大到附近部位的皮肤上，阴唇、眼睑、嘴唇以及背部形成丘疹及疣状物。

本病具有慢性特征，病灶可持续较长时间，病程可持续数月或 1 年。患兔患部有疼痛感，体重减轻，被毛脱落。公兔不影响性欲，母兔则屡配不孕或受胎率不高。母兔常发生流产，流产前无任何症状，有的母兔产后即食仔兔，部分新生死亡仔兔全身发紫；有些母兔生殖器官潮红、糜烂，有白色黏性分泌物。病兔的精神、食欲等无明显变化。该病亦可自然康复，但可重复感染。愈后往往复发，最后常因全身衰竭而死亡（图 1 – 76 和图 1 – 77）。

4. 临床诊断

根据流行特点、临床症状、病理变化可作出初步诊断。进一步确诊可通过实验室方法。

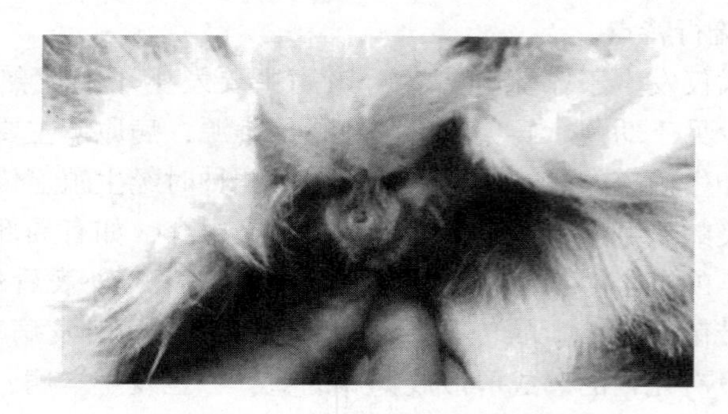

图 1－76　公兔龟头和包皮红肿

（图片引自：任克良等文献《兔病诊断与防治原色图谱》）

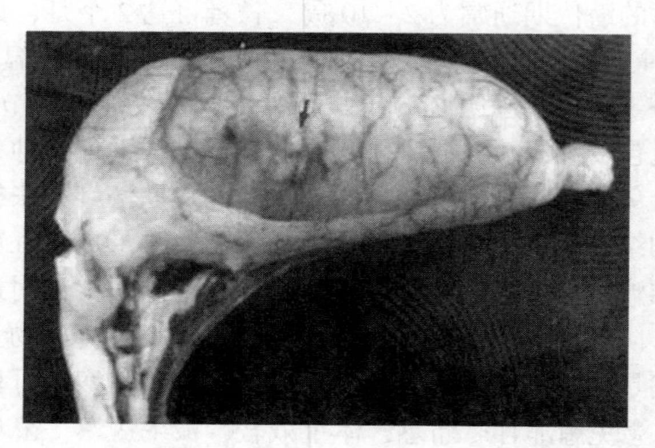

图 1－77　兔睾丸炎：睾丸肿大、充血、出血，有黄色坏死灶

（图片引自：任克良等文献《兔病诊断与防治原色图谱》）

（1）病原诊断。采取病变部黏液或溃疡创液作涂片，固定后用姬姆萨染色法染色，呈玫瑰红色的密螺旋体，有的为完整环状弯曲，有的崩解为小片段；暗视野显微镜检查可见其呈旋转运动。

（2）血清学诊断。应用活性炭凝集试验（RPR）将标准的类脂抗原结合在标准的活性炭粒上，这种含抗原炭粒与病兔的血清混合在一起后，形成肉眼可见的凝集颗粒。步骤如下：采集病兔血液分离血清，取少量血清滴于玻片上，然后滴加 RPR 试剂2滴，几分钟后观察，同时，设阴性血清对照。结果可见由乳白色、暗灰色、黑色针状颗粒到成网状颗粒的凝集现象，而阴性对照血清无此现象。

5. 防治

（1）加强饲养管理，严格执行消毒制度。兔场应自繁自养，禁止随便引进种兔。必须引种时，要进行严格的检查，应先隔离观察一个月，进行细菌学检查后，健康者方可进场，严防病兔混入。种公兔不应对外配种。配种前应详细检查公母兔的外生殖器，对病兔和疑似病兔停止配种，隔离饲养，治疗观察，对重病者可淘汰，彻底清除污物。笼具等用火焰消毒或用 1：400 百毒杀喷雾消毒。要彻底清理粪便，用扫帚洗刷笼架和地面，再用 1% ~2% 的氢氧化钠或 2% ~3% 来苏儿溶液彻底消毒；并封闭兔舍，用 40% 甲醛加高锰酸钾溶液中熏蒸消毒，熏蒸 2 ~3 次，或用 0. 5% 甲醛熏蒸消毒也可以。

（2）治疗。用 0. 4% 甲醛或石炭酸溶液清洗生殖器官及污垢皮毛区。对早期病例用新砷凡钠明（914）按每千克体重 40 ~60mg，用灭菌蒸馏水配成 5% 溶液作耳静脉注射，并在 2 周后重复 1 次。对重症病例每天用青霉素 50 万单位分 2 次耳静脉注射，连续 5 天。溃疡部可用 2% 硼酸溶液或 0. 1% 高锰酸钾溶液冲洗后，涂擦 3% 碘甘油或青霉素软膏。疫情期间家兔停止配种。

第二章　主要寄生虫疾病

第一节　原虫病

一、兔弓形虫病

该病是由弓形虫引起的一种人兽共患寄生虫病，猫是其终末宿主，兔子感染后主要特征为呼吸异常。

1. 病原

弓形虫为细胞内寄生，在不同的发育时期有不同的形态结构，其差异很大，主要有五种不同的形态：滋养体、包囊、裂殖体、配子体和卵囊。滋养体、包囊和感染性的卵囊对中间宿主和终末宿主均具有感染性，感染性的虫体通过呼吸道、消化道和皮肤等途径侵入体内，虫体亦可经过胎盘感染胎儿，感染后的兔子的死亡率可达20% ~40%。

猫是弓形虫的终末宿主，未成熟的卵囊是通过猫的粪便而排出体外的，时间可以持续1～2周，未成熟的卵囊在外界环境中要经过1～5天的时间，通过孢子生殖发育为具有感染性的孢子化的卵囊。中间宿主通过吞入被卵囊污染的水、植物、土壤等被感染，进入宿主体内的卵囊迅速转变为速殖子，寄生于宿主的神经、肌肉等组织中，进而发育为裂殖子。猫通过吃入含有裂殖子的中间宿主而感染，或者可以吞入孢子化的卵囊而直接感染。

2. 流行特点

本病的易感动物为兔在内的多种动物和人，因此，其感染源主要为发病和带虫的动物。该病的终末宿主猫的粪便中含有大量的卵囊，是最重要的传染源。传播媒介有很多：经患病的猫的分泌物、排泄物污染过的饲料、饮水的用具等均可以感染兔子，多种昆虫和蚯蚓也可以成为该病的传播媒介。该病无明显的季节性，多发于温暖潮湿、养有家猫的地区。

3. 临床症状与特征

兔子感染弓形虫病之后，主要表现为急性和慢性两种病症。急性型多见于仔兔和青年兔，症状多为突发的废食、厌食，体温升高可达40℃以上，呼吸加快，精神沉郁，眼和鼻周围有脓性分泌物，嗜睡。常于发病几天内出现局部或者全身性的运动失调、惊觉等一些神经症状，部分发病的兔子发生后肢麻痹，于发病后2~8天死亡。

慢性型常见于老龄兔，病程较长，病兔出现食欲缺乏、进行性消瘦、贫血等症状，多数病兔会康复，部分病兔出现神经性运动失调等症状，突然死亡。也有相当数量的病兔不表现临床症状，呈隐性感染（图2－1和图2－2）。

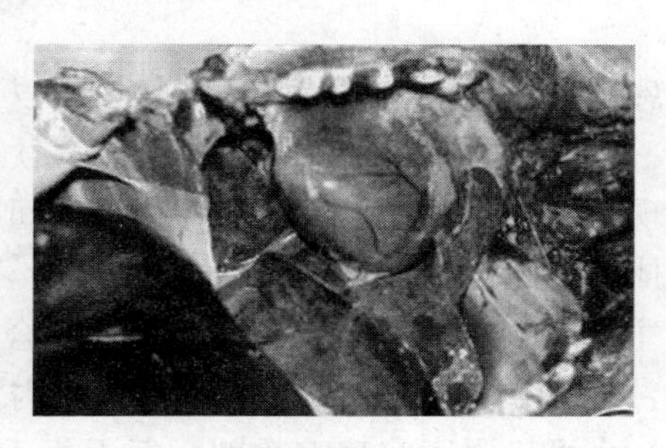

图2－1 内部脏器肿大（肝脏、脾脏）

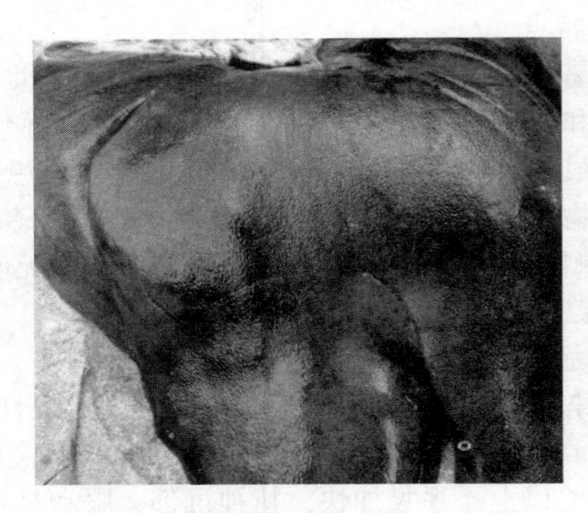

图 2-2 肝脏肿大（摘自华夏网）

4. 临床诊断

急性型的病兔表现为淋巴结、脾脏、肝脏、肺和心脏呈现肿大及广泛、灰白色的坏死灶和大小不一的出血点；肠高度充血，常见扁豆大的溃疡；胸和腹腔有渗出物。慢性型主要表现为内脏器官水肿增大，常见散在的坏死灶，多数老兔可见神经胶质瘤和肉芽性脑炎等病变。

5. 防治

目前，对患病的兔子无特效的治疗药物，应以预防为主。禁止在兔场养猫，并灭鼠；应定期对饲料、饲草、饮水用具等进行消毒处理；发现病兔应及时隔离治疗，在发病期间应注意人的防护。对病兔尸体应烧毁或深埋。

药物治疗主要以磺胺类药物和抗菌增效剂合用效果最佳。①磺胺嘧啶钠注射液，按每千克体重 0.1g，肌内注射，每天 2 次，连续 3 天。也可口服磺胺嘧啶粉剂，每天每千克体重 0.1g，连续服用 4~7 天。②磺胺嘧啶与二甲氧苄氨嘧啶，按 5∶1 比例混合后，按每千克体重 0.84g 口服，每天 2 次，连续 3~5 天。

③辅助治疗可选用0.05%甲基硫酸新斯的明注射液，每只成年兔0.1~0.2mL，肌内注射，幼兔酌减。④每天可静注10%葡萄糖注射液40~50mL。肌内注射依维锐克0.1mL。⑤磺胺嘧啶按70mg/kg体重、三甲氧苄氨嘧啶按14mg/kg体重合用，口服，每日2次，首次加倍，连用3~5日。磺胺甲氧吡嗪，按30mg/kg体重、三甲氧苄胺嘧啶，按10mg/kg体重合用，每日1次口服，连用3日。

二、兔球虫病

是由球虫引起的一种消化系统寄生虫病，是兔最常见且危害严重的一种原虫病。

1. 病原

引起兔球虫病的球虫包括艾美耳属的16种，其中，除斯氏艾美耳球虫寄生于动物的胆管上皮细胞内之外，其余的各种均寄生于肠黏膜上皮细胞内。这16种球虫的致病力和潜隐期均不相同，卵囊的结构、形状、大小以及颜色均不相同，斯氏艾美耳球虫的致病力最强。

兔球虫的发育经过3个阶段：裂殖生殖、配子生殖和孢子生殖，其生活史与鸡球虫相似。其中，前两个阶段均是在兔胆管或者肠上皮细胞内发育，而孢子生殖阶段是在外界环境中进行。通过粪便排出的卵囊，在适宜的外界环境中经过孢子生殖发育成为具有感染性的孢子化的卵囊，孢子化的卵囊一般呈椭圆形，淡黄色，含有4个孢子囊，其中，每个孢子囊中含有2个呈橘瓣形的子孢子。

2. 流行特点

兔球虫病流行广泛，全国各地区均有发生。该病多发生于春暖且多雨的季节，外界的环境利于卵囊进行孢子生殖，孢子化卵囊被兔在摄食或者饮水时吞入体内，进而患病。各种兔均易感染该病，4～5 月龄的幼兔感染最为严重，死亡率可达 70%；传染源多为带虫的成年兔；兔球虫病的流行与当地的卫生状况密切相关，环境卫生差的地区该病最易流行。

3. 临床表现与特征

患球虫病的兔子，临床表现：食欲减退，经常爬伏不动，精神沉郁，行动迟缓；眼和鼻子有较多的分泌物，唾液分泌也增多，有腹泻症状；后期有神经症状，最后衰弱至死亡；病程一般 10 天或者几周；断奶后的幼兔感染率高达 100%；病症轻的兔子一般无明显症状，耐过后的兔子生长发育受到严重影响，身体减重可达 12%～27%（图 2－3）。

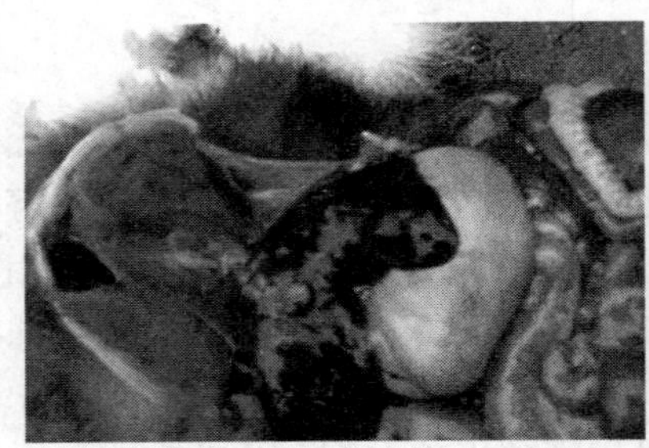
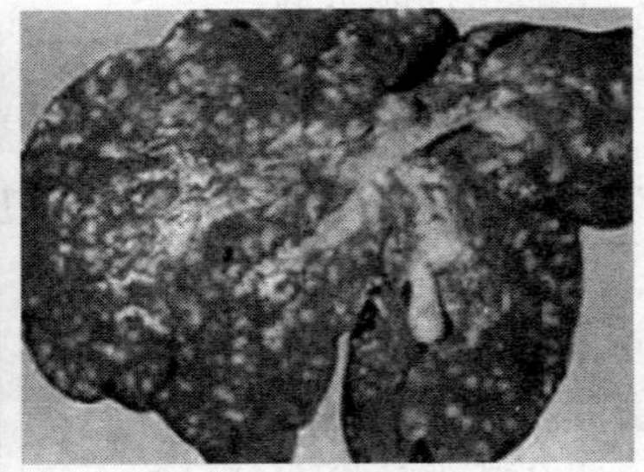

图 2－3　肝脏表面散在分布白色结节
（摘自中国养殖网）

4. 临床诊断

病兔剖检时可见肝表面有豌豆大的白色或者黄白色结节，检查结节会发现虫体；随时间发展，胆管周围结缔组织增生，导致肝萎缩，胆汁浓稠；肠发生病变时，肠管表现充血，肠黏膜有出血点，并有散在的坏死病灶。经过兔子粪便检查，病兔可见大量卵囊。

5. 防治

该病的防治，主要应该注意卫生环境整洁，对饲料、饮水用具、兔舍经常清扫、消毒处理，要大力灭鼠；对病兔隔离治疗，合理安排母兔的繁殖季节，减少断奶兔子的易感率；在经常发病季节，用药物拌入饲料中预防球虫病。

目前，有很多治疗兔球虫病的商品化的药物，拌入饲料起到治疗作用；此外，磺胺嘧啶类药物是治疗球虫病比较有效：①磺胺六甲氧嘧啶，按照0.1%的浓度拌入饲料，连续3~5天，此后隔一周后重复一个疗程；②磺胺二甲氧嘧啶和三甲氧苄胺嘧啶按照5:1的比例混合，0.02%浓度拌入饲料，连续3~5天，一周后重复一次；③杀球灵、莫能菌素和盐霉素分别按照1mg/L、40mg/L、50mg/L拌入饲料，连续使用1~2个月，以此预防兔球虫病。

三、兔脑原虫病

由兔脑原虫寄生于兔子的脑、肾等部位引起的一种分布广泛的慢性原虫寄生虫病，特征常见为肾脏病变。

1. 病原

兔脑原虫病是在1917年由Bull首次发现的，1923年Levadit等把引起该病的病原体定名为脑原虫（*E. cuniculi*），在1960年更名为Nosema。但是，1972年Benirschke等通过对Encephalitozoon与Nosema进行对比研究，又重新恢复使用Encephalitozoon这一名字。

兔脑原虫属于微孢子虫纲、微孢子虫目、微粒子虫科。该病是以微孢子的形式感染宿主的，并且孢子可以在外界环境中存活很长时间。首先，孢子伸出它的近曲小管进入宿主细胞，随后通过该管注入感染性的孢子，在细胞内，该孢子通过二分裂或者裂体生殖的方式进行繁殖，进而发育为成熟的孢子。在增殖过程中，成熟的孢子周围形成很厚的一层囊壁，可以保护病原体免受外界环境的损害。孢子通过增殖充满宿主细胞后，细胞壁被破坏，从而释放出大量孢子，至此完成该病原的生活史，继续感染其他宿主。

2. 流行特点

该病呈世界范围分布，野兔会感染该病，兔场中流行更为广泛，一般发病率为76%。由于该病原体的生活史不确定，导致该病的传播途径不是很明确。实验证明，口服感染性的排泄物等材料可感染该病，并且该病可以通过胎盘进行传播。也有报道称人也会感染。在野兔中也有发生兔脑原虫病的报道。

3. 临床表现与特征

通常为隐性感染，无临床症状。病兔逐渐衰弱，体重减轻，出现尿毒症；病兔有时可见脑炎或者肾炎症状，严重者呈现神经症状，如惊厥、颤抖、斜颈、麻痹和昏迷。病兔常出现蛋白尿，该病中期会出现下痢，后肢的被毛常被沾污，引起局部湿疹，在3~5天内死亡（图2-4）。

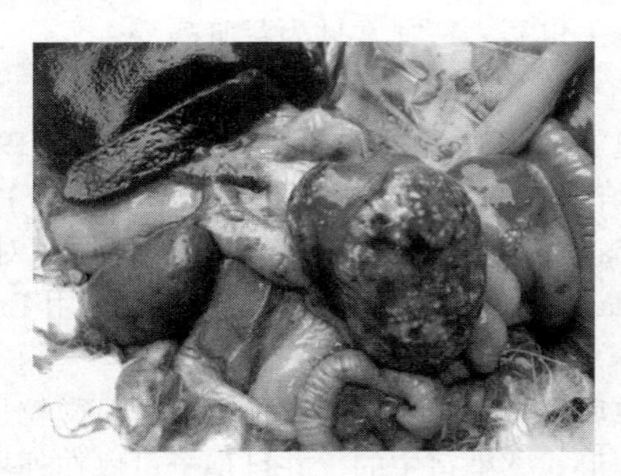

图2-4　肾脏肉芽肿（摘自爱畜牧网）

4. 临床诊断

感染的病兔肾脏病变和肉芽肿性脑炎是该病的特征性病变。在剖检时，肉眼可见肾脏表面可见许多散在分布的白色小点，皮质表面有时可见灰色的凹陷部位。如果肾脏的病变很严重的话，会呈现颗粒样外观。脑炎表现为不规则的肉芽肿分布，中央区有坏死现象，周围有很多淋巴细胞或者巨噬细胞浸润现象。其他组织病变虽然很少可见到，但是已有心肌炎和肝炎的报道出现。

多数情况下，在病变部位找不到虫体。而急性的肾炎在病变部位中有很多虫体，脑中虫体有时会成堆地出现在肉芽肿的坏死中心部位。

5. 防治

对于本病，目前尚无有效的治疗药物。病兔生前不易诊断，而且胎盘传播给该病的防治增加了困难。良好的卫生条件和淘汰易被感染的动物，对于本病的预防起到很好的作用。有人建议用烟曲霉素治疗本病有效。

四、兔隐孢子虫病

隐孢子虫是动物常见的致病性原虫，病原主要寄生于消化道上皮，引起动物以腹泻为症状的一种病原。寄生于家兔的隐孢子虫主要是兔隐孢子虫。

1. 病原

隐孢子虫病是一种人兽共患的机会性寄生虫病，目前，发现的隐孢子虫有 24 种，基因型有 70 多个，寄生于兔的有微小隐孢子虫和兔隐孢子虫两种基因型，主要为后者。兔隐孢子虫的命名经历了一个很长的过程，最后是由 Robinson 等根据国际命名委员会的命名规则将其重新命名为兔隐孢子虫（*cryptosporidium cuniculus*）。

隐孢子虫属于隐孢子虫科、隐孢子属，该虫体经过裂殖生殖、配子生殖和孢子生殖 3 个阶段，孢子生殖是在宿主体内进行的，最终形成卵囊排出体外，此时的卵囊则为孢子化的卵囊，具有感染性，其中，含有 4 个子孢子，随着感染兔的粪便或者呼吸道分泌物排出体外，被粪便污染的水、饲料、器具等被合适的宿主接触或者吃入后，卵囊会经过脱囊而释放出子孢子。感染宿主的肠道或呼吸道的上皮细胞内也存在一些寄生虫，通过有性生殖产生裂殖子，然后通过无性生殖产生大、小配子体，随后大小配子体在宿主体内通过孢子生殖，产生卵囊。至此，该病原就完成了它的生活史。最后产生的卵囊主要有两种形式，一种的囊壁很厚，主要是从宿主体内排出的；另一种囊壁很薄的卵囊，则主要参与自然感染。

2. 流行特点

该病是兔最常见的一种寄生虫病，1~3 月龄的幼兔和断奶幼兔最易感染，成年兔的感染率比较低，实验室的兔子感染隐孢子虫病的概率较高。全国各地兔的隐孢子虫病感染情况各有差异。隐孢子虫病的传染源主要为感染动物排出的粪便中的卵囊，卵囊对外界环境、多数的消毒剂有很强的抵抗力，在外界可存活数月之久，但是对高温比较敏感。带虫动物粪便污染的饲料、饮用水等均可以传染该病，动物主要是通过消化道或者呼吸道感染隐孢子虫病。

3. 临床表现与特征

病兔主要表现为消化道和呼吸道症状，表现为呼吸困难、咳嗽、打喷嚏，严重者食欲废绝，体重减轻和发生死亡。消化道症状主要分为急性胃肠炎型和慢性腹泻型。急性病兔表现为腹泻，每天 4~10 次，水样或者糊状粪便，偶见脓血，常伴有腹部疼痛，呕吐，有发热。慢性病兔常见血样粪便，伴有脱水，腹部疼痛等症状。

4. 临床诊断

大多数兔子感染隐孢子虫后不表现临床症状，只是向外界排除卵囊，可通过剖检做诊断：剖检可发现结膜囊、鼻腔等有过量的分泌物，结膜水肿、充血；肺部可见灰红色斑纹状，肺泡萎缩。显微镜检查分泌物、呕吐物等可见卵囊。

5. 防治

该病目前尚无有效的治疗药物，主要是对症治疗：例如，补充电解质，隔离感染的病兔，防治感染者的粪便污染饲料和饮水等。搞好环境卫生、提高动物的饲养管理水平、增强动物的免疫能力等均可以预防该病的发生。有人认为螺旋霉素、克林霉素等有一定的疗效。

五、兔卡氏肺孢子虫病

兔卡氏肺孢子虫病是由卡氏肺孢子虫寄生于兔子的肺部而引起的一种原虫病，常寄生于肺泡内，一般为隐性感染。

1. 病原

卡氏肺孢子虫是一种威胁动物和人类健康的机会性致病寄生虫。卡氏肺孢子虫简称肺孢子虫，广泛存在于人和其他哺乳动物的肺组织内，可引起肺孢子虫性肺炎，或称肺孢子虫病。是由 carinii（1910）首次对寄生于大白鼠肺组织中的虫体作了基本描述而定名。

卡氏肺孢子虫的生活史是由 JohnJ. Ruffolo 教授提出的，该病原是在肺组织中被发现的，起初并不会引起很强烈的反应直到宿主的免疫系统变得虚弱。该病原经常引起致死性的肺炎。卡氏肺孢子虫有无性和有性生殖两个阶段，前者以营养生的二分裂进行增殖；后者主要通过配子生殖产生合子或者包囊（早期包囊）。合子首先进行减数分裂，随后进行有丝分裂产生含有 8 个单独的核的孢囊，又称晚期包囊。该病原的孢子呈现不同的形状：球形或者长形杆状。有人提出，杆状的先于球形的孢子通过与囊壁分裂而从孢子囊中释放出来，随后空的孢子囊裂解，但会有一些残存的细胞质。该病原主要在免疫抑制个体中引起病发。

2. 流行特点

卡氏肺孢子虫病是一种人畜共患病，呈散发性流行，世界性分布，可感染多种动物。本病可以通过呼吸道传播，已有试验证明，该病也可以通过胎盘传播。

3. 临床表现与特征

本病感染的动物多呈隐性感染，无明显症状。该病是一种机会致病性寄生虫病，因此，当兔子的免疫力下降、营养不良时多会感染该病，表现为干咳、呼吸困难、发绀，伴有发热等症状，偶有死亡发生。感染动物偶有腹泻，体重减轻（图 2－5）。

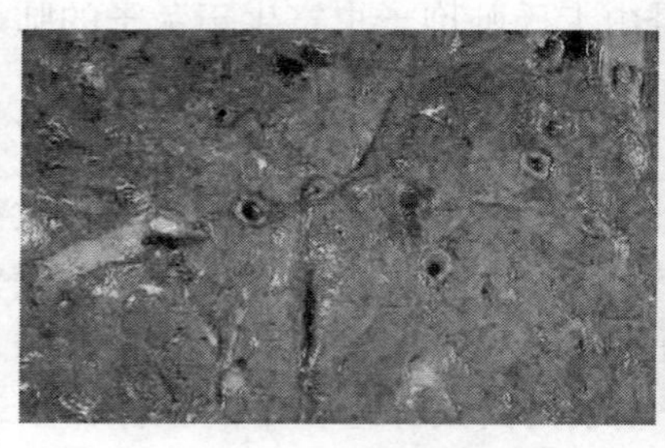
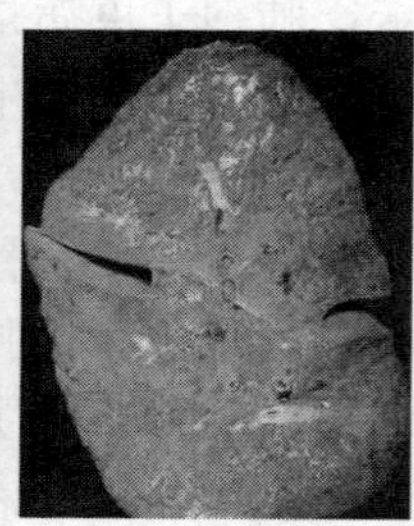

图 2－5　肺部病变（摘自健康网）

4. 临床诊断

由于该病多呈隐性感染，可用感染兔子的肺组织直接进行涂片，姬氏染色后镜检观察，一般可以发现包囊和滋养体。也可以收集支气管分泌物进行镜检，但检出率相对低。在医学上，可用针头作肺穿刺进行活组织检查，或以患者的气管冲洗物和肺组织作抗原，进行补体结合试验及间接荧光抗体试验。

5. 防治

由于对其传播途径尚不十分明了，故缺乏有效的预防措施。隔离病兔或者是建立很好的屏障系统，都可以预防该病的传播。目前，磺胺嘧啶和乙胺嘧啶两者合用有很好的治疗效果，但是单用任何一种药物效果都差。复方新诺明药物对该病也有一定的作用。在医学上，用戊烷脒治疗人的卡氏肺孢子虫病有特效。

六、兔肉孢子虫病

肉孢子虫病是一种寄生于人类和哺乳动物细胞内的一种致死性的人兽共患寄生虫病，肉孢子虫产生的毒素严重地损害了感染动物的中枢神经系统。

1. 病原

肉孢子虫属肉孢子虫科、肉孢子虫属。孢子化的卵囊（含有 2 个孢子囊）或者单个的孢子囊随着感染宿主粪便排出体外，一个孢子囊含有 4 个子孢子。孢子囊被中间宿主（牛、猪等）吃入之后，囊壁破裂释放出子孢子，子孢子进入宿主的血管内皮细胞内进行裂殖生殖，产生第一代裂殖体。裂殖体侵入小的血管或者毛细血管中产生裂殖子，成为第二代裂殖体。第二代裂殖子侵入肌肉细胞中发展成含有裂殖子的孢子囊。而这个孢子囊具有感染性（也就是孢子化的卵囊），可以感染终末宿主。在小肠内，裂殖子从破裂的包囊中释放出来，侵入肠管上皮细胞的固有层。随后，它们通过配子生殖产生大小配子体，大小配子体形成合子，也就是卵囊。卵囊在肠管的上皮细胞内经过孢子生殖后，随着粪便排出体外。由于卵囊的囊壁比较薄，在粪便中有时可以观察到孢子囊。

2. 流行特点

本病流行于世界各地，很多动物均可感染。该病通过感染动物的粪便进行传播，粪便污染的饲料及饮用水均可传播本病。

3. 临床表现与特征

该病不要是由于肉孢子虫产生的毒素而影响神经系统，严重可以致死。感染后的病兔表现出食欲缺乏，腹泻，伴有腹痛、恶心、呕吐等消化道症状，严重病兔会出现贫血，坏死性肠炎等症状，剖检偶有全身淋巴结肿大等症状。如果肉孢子虫进入心肌会引起严重的心肌炎，表现出疲乏、发热等症状，严重者可引起休克（图2－6）。

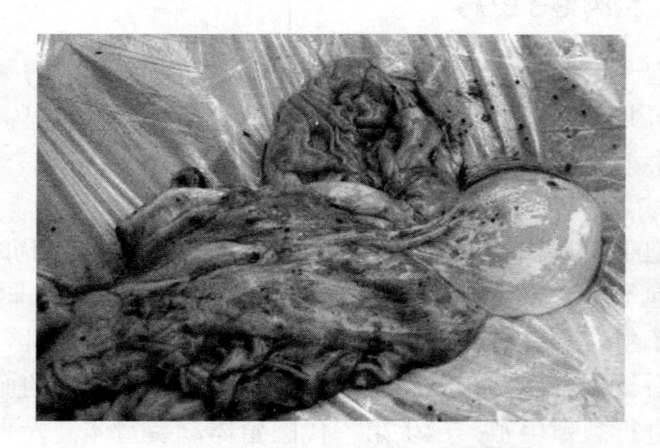

图2－6　肉孢子虫病引起的肠系膜病变
（摘自畜牧资讯网）

4. 临床诊断

由于该病引起的消化道症状并不特异，所以可以对消化道的分泌物进行镜检；也可以采用粪涂片法对分辨进行检查，但由于卵囊较小而漏诊，并且在感染早期时粪便检测呈阴性，检出率不高。对肌肉内的肉孢子虫则需要进行活体检测，可发现肌炎或者肌肉有坏死现象。

5. 防治

对该病的预防，主要是加强环境卫生和饲料管理，隔离感染的病兔，处理好动物粪便，防止其污染饲料和水源。对肉孢子虫病的治疗现处于探索阶段，目前，无特效治疗药物。多数病兔病情较轻，一般不予进行药物治疗。消化道的肉孢子虫病可以用磺胺嘧啶、吡喹酮等药物进行治疗。

七、兔的组织滴虫病

组织滴虫病，又称为盲肠肝炎或者黑头病，是由火鸡组织滴虫寄生于盲肠和肝脏引起的禽类以肝坏死和盲肠溃疡为特征的一种原虫病，禽类的组织滴虫病很常见，而兔子的组织滴虫病则很少发生。

1. 病原

兔子的组织滴虫病是由变形鞭毛虫科的黑头组织滴虫引起的，以肝脏和胃肠发生病变为主要特征的一种原虫病。

2. 流行特点

引起兔子发生这种病的原因主要是鸡的粪便，当兔子吃入被鸡粪污染的饲料之后，会引发该病。3～5月龄的兔子容易发病，严重者可致死，而成年兔则很少发病。兔的组织滴虫主要见于7～8月，因为，高温的条件有利于滴虫的繁殖和成活，致使该病发生。

3. 临床表现与特征

发生该病的兔子表现为厌食或食欲减少，精神萎靡，消瘦，拉稀粪，体重减少。患病的兔子多是在喂食后4～5小时发病，口腔、鼻孔流出白沫。病兔死亡之前，四肢呈游泳姿势，肛门则有黄色液体流出。

该病引起的病变主要在肝脏和胃肠，剖检可见肝脏稍微肿大，呈现黄色，表面散在分布大小不一的、淡黄色或黄绿色的坏死灶；盲肠肠壁增厚，胃肠黏膜发炎、出血（图2－7和图2－8）。

4. 临床诊断

剖检肝脏和胃肠所见的病理变化，是初步诊断该病的主要依据。如需进一步确诊，则要取样进行实验室诊断：可刮取肠黏膜进行检查，发现虫体即可确诊。

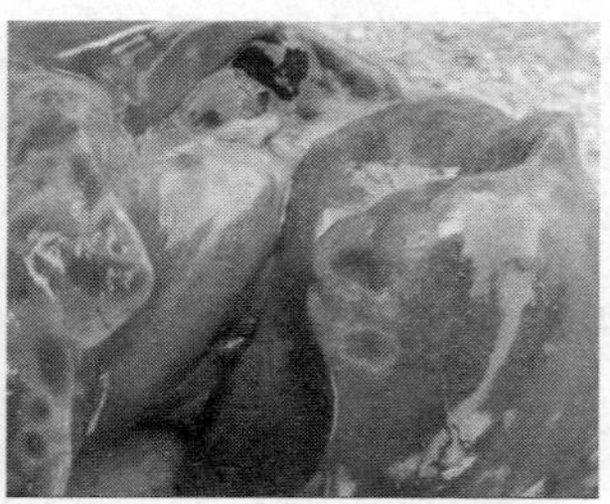

图 2-7　患组织滴虫病的禽类，肝脏表面坏死灶

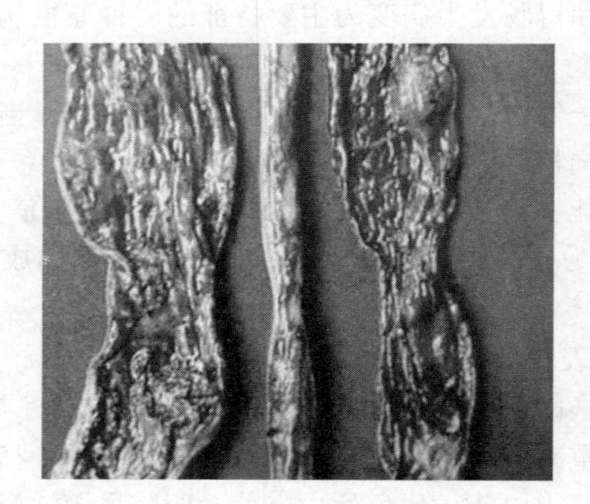

图 2-8　患组织滴虫病的盲肠病变

（摘自爱畜牧网）

5. 防治

避免鸡的粪便污染兔子的饲料，是预防该病的主要手段；在该病多发季节，要经常清扫兔舍堆积的粪便，对兔舍进行清洁处理，尽量减少该病的发生。发病的兔子要进行隔离治疗，选用甲硝唑、维生素 C 和护肝片一起拌料，连续喂食 7 天，即可减缓病情。

第二节　蠕虫病

一、兔棘球蚴病

棘球蚴又称包虫，是带科（*Taeniidae*）、棘球属（*Echinococcus*）绦虫的中绦期，寄生于动物的肝、肺及其他器官中。棘球蚴体积大，生长力强，并可寄生于人畜体内任何部位，不仅压迫周围组织使之萎缩和功能障碍，还易造成继发感染。如果蚴囊破裂，可引起过敏反应，甚至死亡，是一类重要的人兽共患寄生虫病。棘球绦虫成虫寄生于犬科动物的小肠中。

1. 病原

棘球绦虫的种类较多。目前，世界上公认的有 4 种：①细粒棘球绦虫（*Echinococcus granulosus*）；②多房棘球绦虫（*E. multilocularis*）；③少节棘球绦虫（*E. oligathrus*）；④福氏棘球绦虫（*E. vogeli*）。后两种绦虫主要分布于南美洲；我国只有前两种，又以细粒棘球绦虫最为常见。

细粒棘球绦虫虫体很小，仅 2 ~ 7mm 长，由头节和 3 ~ 4 个节片组成。头节上有 4 个吸盘，顶突上有 36 ~ 40 个小钩，排成两圈。成节内有一套雌、雄生殖系统，睾丸 35 ~ 55 枚。孕节内子宫侧枝有 12 ~ 15 对。虫卵大小为（32 ~ 36）μm ×（25 ~ 30）μm（图 2 – 9）。

细粒棘球蚴为一包囊状构造，内含液体，形状与大小因寄生部位不同而呈现较大差异。棘球蚴的囊壁分为二层：外层为乳白色的角质层，无细胞结构；内层为胚层，又称生发层（germinal layer），具细胞核，向囊腔芽生出成群的细胞，这些细胞空泡化后形成仅有一层生发层的小囊，并长出小蒂与胚层相连；在小囊内壁上生成数量不等的原头蚴（protoscolex），此小囊称为育囊

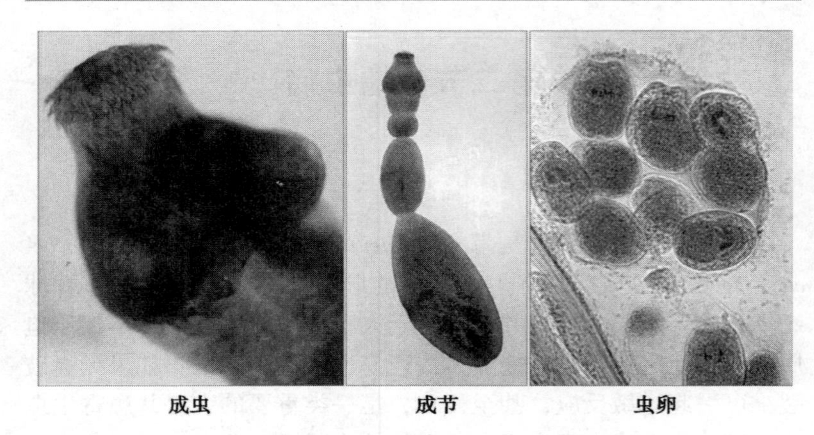

图 2-9　细粒棘球绦虫（黄兵）

（图片引自：黄兵等文献《动物寄生虫与人类健康》）

或生发囊（brood capsule）。育囊可生长在胚层上或脱落下来漂浮在囊腔的囊液中。母囊内还可生成与母囊结构相同的子囊，甚至孙囊。游离于囊液中的育囊、原头蚴和子囊统称为棘球砂（hydatid sand）（图 2-10）。

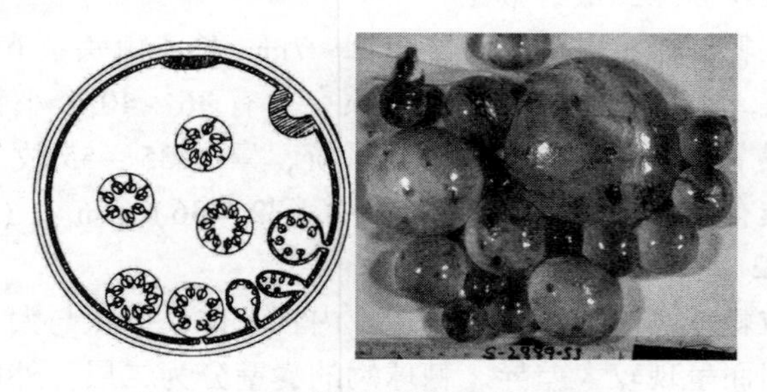

图 2-10　细粒棘球蚴模式图与实物

2. 流行特点

细粒棘球蚴呈世界性分布，尤以牧区最为常见。在我国，有 20 个省、市、自治区报道过有此病发生，其中，新疆、西藏、青海、四川等西部牧区发病率最高。

在牧区，牧羊犬和野犬是人和动物棘球蚴病的主要传染源。犬粪中排出的虫卵及孕节片污染牧草及饮水而引起草食类动物的感染，而牧羊犬或野犬常吃到带虫的动物内脏，从而造成本病在草食动物与犬之间的循环感染。此病中间宿主为牛、羊、兔、人、猪等，终末宿主为犬、狼、狐狸等。(图 2－11)

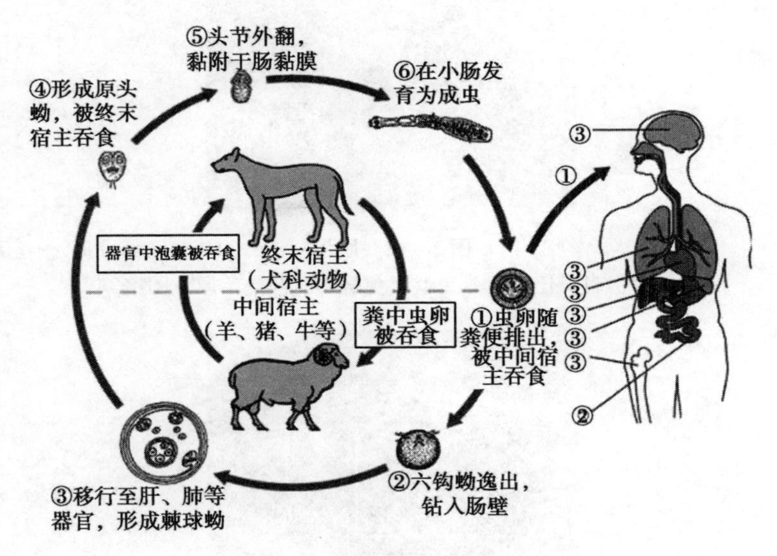

图 2－11　细粒棘球蚴生活史

（引自：http：//www. cdc. gov/dpdx/echinococcosis/index. html）

3. 临床表现与特征

棘球蚴在动物体内寄生时，由于虫体逐渐增大，对周围组织呈现剧烈压迫，引起组织萎缩和机能障碍，并伴毒素作用和过敏反应。该病病症的严重程度取决于棘球蚴的寄生部位、数量和大小。当肝脏、肺脏有多量虫体寄生时，由于肝、肺实质受到压迫而发生高度萎缩，能引起死亡；当寄生的虫体小、数目不多时，呈现消化障碍、呼吸困难、腹水等症状，家兔患本病时症状亦十分明显，症状主要表现为消瘦、被毛逆立、脱毛、咳嗽、卧地不起。各种动物皆可因囊泡破裂而产生严重的过敏反应，甚至突然死亡（图2－12至图2－14）。

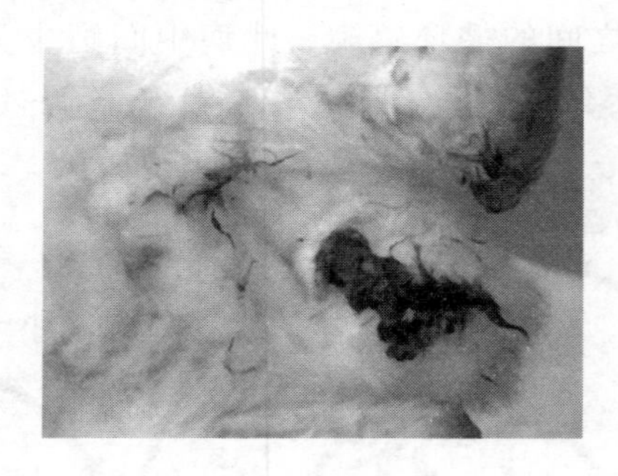

图2－12　腹泻

（图片引自：任克良等文献《兔病诊断与防治原色图谱》）

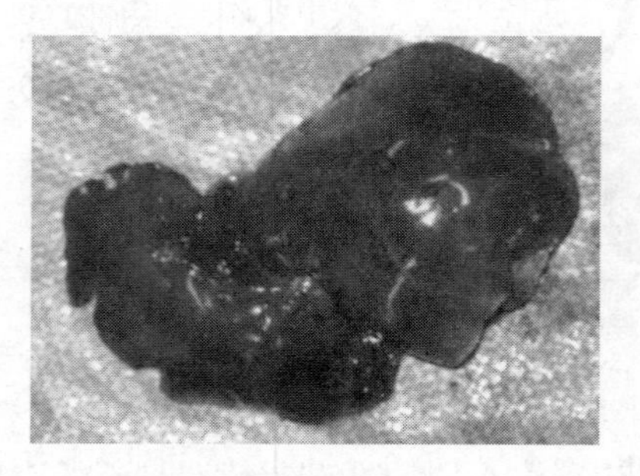

图2－13　肝脏内有淡黄色病变区，其中，有棘球蚴

（图片引自：任克良等文献《兔病诊断与防治原色图谱》）

4. 临床诊断

由于棘球蚴包囊生长缓慢，兔棘球蚴病的生前诊断较为困难，往往在尸体剖检时从肝脏和肺脏中检查有无棘球蚴包囊作为本病最直接的诊断方法。由于人和动物感染棘球蚴后的初期阶段

图 2－14　肝脏上有多量囊泡，其中有棘球蚴
（图片引自：任克良等文献《兔病诊断与防治原色图谱》）

症状不典型，机体的免疫应答反应是最早出现的诊断指标，因此，可采用间接血球凝集试验（HIA）和酶联免疫吸附试验（ELISA）方法诊断。

5. 防治

（1）预防。

①对犬进行定期驱虫，驱虫后对犬粪进行无害化处理，防止病原的扩散。对犬的驱虫，可选用吡喹酮，按每千克体重 5～10mg 口服。

②妥善处理动物脏器，只有在煮熟后才可以当做饲料喂饲动物。

③保持饲料、饮水和圈舍卫生，防止被犬粪污染。

④常与犬接触的人员应注意清洁卫生，防止从犬的被毛等处沾染虫卵而污染饮水与饲料。

⑤扑杀附近的野犬及其他肉食动物以根除污染源。

⑥目前，国外已经研制出细粒棘球蚴 Eg95 基因工程疫苗，可用于免疫预防。

（2）治疗。

①丙硫咪唑（Albendazole）：剂量为每千克体重90mg，连服2天，对原头蚴杀虫率可达82%～100%。

②吡喹酮（Praziquantel）：剂量为每千克体重25～30mg，连服5天（总剂量为每千克125～150mg），也有较好的疗效。

二、兔豆状囊尾蚴病

豆状囊尾蚴病是由豆状囊尾蚴（*Cysticercus pistiformis*）寄生于家兔的肝脏、网膜、肠系膜、腹腔内所引起的一种绦虫蚴病。豆状囊尾蚴为带科、带属的豆状带绦虫（*Taenia pisiformis*）的中绦期幼虫。

1. 病原

豆状囊尾蚴为白色的囊泡，大小如豌豆大。囊壁半透明，囊内充满液体，透过囊壁可见到嵌于囊壁上的白色头节。头节上有4个吸盘和两圈角质沟。豆状带绦虫新鲜时为白色或淡黄色，长60～150cm，头节细小，4个吸盘不突出。顶突上有两圈相间排列的角质沟，共计28～36个。成熟节片内有睾丸250～273个，卵巢分为两叶。生殖孔不规则地交互开口于节后的侧缘。孕卵节片的子宫每侧有8～14个分支，每个分支再分小支（图2－15至图2－17）。

2. 流行特点

豆状囊尾蚴是家兔常见的一种寄生虫，分布广泛，并且感染率也较高。本病呈世界性分布，我国吉林、山东、陕西、浙江、江西、江苏、贵州、福建等10多个省区市均有本病发生。虫体的孕节随犬粪排至体外，虫卵逸出污染草料或饮水。兔吞食虫卵后，在其肝脏和腹腔处发育成豌豆大小的囊泡，即豆状囊尾蚴，大小为（6～12）mm×（4～6）mm，呈卵圆形。犬吞食含豆状囊尾蚴的兔内脏而受感染，在犬小肠内经35天，发育变为成虫。

图 2－15　孕节

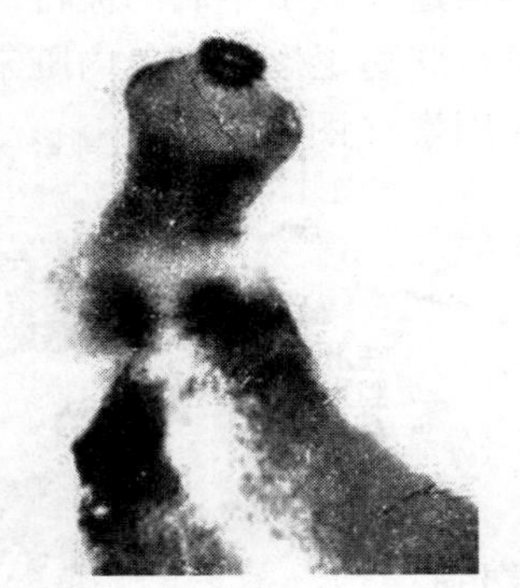

图 2－16　头节

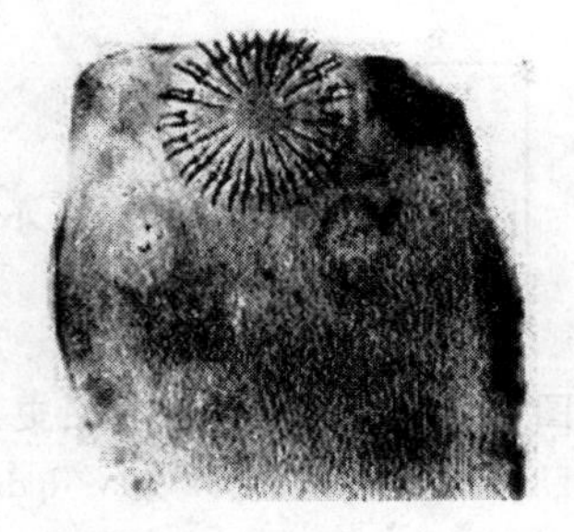

图 2－17　吸盘与角质沟

随养兔业的发展，形成了家养犬和家兔之间的循环流行。这种流行主要同兔的饲养方式、犬的喂养和养兔者缺乏预防本病的常识有关。在流行地区，家兔多为农户散养，饲养又以割自野外的青草或废弃的蔬菜为主，同时，农村又常有喂犬的习惯。由于犬的四处活动，其排出的孕卵节片造成饲草的广泛污染，这种带有虫卵的青草、蔬菜又被直接用于喂兔，就导致了家兔感染豆状囊尾蚴。而在剖杀家兔时，又常将带有豆状囊尾蚴的兔内脏喂犬或随地丢弃而被犬吞食，这就导致了犬感染豆状带绦虫。这种犬和家兔之间的循环感染造就成了本病的流行。犬感染成虫是本病的感染源，大量感染豆状囊尾蚴的家兔内脏未处理被抛弃，又成为犬感染本病的主要因素（图 2 – 18）。

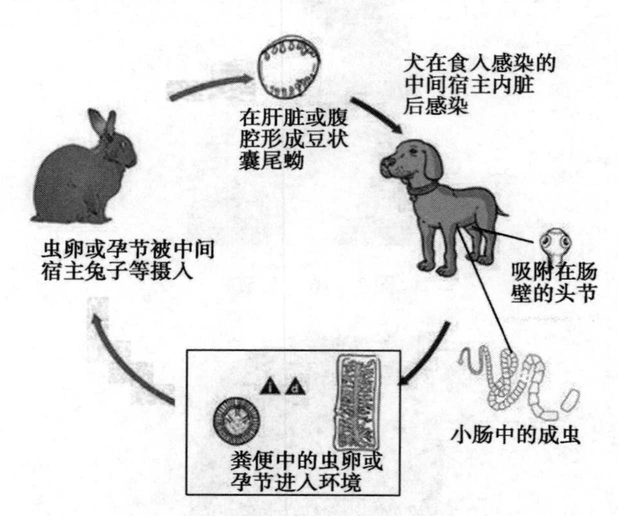

图 2 – 18　豆状带绦虫生活史

（引自：http：//www. cdc. gov/dpdx/）

3. 临床表现与特征

病兔食欲下降，营养状况不良，精神沉郁，喜卧，腹围增大，眼结膜苍白。大量感染时，幼虫在肝脏移行，造成肝脏的损伤，严重时可因急性肝炎而引起突然死亡。慢性型病例主要表现为消化紊乱、腹部臌胀、消瘦和体重减轻等症状。

4. 临床诊断

剖检病变主要是肝脏的损伤。初期肝脏肿大，表面有大量小的虫体结节。后期虫体在肝表面出现，并游离于腹腔中，肝上有许多纤维性痕迹；常见严重的腹膜炎，腹腔网膜、肝脏、胃肠等器官黏连。剖检主要异常是大网膜及肠系膜有一些绿豆大小的透明包囊，靠近结缔组织连接成串，囊呈椭圆形或圆形，囊壁是一层薄膜，破开包囊流出半透明囊液及大米粒大小乳白色的幼虫头节。肝脏及腹腔中发现豆状囊尾蚴即可确诊（图 2 – 19 至图 2 – 25）。

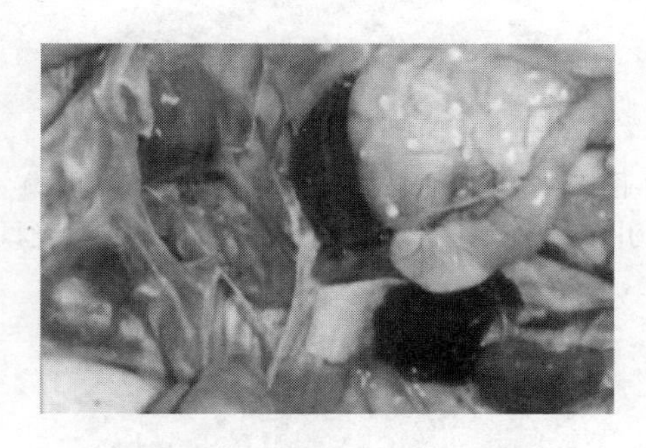

图 2 – 19　胃浆膜寄生豆状囊尾蚴

（图片引自：任克良等文献《兔病诊断与防治原色图谱》）

5. 防治

（1）兔场提倡少养或不养犬，消灭野犬，对必须留下的犬可用吡喹酮（按每千克体重 10 ~ 20mg，1 次口服）等药物定期驱虫，防治犬粪污染饲料和饮水。

（2）防止犬吞食含有豆状囊尾蚴的兔内脏，加强管理。

（3）注意兔的饲料和饮水卫生，禁止用犬粪污染饲料、饮

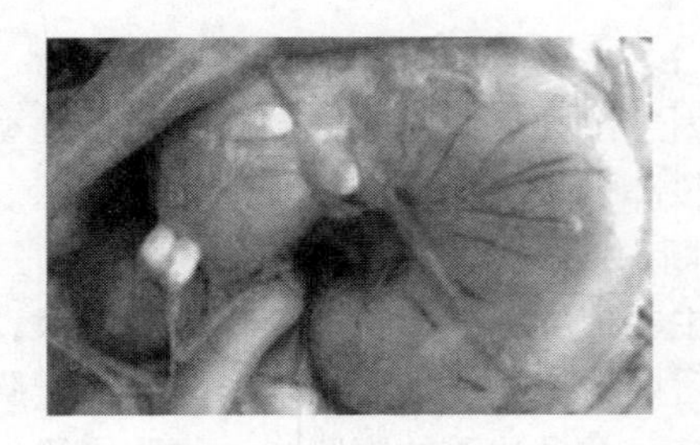

图 2-20　囊尾蚴寄生于网膜上

（图片引自：任克良等文献《兔病诊断与防治原色图谱》）

图 2-21　肝脏表面寄生的葡萄串状囊尾蚴

（图片引自：任克良等文献《兔病诊断与防治原色图谱》）

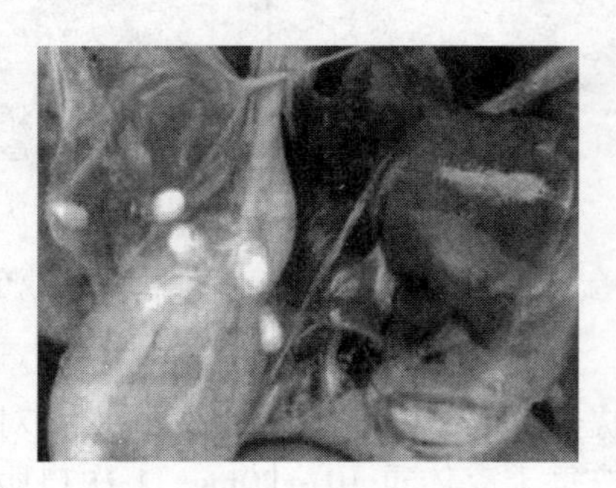

图 2-22　膀胱上寄生囊尾蚴

（图片引自：任克良等文献《兔病诊断与防治原色图谱》）

水喂兔。个别贵重的种兔需要治疗时，可使用吡喹酮按每千克体

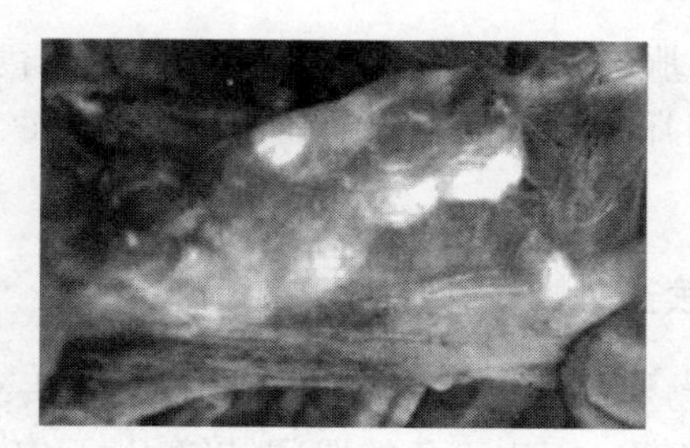

图 2－23　直肠浆膜上寄生囊尾蚴

（图片引自：任克良等文献《兔病诊断与防治原色图谱》）

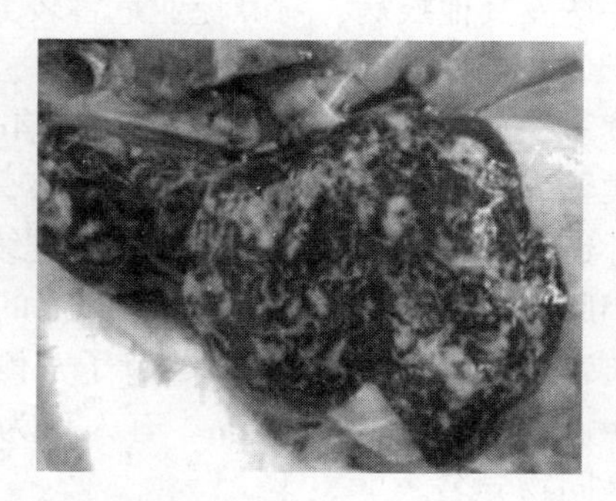

图 2－24　肝脏表面有大面积结缔组织增生

图片引自：任克良等文献《兔病诊断与防治原色图谱》

图 2－25　豆状囊尾蚴呈小泡状，其内有 1 个白色小点状头节

重10～35mg口服，每日1次，连服5天，或用丙硫咪唑按每千克体重15mg口服，每日1次，连服5天，或每千克体重40mg一次口服。

三、兔连续多头蚴病

连续多头蚴（*Coenurus serialis*）是连续多头绦虫（*Multiceps serialis*）的中绦期，寄生于兔的肌间结缔组织和皮下组织中，如在外嚼肌、腹肌、肩部、颈部肌肉。该病使兔生长发育缓慢，饲料报酬降低，并诱发其他疾病，对养兔业危害较大。

1. 病原

成熟的连续多头蚴为鸡蛋大的包囊，直径4cm或更大，坚实而有弹性，囊壁内有许多原头蚴，囊内有液体，囊液内可有游离的头节，囊外也可有柄相连含头节的子囊。连续多头绦虫寄生于犬科动物的小肠中，虫体长10～70cm，头节的顶突上有小钩26～32个，排成两行，有4个吸盘。孕节子宫侧枝20～25对，虫卵（31～34）μm×（20～30）μm。有人认为连续多头绦虫与脑多头绦虫是同物异名。

2. 流行特点

本病呈世界性分布，主要的中间宿主为兔和鼠等啮齿类动物，人偶然也可感染。其生活史为：连续多头绦虫寄生于犬科动物的小肠内，随犬等的粪便排出的孕卵节片或虫卵污染了食物和饮水，被兔等中间宿主吞入而感染。在消化道内六钩蚴逸出，钻入肠壁，随血流到达宿主的肌间和皮下结缔组织，并逐步发育为连续多头蚴。在寄生部位常形成无疼痛的肿胀，并能移动。最常寄生的部位是外嚼肌、肋肌及肩部、颈部和背部的肌肉，偶尔也可寄生于体腔和椎管中。当犬科动物食入含连续多头蚴的兔肉时被感染，其头节翻出并固着在宿主小肠黏膜上，并逐渐发育为成虫。

本病也呈地方性感染，特别是与本地区的放牧犬或家犬的连续多头绦虫有直接关系，其幼虫即连续多头蚴可能寄生于野兔、家兔、松鼠等啮齿动物的皮下、肌肉间、腹腔脏器、心肌、肺脏等处。被狗吃入体内，随时向外界传播虫卵；而污染了野草、饲料或饮水，被上述动物食入体内而感染了连续多头蚴。兔连续多头蚴病，以平养的感染率高于笼养，可能是由于平养可随时采食到污染的野草或饲料。笼养家兔的感染，主要是由于畜主在田地或野外采集新鲜青饲料而造成的（图 2 – 26）。

3. 临床表现与特征

患兔表现食欲下降，消化紊乱，口渴，嗜睡，不喜活动，逐渐消瘦，腹泻。当大量虫体寄生在肝脏时，严重影响肝脏功能，出现肝炎症状，常突然死亡。本病的症状因寄生部位不同而异，主要表现为皮下肿块和关节活动不灵，个别寄生于脑脊髓的可出现神经症状。连续多头蚴的诊断在摸到可动而无痛的皮下包囊时可初步怀疑，确诊需摘下包囊镜检。连续多头蚴寄生数量多，特别是在主要脏器（心、肝、肺）上寄生时，会严重地影响家兔的生长发育。

4. 临床诊断

患兔的剖检病变主要表现为肝萎缩，肝组织内或表面有虫体形成的米粒至豆粒大小白色结节，结节中空、内有淡黄色透明液体；有的早期肝大，后期肝硬化；腹腔内有多量的浅黄色积液，脏器表面有多个散在的白色瓜子状虫体。心、肺、气管、脾、肾等脏器无明显病变（图 2 – 27 和图 2 – 28）。

5. 防治

治疗可用外科手术的方法摘除包囊。可定期使用吡喹酮（5mg/kg）、氯硝柳胺（100 ~ 150mg/kg）或氢溴酸槟榔碱（1.5 ~2mg/kg）给兔口服驱虫，一次口服即可。有人用麝香草酚溶解于油质内，隔日注射 1 次，据称可使皮下包囊退化，另

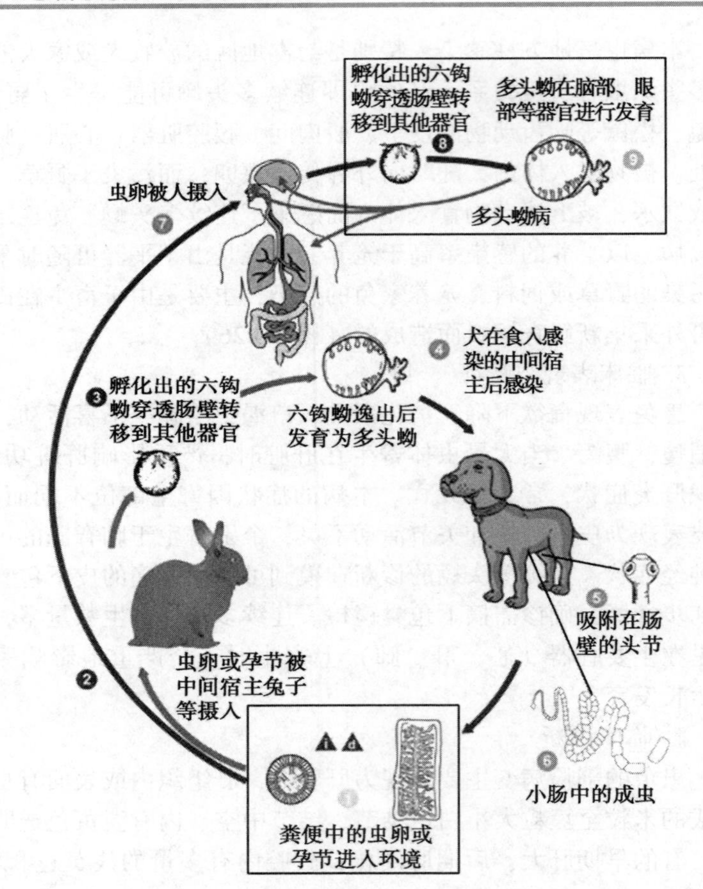

图 2－26　连续多头绦虫生活史

（http：//www. cdc. gov/dpdx/coenurosis/index. html）

外，也可试用阿苯达唑、丙硫咪唑等进行治疗。

本病的防治应以控制养犬和驱治犬的连续多头绦虫为主要措施，必须长时间的注意犬的驱虫，应该坚持一年 4 次驱虫，并长期坚持下去。对多种驱绦虫药物要交替的使用，以防虫体产生抗

图 2－27　多头蚴

（引自 http：//www. cdc. gov/dpdx/coenurosis/gallery. html）

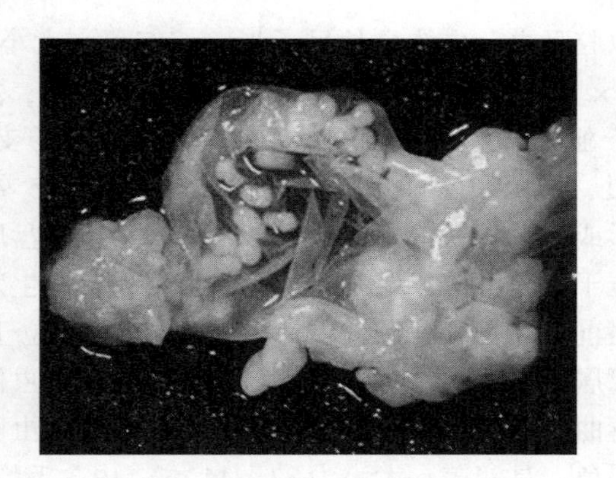

图 2－28　连续多头绦虫的原头节

（引自 http：//www. cdc. gov/dpdx/coenurosis/gallery. html）

药性。犬的驱虫药物较多，无论用哪种药物，在用药后 72 小时内或 24～48 小时，必须把它牢牢圈好，不得放出，观察排虫，以防大面积地污染外界，而造成新的感染。另外，在感染数量少时，手术摘除包囊也是好的治疗方法。

在春季采集青饲料喂兔时，应该进行消毒。对狼等进行驱虫或捕杀；有连续多头蚴的组织器官应销毁，禁止随意抛弃喂犬；严格管理犬，防止犬粪便污染兔舍及兔的饲料和饮水。

四、兔双腔吸虫病

双腔吸虫病是由双腔吸虫寄生于动物的肝脏胆管和胆囊内所引起的一种吸虫病。双腔吸虫是指双腔科、双腔属（*Dicrocoelium*）的吸虫，除主要寄生于牛、羊、兔、马、驴、骆驼、猪、犬及多种野生动物，有的种类还偶尔感染人。在我国最常见的种类是矛形双腔吸虫（*D. lanceatum*）又称枝歧腔吸虫（*D. dendriticum*）和中华双腔吸虫（*D. chinensis*）。

1. 病原

矛形双腔吸虫：虫体窄长呈矛形，棕红色，大小为(6.67 ~ 8.34) mm ×（1.61 ~ 2.14）mm。体扁平而透明，呈柳叶状。口吸盘位于亚前段，后接咽、食道和肠管，两肠支伸至体后1/4 ~ 2/7处。腹吸盘大于口吸盘，约位于体前1/5处。两个睾丸近于圆形或边缘具缺口，前后排列或斜列于腹吸盘后方；阴茎囊长形，位于腹吸盘前方或后端与腹吸盘稍重叠；生殖孔位于肠分叉处或略前方。卵巢近圆形或呈不规则形状，位于后睾丸之后；受精囊居卵巢后方，有劳式管；卵黄腺分布于虫体中部或两侧；子宫弯曲，充满虫体后半部，内含大量虫卵。虫卵呈不正的卵圆形，褐色，具卵盖，大小为34 ~ 44μm，内含毛蚴。

中华双腔吸虫：与矛形双腔吸虫相似，但虫体较宽扁，体前1/3处两侧呈肩状扩大，其前方体部呈头锥状，睾丸左右并列于腹吸盘后。虫体大约为(3.54 ~ 8.96) mm ×(2.03 ~ 3.09) mm，虫卵大小为（45 ~ 51）μm ×（30 ~ 33）μm（图2 – 29至图2 – 31）。

2. 流行特点

两种双腔吸虫的发育都需要两个中间宿主，第一中间宿主为

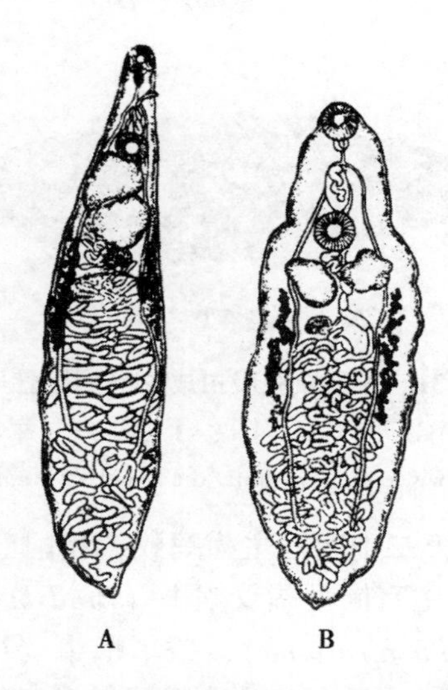

图 2－29　A：矛形双腔吸虫；B：中华双腔吸虫
（引自：http：//www. xumu001. cn/index. php?
doc－innerlink－Dicrocoeliasis）

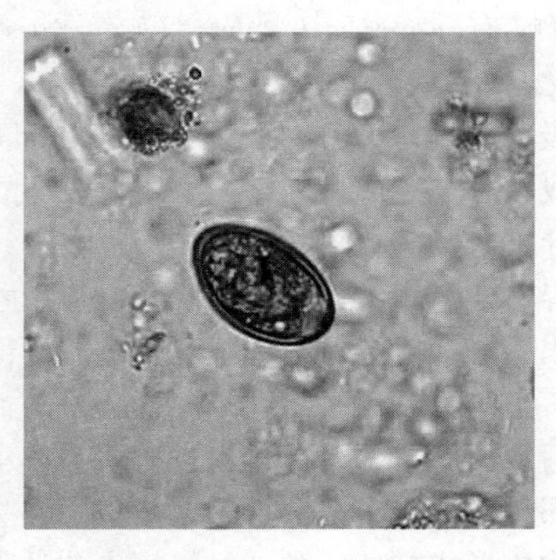

图 2－30　矛形双腔吸虫虫卵（潮湿粪便中）

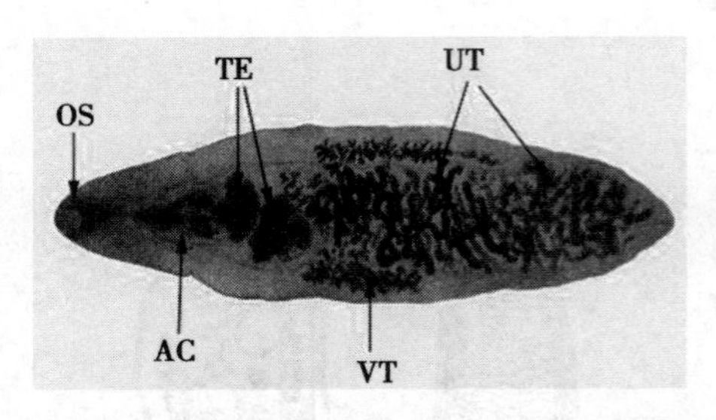

图 2-31　矛形双腔吸虫成虫（胭脂红染色）

OS：口服吸盘；AC：关节窝；UT：子宫；TE：睾丸；VT：卵黄腺

（引自：http：//www. cdc. gov/dpdx/dicrocoeliasis/gallery. html#adults）

陆地螺（蜗牛），第二中间宿主为蚂蚁。我国已发现的矛形双腔吸虫的第一中间宿主有同型阔纹蜗牛（*Bradybaena similaris*）、弧形小丽螺（*Ganesella arcasiana*）、条华蜗牛（*Cathaacia fasciola*）和光滑琥珀蜗牛（*Succinea snigha*）；第二中间宿主蚂蚁的种类有 *Formica lugubris* 和 *F. rufa* 等。中华双腔吸虫的第一中间宿主主要有同型阔纹蜗牛、条华蜗牛和枝小丽螺（*Ganesella virgo*）；第二中间宿主蚂蚁有 *Formica lugubris*、*F. gagates* 和 *Camponotus compressus* 等。

两种双腔吸虫的发育都经过虫卵、毛蚴、母胞蚴、子胞蚴、尾蚴、囊蚴和成虫各期。成虫在终末宿主肝脏胆管、胆囊内产出虫卵，卵随胆汁进入肠腔，再随粪便排至外界。这种虫卵已含成熟毛蚴，在外界不发育也不孵出，被第一中间宿主蜗牛吞食后，在其肠腔中孵出毛蚴，毛蚴钻过蜗牛肠壁进入内部组织器官相继发育为母胞蚴、子胞蚴和尾蚴。在蜗牛体内的发育期为 82 ~ 150 天。尾蚴成熟后从子胞蚴的产孔排出进入蜗牛体中，移行至蜗牛的呼吸腔，在那里每数十个至数百个尾蚴集中在一起形成尾蚴群囊，外被黏性物质形成黏球。黏球经过蜗牛的呼吸孔排出，黏在植物或其他物体上，这种尾蚴黏球形似水珠，透明灰白色。当含尾蚴的黏球被第二中间宿主蚂蚁吞食后，尾蚴脱去尾部，并钻过胃壁到达蚂蚁腹部血腔中形成囊蚴，终末宿主吃草时吞食了含成熟囊蚴的蚂蚁后，囊蚴在肠壁脱囊，童虫由十二指肠经胆总管到达肝脏胆管内寄生，经72～85天发育为成虫，成虫在终末宿主体内可存活6年以上（图2－32）。

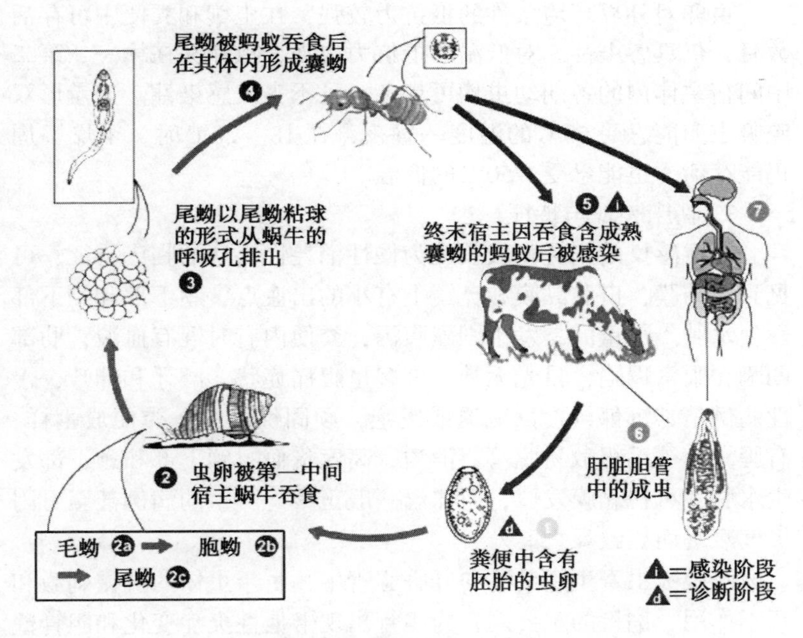

图2－32　双腔吸虫生活史

（引自：http：//www.cdc.gov/dpdx/dicrocoeliasis/index.html）

双腔吸虫病呈世界性分布。在我国主要分布于东北、华北、西北和西南诸省、区，尤其以西北各省、区和内蒙古自治区较为严重。双腔吸虫的宿主动物极其广泛，除牛、羊、兔、犬、马、驴、猪、骆驼等各种家畜外，鹿、林麝、猩猩、熊等多种野生动物均可感染，现已记录的哺乳动物已达70余种。动物的感染率和感染强度随年龄的增长而逐渐增加。感染季节取决于各地的气候条件，我国温暖潮湿的南方地区，蜗牛和蚂蚁可常年活动，因此，动物几乎全年都可感染；而在寒冷干燥的北方地区，中间宿主要冬眠，动物的感染就明显具有春秋两季的特点，但动物发病主要多在冬、春季节。

虫卵对外界环境条件的抵抗力较强，在土壤和粪便中可存活数月，仍具感染性。对低温的抵抗力更强，虫卵和在第一、第二中间宿主体内的各期幼虫均可越冬，且不丧失感染性。如矛形双腔吸虫卵能忍受50℃的温度一昼夜，在18～20℃时，干燥一周仍能存活，也能忍受－50℃的低温。

3. 临床表现与特征

严重感染的病兔一般表现为慢性消耗性疾病的临床特征，可见到眼结膜，口腔黏膜和鼻镜上有小的出血点，颌下部和颈下部发生水肿。严重的，发生剧烈腹泻，粪便内有时混有血液，肋部凹陷，眼窝塌陷，目光无神。许多呈腹痛症状，磨牙和呻吟，慢性病例精神沉郁，食欲减退或废绝，顽固性腹泻，粪便成粥样，有腥臭，被毛粗散易脱落，消瘦，高度贫血，颌下部和颈下部发生水肿，可视黏膜发白，但体温一般正常。严重的病例甚至可因极度衰竭而导致死亡。

双腔吸虫寄生于动物的肝脏胆管中，由于虫体的机械刺激和毒素作用，剖检的主要病变为胆管出现卡他性炎症变化和胆管壁肥厚，胆管周围结缔组织增生。肝脏发生硬变、肿大，肝表面粗糙，胆管扩张显露呈索状。在胆管和胆囊内可见寄生有数量不等的虫体。

4. 临床诊断

生前可采用粪便法检查患畜粪便，将肠内容物和粪样用水进行洗涤沉淀法收集虫卵，取病畜的新鲜粪便3g，置于小玻璃杯中，并加入少量清水。用玻璃棒将粪便充分地捣碎，再加入

100～200mL清水。将粪便液充分搅匀后，用40～60目铜纱网过滤于另一玻璃杯内加水至杯满静置。如此反复数次，直至上层液体透明为止。倒去上层液体，用胶吸管吸取沉渣于玻片上，在镜下检查，查获虫卵即可确诊。死亡动物经剖检在肝脏、胆管、胆囊中检获大量虫卵而确诊；也可将肝脏撕碎后，用连续洗涤法检查虫体确诊。

5. 防治

（1）预防。

①定期驱虫，对同一牧地的所有家畜，每年的秋后和冬季进行定期驱虫，以防止虫卵污染草场，并逐步达到净化草场的目的。

②灭螺、灭蚁，因地制宜，结合改良牧地，开荒种草，除去灌木丛或烧荒等措施杀灭中间宿主。牧场可养鸡灭螺，人工捕捉蜗牛。流行严重的牧场，可用氯化钾灭螺，每平方米用20～25g。

③合理放牧，感染季节应选择开阔干燥的牧地放牧，尽量避免在中间宿主多的潮湿低洼牧地上放牧。

④防止污染，及时对畜舍内的粪便进行堆积发酵，以便利用生物热杀死虫卵。尽可能避免在沼泽，低洼地区放牧，以免感染囊蚴。饮水最好用自来水或深井水或流动的河水，并保持水源清洁卫生，有条件的地区可用轮牧方式，以减少病原的感染机会。

（2）治疗。

①吡喹酮：按每千克体重10～15mg口服。

②丙硫咪唑：按每千克体重体重10～15mg，配成5%混悬液，经口灌服。

③六氯对二甲苯：按每千克体重200～300mg口服，连用2次，驱虫率可达100%。

④海涛林（三氧苯丙酰嗪）：按每千克体重30mg，配成2%

混悬液，经口灌服有特效。

五、兔肝片吸虫病

肝片吸虫病是由肝片吸虫寄生于肝脏、胆管和胆囊所引起的一种世界性分布的人兽共患寄生虫病。多见于反刍动物，兔也可被寄生。虫体可以引起肝炎和胆管炎，并能引起全身性中毒现象和营养障碍，危害相当严重，可引起兔大批死亡，发病率和死亡率高，可造成严重的经济损失。

1. 病原

肝片吸虫背腹扁平，外观呈树叶状，活时为棕红色，固定后变为灰白色。大小为（21～41）mm×（9～14）mm，体被有的皮棘，棘尖锐利。虫体前端有一呈三角形的锥状突，在其底部有一对“肩”，肩部以后逐渐变窄。口吸盘呈圆形，直径约1mm。位于锥状突的前端。腹吸盘较口吸盘稍大，位于其稍后方。生殖孔位于口、腹吸盘之间。

虫卵较大，（133～157）μm×（74～91）μm。呈长卵圆形，黄色或黄褐色，前端较窄，后端较钝，常有小的粗隆。卵盖不明显，卵壳薄而光滑，半透明，分两层。卵内充满卵黄细胞和一个胚细胞（图2－33）。

2. 流行特点

肝片吸虫呈世界性分布，是我国分布最广泛、危害最严重的寄生虫之一。遍及全国31个省、市和自治区，多呈地区性流行。多发生在以饲喂青绿饲料为主的舍饲兔群中（因青绿饲料多采集于低洼和沼泽地带）。本病在多雨年份，特别在久旱逢雨的温暖季节可促使其爆发和流行。动物的感染，在我国北方地区多发生在气候温暖、雨量较多的夏秋季节，在南方地区，由于雨水充沛、温暖季节较长，因而感染季节也较长，不仅在夏秋季节，在冬季也可感染。

 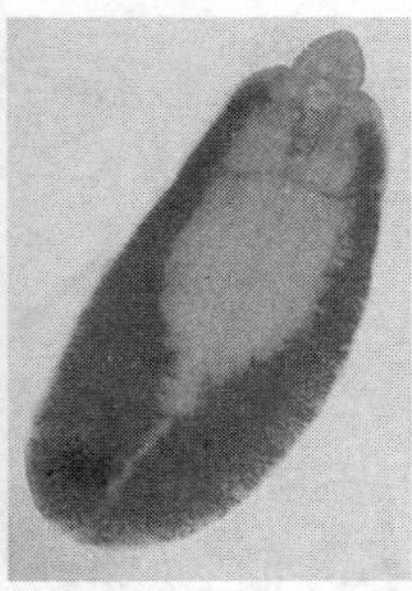 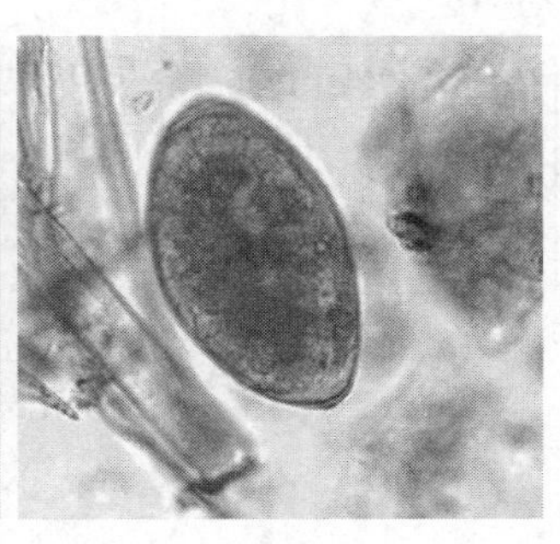

图 2－33　肝片吸虫及虫卵的形态

（引自：http：//www. cdc. gov/dpdx/fascioliasis/gallery. html）

片形吸虫的发育需要淡水螺作为它的中间宿主。成虫寄生于肝脏胆管内，产出虫卵随胆汁入肠腔，经粪便排出体外。虫卵在适宜的温度、氧气和水分及光线条件下，经 11～12 天孵出毛蚴。毛蚴游动于水中，遇到适宜的中间宿主如淡水螺，即钻入其体内。毛蚴在外界环境中，通常只能生存 6～36 小时，如遇不到适宜的中间宿主则逐渐死亡。毛蚴在螺体内，经无性繁殖发育为胞蚴、雷蚴和尾蚴几个发育阶段。尾蚴游动于水中，约经 3～5 分钟便脱掉尾部，以其成囊细胞分泌的分泌物将体部覆盖，黏附于水生植物的茎叶上或浮游于水中而成囊蚴。动物吞食含囊蚴的水或草而感染。囊蚴于十二指肠脱囊而出，童虫穿过肠壁进入腹腔，后经肝包膜钻入肝脏。在肝实质中的童虫，经移行后到达胆管，发育为成虫。成虫以红细胞为食，可在体内存活 3～5 年（图 2－34）。

3. 临床表现与特征

轻度感染往往不表现症状。感染数量多时，急性型表现为体温升高，精神沉郁，食欲减退，衰弱易疲劳，迅速发生贫血，肝区压痛敏感，腹水，严重的在几天内死亡。慢性型表现为逐渐消

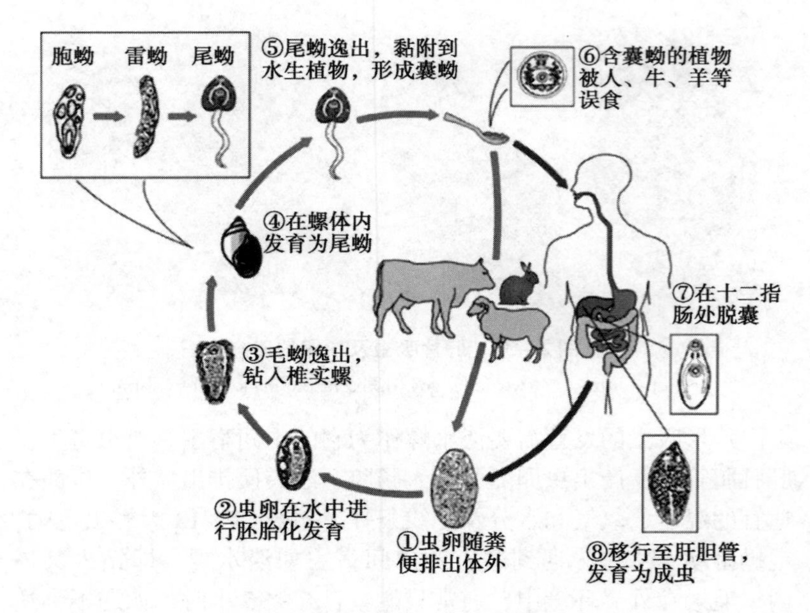

图 2－34　肝片吸虫生活史

（引自：http：//www. cdc. gov/dpdx/fascioliasis/index. html）

瘦，贫血和低白蛋白血症，黏膜苍白，被毛粗乱，易脱落，眼睑、颌下及胸下水肿和腹水。

4. 临床诊断

虫卵的粪便检查可用反复水洗沉淀法或尼龙绢袋集卵法。

死后剖检，急性病例可在腹腔和肝实质中发现童虫及幼小虫体；慢性病则可在胆管中检获成虫。早期肝脏肿大，以后萎缩硬化，小叶间结缔组织增生。寄生多时，胆管扩张，增厚，变粗甚至堵塞；胆汁停滞引起黄疸。胆管如绳索样突出于肝脏表面，胆管内壁有盐类沉积，使内膜粗糙，胆囊肿大（图 2－35 和图 2－36）。

图 2－35　虫体堵塞与肝脏胆管中

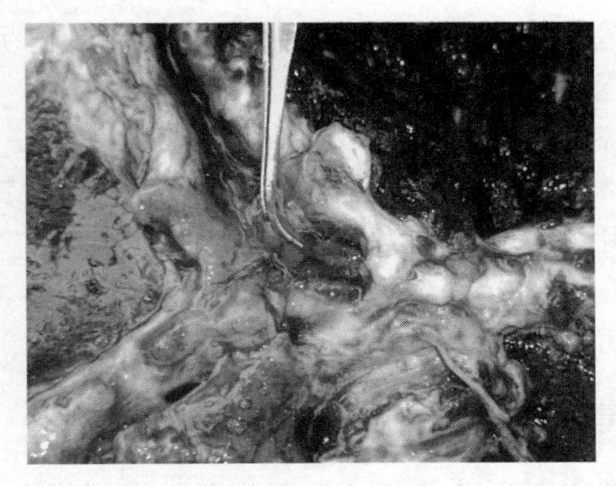

图 2－36　肝表面有灰白色条索，切面胆管壁增厚

5. 防治

对投喂青绿饲料为主的兔，进行两次预防性驱虫，南方每年可进行 3 次驱虫，以减少传染源。驱虫后的粪便应集中处理，达到灭虫、灭卵的要求。灭螺是预防片形吸虫病的重要措施。可结合农田水利建设，草场改良，填平无用的低洼水潭等措施，以改变螺的滋生条件。此外，还可以化学药物灭螺，如施用 1：

50 000的硫酸铜，2.5mg/L 的血防－67 及 20% 的氯水均可达到灭螺的效果。不要给兔饮用江河等地面水，不从低洼和沼泽地割草喂兔，最好饮用自来水或深井水，并保持水源清洁，以防感染。水生饲料可通过青贮发酵杀死囊蚴，再饲喂舍饲的兔子。

常用的驱虫药如下。

（1）蛭得净，有效成分为溴酚磷，对童虫、成虫均有效。按每千克体重 10～15mg 给药，口服 1 次。

（2）碘醚柳胺，对成虫、童虫均有效，用法参照药品说明。

（3）丙硫咪唑，对成虫有效，对童虫效果较差，按每千克体重 10～15mg 给药，口服 1 次。

（4）硫双二氯酚，对动物吸虫和绦虫有驱除作用，对吸虫童虫作用较差。按每千克体重 60～80mg 口服。用药后可出现腹泻和食欲减退等副作用。

（5）硝氯酚（拜耳 9015），每千克体重 3～5mg，一次口服。或按每千克体重 1～2mg，肌内注射一次。本药为特效药，对成虫的驱杀率几乎为 100%，妊娠母兔也可使用。

（6）三氯苯唑（肝蛭净），按每千克体重 10～12mg 口服 1 次。有效率可达 99%，无不良反应。

六、栓尾线虫病（兔蛲虫病）

兔栓尾线虫又称兔蛲虫，学名为疑似钉尾线虫（*Passalurus ambiguus*），属尖尾目，尖尾科。世界性分布，常大量寄生于兔的盲肠和大肠内，通常无致病性。

1. 病原

虫体半透明呈线状，乳白色，雌雄异体。雌虫长 9～11mm，有尖细的长尾，阴门位于虫体的前部。雄虫小于雌虫，体长 4～5mm，尾部向腹面弯曲，尾端尖细似鞭状，有由乳突支撑着的尾翼，有一根交合刺，无引器，肛门位于虫体的后端。栓尾线虫虫卵灰褐色，呈不对称椭圆形，一边平直，一边圆凸，如半月形。两端稍尖，前端比后端更尖。卵壳光滑，较厚，有两层，一端有卵盖，内含胚细胞或一条蜷曲幼虫。大小为（90～103）μm×（40～45）μm，排出时已发育至桑葚期。

2. 流行特点

栓尾线虫发育史属直接型，经口感染。虫体在大肠内寄生，发育成熟后产卵，虫卵排出期为桑葚期，无侵袭性，排出后不久即发育到感染期。感染性虫卵被兔摄食后，幼虫在兔胃内孵出，进入小肠，在结肠或盲肠黏膜的隐窝中，经过一段时间，发育为成虫。

3. 临床表现与特征

兔少量感染时一般不表现临床症状。严重感染时，均有不同程度的肠炎变化，表现为贫血、食欲降低，甚至废绝，精神沉郁不振，被毛粗乱无光泽，进行性消瘦，生长缓慢，下痢，易继发其他疾病，严重者衰竭死亡。患兔后肠疼痒，常将头弯回肛门部，拟以口啃咬肛门解痒，尾部出现脱毛和皮炎等炎症。大量感染后可在患兔的肛门外看到爬出的成虫，也可在排出的粪便中发现虫体（图2－37和图2－38）。

4. 临床诊断

剖检可见肠黏膜损伤，小肠黏膜充血，主要引起盲肠和结肠的溃疡和炎症，特征性病理变化在大肠，尤其在圆小囊、盲肠和蚓突处更明显。生前根据临诊症状，对兔进行粪便检查，镜下发现栓尾线虫虫卵即可确诊。在粪便中查到虫卵或死后剖检若在大肠（盲肠和结肠）内发现大量成虫即可确诊。

5. 防治

（1）防治较为困难，重点是搞好兔舍的卫生。该病不需要中间宿主，而是通过病兔粪便污染环境后通过消化道感染，因此，要经常清洗消毒笼具，兔笼兔舍地面经常用碘伏等消毒药消

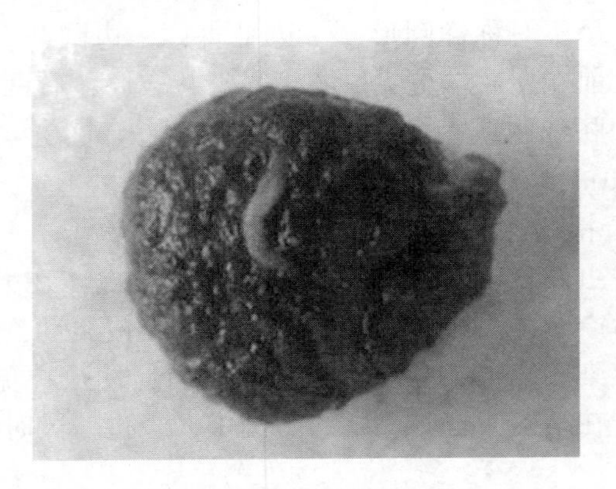

图 2－37　粪球上的白色虫体

（图片引自：任克良等文献《兔病诊断与防治原色图谱》）

图 2－38　盲肠粪便中的栓尾线虫

（图片引自：任克良等文献《兔病诊断与防治原色图谱》）

毒，加强兔舍通风，保持兔舍干燥清洁。对粪便及时清扫，进行堆积发酵处理。兔群中一旦发现本虫寄生，即应全群驱虫和消毒处理。

（2）定期普查，及时发现感染兔，并用药物（盐酸左旋咪唑）驱虫。

(3) 药物治疗可选用盐酸左旋咪唑，按每千克体重 5 ~ 6mg 口服；丙硫苯咪唑，每千克体重 10 ~ 20mg，一次口服；硫化二苯胺，以 2% 的比例拌料饲喂。

(4) 阿维菌素也是一种较好的驱治兔蛲虫病的药物，以 0.2mg/kg 就能达到最佳的驱虫效果，安全范围大，毒副反应小。由于兔蛲虫的生活史简单，而且兔又有舔肛门自食软粪食性，所以在投药驱虫 10 ~ 15 天需再驱虫 1 次。

七、兔日本血吸虫病

日本血吸虫病（Schistosomiasis japonica），又叫日本分体吸虫病，是由日本分体吸虫寄生于人和牛、羊、猪、马、犬、猫、兔、啮齿类等 40 多种哺乳动物的门静脉系统的小血管内而引起的一种危害严重的人兽共患寄生性吸虫病。

1. 病原

日本血吸虫的成虫为雌雄异体，虫体呈圆柱形，外观似线虫；口吸盘与腹吸盘位于虫体前部，大小相似；食道在腹吸盘之后分为两支，延伸至虫体中部之后汇合成单支，单支肠管止于虫体后端。雄虫粗壮，为乳白色，口吸盘与腹吸盘发达，虫体长大小为（10 ~ 20）mm ×（0.50 ~ 0.55）mm；背腹扁平，自腹吸盘后虫体两侧向腹面弯曲形成沟槽，雌虫位于此沟槽中，称为抱雌沟；睾丸位于腹吸盘背后部，呈串珠状排成一行，多数为 7 个。雌虫细长，为暗褐色或棕黑色，口吸盘与腹吸盘没有雄虫明显，虫体长（15 ~ 26）mm × 0.3mm；卵巢 1 个，呈长椭圆形，位于虫体中部。虫卵为淡黄色，椭圆形，无小盖，亚侧位有小棘突，粪便中排出的虫卵内含一成熟毛蚴，虫卵大小为（70 ~ 100）μm ×（50 ~ 65）μm（图 2 - 39 和图 2 - 40）。

2. 流行特点

日本分体吸虫分布于中国、日本、菲律宾及印度尼西亚，近

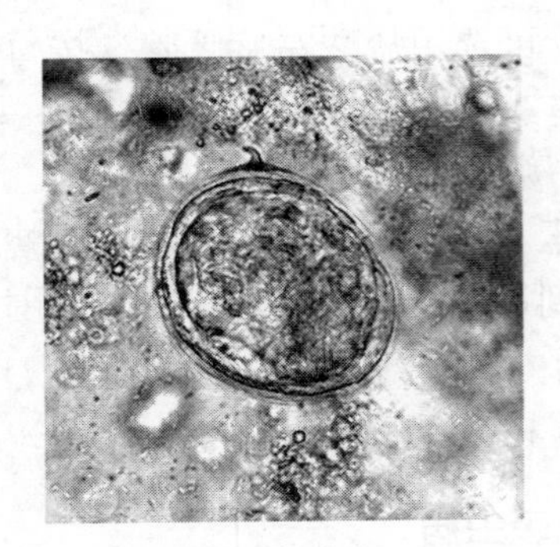

图 2－39　日本血吸虫的虫卵

（引自：http：//www. cdc. gov/dpdx/schistosomiasis/gallery. html）

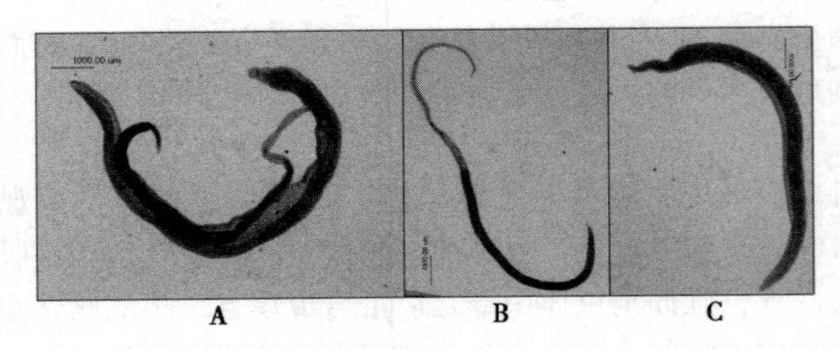

图 2－40　A：雌雄虫合抱　B：雌虫　C：雄虫

（引自：黄兵等文献《动物寄生虫与人类健康》）

年来，在马来西亚亦有报道。在我国广泛分布于长江流域及其以南的 13 个省、市、自治区。

人和动物的感染与接触含尾蚴的疫水有关。感染多在春、夏季节。感染的途径主要为经皮肤钻入感染，也可经吞食含有尾蚴的水、草经口腔、食道黏膜感染，也可经胎盘由母体感染胎儿。该病的流行必须经过 3 个条件：虫卵能落入水中并孵化出毛蚴；毛蚴感染钉螺；在钉螺体内发育逸出的尾蚴能接触并感染终末宿主。一般钉螺阳性率高的地区，人、动物的感染率也高。钉螺的分布与当地水系的分布是一致的，病人、畜的分布于当地钉螺的分布是一致的，具有地区性的特点。

日本血吸虫成虫寄生于人及多种哺乳动物的门脉－肠系膜静脉系统。雌虫产卵于静脉末梢内，虫卵主要分布于肝及结肠肠壁组织，虫卵发育成熟后，肠黏膜内含毛蚴虫卵脱落入肠腔，随粪便排出体外。含虫卵的粪便污染水体，在适宜条件下，卵内毛蚴孵出。毛蚴在水中遇到适宜的中间宿主钉螺，侵入螺体并逐渐发育。先形成袋形的母胞蚴，其体内的胚细胞可产生许多子胞蚴，子胞蚴逸出，进入钉螺肝内，其体内胚细胞陆续增殖，分批形成许多尾蚴。尾蚴成熟后离开钉螺，常常分布在水的表层，人或动物与含有尾蚴的水接触后，尾蚴经皮肤而感染。尾蚴侵入皮肤，脱去尾部，发育为童虫。童虫穿入小静脉或淋巴管，随血流或淋巴液带到右心、肺，穿过肺泡小血管到左心并运送到全身。大部分童虫再进入小静脉，顺血流入肝内门脉系统分支，童虫在此暂时停留，并继续发育。当性器官初步分化时，遇到异性童虫即开始合抱，并移行到门脉－肠系膜静脉寄居，逐渐发育成熟交配产卵（图2－41）。

3. 临床表现与特征

该病以急性或慢性肠炎、肝硬化、严重的腹泻、贫血、消瘦为特征。大量感染时，症状明显，往往呈急性经过。首先表现食欲缺乏，精神沉郁，体温升高达40～41℃，患兔可视黏膜苍白，水肿，行动迟缓，日渐消瘦，因衰竭而死亡。慢性型的病兔表现消化不良，发育迟缓。病兔食欲缺乏，有里急后重现象，下痢，粪便含黏液和血液，甚至块状黏膜。患病母兔发生不孕、流产等。轻度感染时，症状不明显，常取慢性经过，很少有临床症状而成为带虫者。

4. 临床诊断

病原检查最常用的方法是粪便尼龙绢袋集卵法和虫卵毛蚴孵

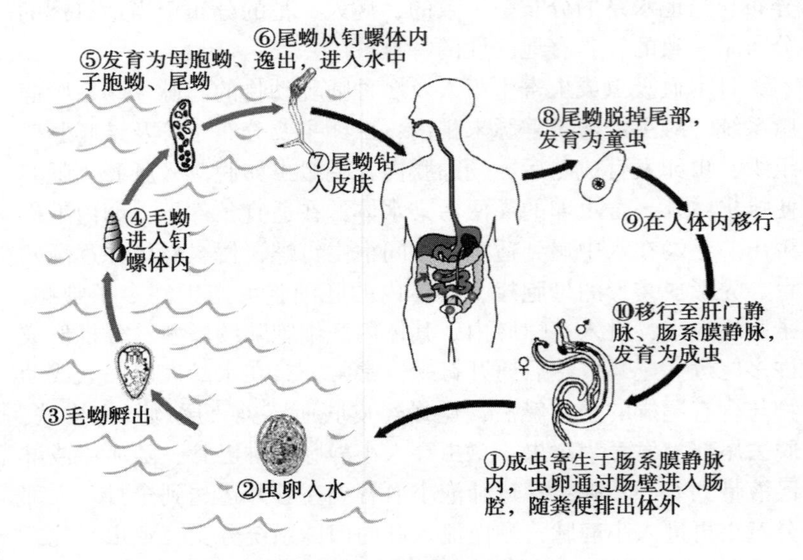

图 2－41　日本血吸虫生活史

（引自：http：//www. cdc. gov/dpdx/schistosomiasis/index. html）

化法，而且两种方法常结合使用。有时也刮取兔直肠黏膜作压片镜检，以查到虫卵。

剖检可见尸体消瘦、贫血、腹水增多。该病引起的病理变化，主要是由于虫卵沉积于组织中所产生的虫卵结节（虫卵肉芽肿）。病变主要在肠壁和肝脏。肝脏表面凹凸不平，表面或切面上有粟粒大到高粱米大的灰白色的虫卵结节，初期肝脏肿大，日久后肝萎缩、硬化。严重感染时，肠壁增厚，表面粗糙不平，肠道各段都能找到虫卵结节，尤以直肠部分的病变最为严重。肠黏膜有溃疡斑，肠系膜淋巴结和脾脏肿大，门静脉血管肥厚。在肠系膜静脉和门静脉内可多量雌雄合抱的虫体。发现虫体、虫卵结节等以确诊（图 2－42 和图 2－43）。

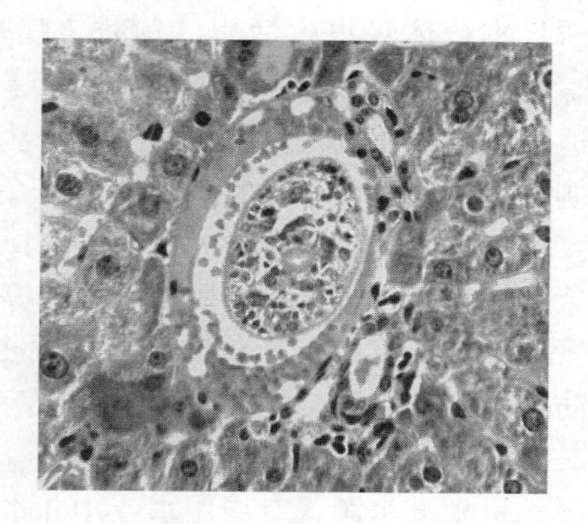

图 2－42 肝脏血管中的日本血吸虫童虫

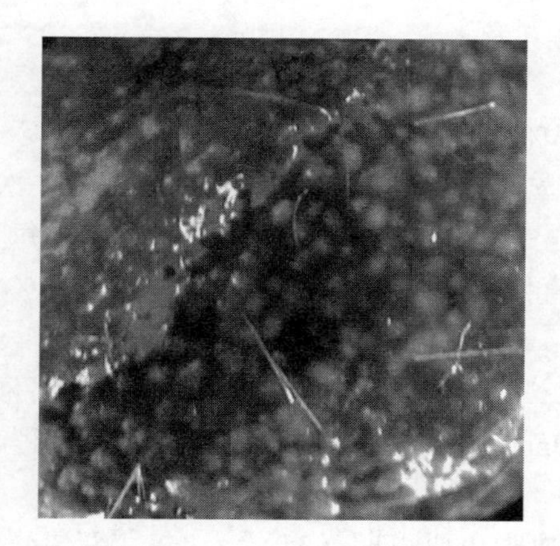

图 2－43 肝脏呈暗红色，表面布满白色的虫卵结节

5. 防治

（1）预防。

日本分体吸虫病的危害严重。因此，对该病应采取综合性措施，要人、动物同步防治。预防措施除了控制感染源外，还应抓好消灭钉螺、加强粪便管理以及防止兔感染各个环节。

灭螺是切断日本分体吸虫生活史、预防该病流行的重要环节。可以用食螺鸭子等消灭钉螺；结合农田水利建设，改造低洼地，使钉螺无适宜的生存环境；常用的方法是化学灭螺，如用五氯酚钠、氯硝柳胺、溴乙酰胺、茶籽饼、生石灰等在江湖滩地、稻田等处灭螺；亦可采用田间微生物灭螺，可选择微生物包括凸型假单胞菌、紫红链霉菌、放线菌、浅灰链霉菌等。

加强粪便管理，粪便应进行堆积发酵等杀灭虫卵后再利用，管好水源，严防粪便污染水源。80%敌敌畏乳油溶液杀卵效果较好，也可用1mg/L荣芽、25%氯硝柳胺悬浮剂。

饮水要选择无钉螺的水源，专塘用水或用井水。特别注意在流行季节（春、夏）防止兔接触疫水，避免感染尾蚴。

（2）治疗。

①吡喹酮：按每千克体重30mg一次口服，减虫率可达94.66%～99.3%。

②硝硫氰胺（7507）：按每千克体重60mg一次口服。

③敌百虫：按每千克体重15mg经口给药，每天1次，连用5天。片剂可直接投服；粉剂用冷水配成1%～2%溶液灌服，现用现配。

④六氯对二甲苯（血防846）：血防846油溶液（20%），按每千克体重40mg，每日注射1次，5天为一疗程，半个月后可重复治疗。

⑤在日本血吸虫成虫期（35天），先用双氢青蒿素后用吡喹酮，具有较好的杀虫效果。

八、兔结膜吸吮线虫病

吸吮线虫是由吸吮科（*Thelaziidae*）、吸吮属（*Thelazia*）的多种吸吮线虫寄生于动物及人的眼部而引起的一种人兽共患寄生虫病，可引起结膜炎、角膜炎，严重者可致角膜糜烂、溃疡，甚至浑浊穿孔，以致影响或丧失视力，所以，有眼线虫病之称。

1. 病原

结膜吸吮线虫为小型线虫，细圆柱形、乳白色，体表角皮皱褶见明显横纹。头端口囊较小，无唇，略呈碗形。口外周边缘上有内外两圈乳突，虫体大小约 1cm 左右。雌虫稍大于雄虫，长约 11～17mm。雌虫阴门位于虫体前部，在食道与肠连接处之前方，约在食道后部 1/4～1/5 处，阴门开口处的角皮上无横纹。雌虫子宫内充满虫卵，在愈近阴门端的卵愈大，其中，含有盘曲的幼虫。雄虫长约 6～13mm，尾端向腹面卷曲成圈，泄殖腔内见有两根交合刺伸出，形状及长短都不相同。雄虫通常有大量的肛前乳突（图 2－44 和图 2－45）。

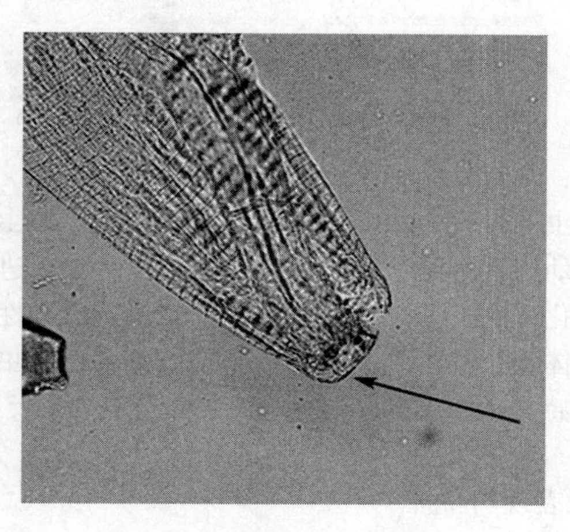

图 2－44　雌性吸吮线虫的前端

2. 流行特点

该病在美国、缅甸、菲律宾、朝鲜、印度、日本、泰国、俄罗斯及远东地区都有报道。在我国其病例散布全国 25 个省市自治区。本病的流行与蝇的活动季节密切相关，通常在温暖而适度

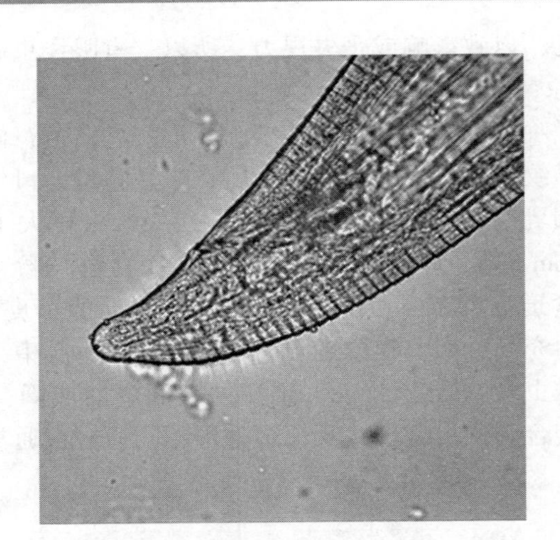

图 2-45　雌性吸吮线虫的后端

（引自：http：//www.cdc.gov/dpdx/thelaziasis/gallery.html）

较高的季节，常有发病，干燥而寒冷的冬季则少见。

吸吮线虫的发育史中需要蝇作为中间宿主。雌虫在结膜囊内产出幼虫，幼虫在蝇舔食眼分泌物时被咽下，然后进入蝇的卵滤泡内发育蜕化，约 1 个月后变为感染性幼虫。感染性幼虫穿出卵滤泡，进入体腔，移行到蝇的口器。带有感染性幼虫的蝇舔食眼分泌物时，感染性幼虫进入眼内，大约经过 20 天发育为成虫（图 2-46）。

3. 临床表现与特征

吸吮线虫成虫在眼结膜囊自由行动，此虫体的分泌物、排泄物可引起局部刺激症状，眼部有异物感、痒感、畏光、流泪、分泌物增多。如寄生在前房可见丝状物飘动，眼睑水肿，结膜充血等症状。有时出现眼睑痉挛及睑外翻。在取出虫后症状即消失。如果虫体在眼部时间较长，其致病作用主要表现为机械性地损伤结膜和角膜，引起结膜角膜炎，如继发细菌感染时，最终可使眼

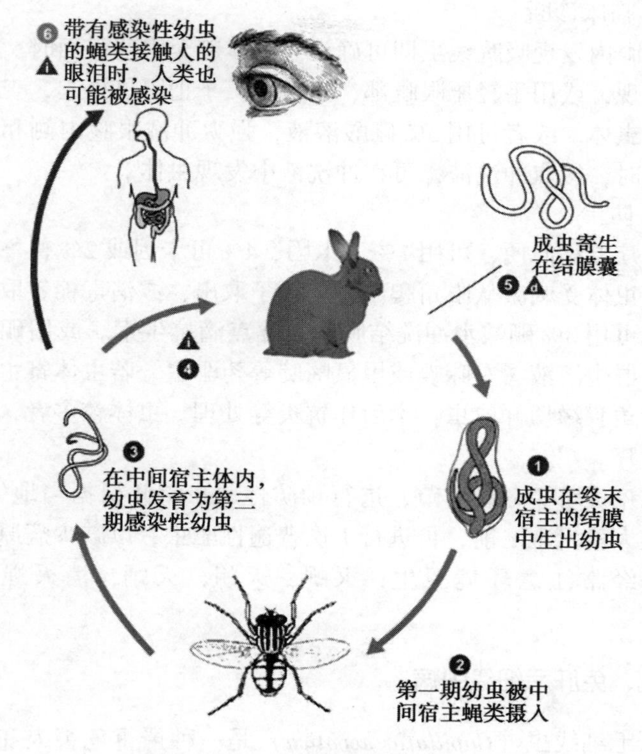

图 2－46　结膜吸吮线虫生活史

（引自：http：//www. cdc. gov/dpdx/thelaziasis/index. html）

睛失明。临床上见有眼潮红、流泪和角膜混浊等症状。当结膜因发炎而肿胀时，可使眼球完全被遮蔽。炎性过程加剧时，眼内有脓性分泌物流出，常将上下眼睑黏合。角膜炎继续发展，可引起糜烂和溃疡，严重时发生角膜穿孔，水晶体损伤及睫状体炎，最后导致失明。混浊的角膜发生崩解和脱落时，一般能缓慢愈合，但会留下永久性白斑，影响视觉。病兔表现极度不安，常将眼部往其他物体上摩擦，摇头，食欲缺乏。

4. 临床诊断

在眼内发现吸吮线虫即可确诊。虫体爬至眼球表面时，很容易被发现，或用手轻压眼眦部，然后用镊子把眼见提起，查看有无活动虫体。或者可用3%硼酸溶液，强力冲洗眼睑内侧和结膜囊，同时，接取冲洗液，可在冲洗液中发现虫体。

5. 防治

治疗方法简便，可用1%丁卡因、4%可卡因或2%普鲁卡因滴眼，虫体受刺激从眼角爬出时用镊子取出，或消毒棉签取出即可。也可用3%硼酸水冲洗结膜囊，并点滴抗生素。或用硼酸溶液、海群生溶液、左咪唑或甲氧嘧啶等药驱虫。若虫体寄生在前房可行角膜缘切开取虫，术后作抗炎等处理。虫体较多者，常须多次治疗。

在疫区每年冬春季节，进行预防性驱虫，并根据当地气候，在蝇类大量出现之前，再进行1次普遍性驱虫，以减少病原体的传播。经常注意环境卫生；灭蝇，灭蛆，灭蛹，消灭蝇类孳生地。

九、兔肝毛细线虫病

肝毛细线虫（*Capillaria hepatica*）是一种严重危害人和其他哺乳动物肝脏的人兽共患寄生线虫。该虫在啮齿类、食虫类、犬、牛、兔和其他灵长类动物中普遍流行，偶尔感染人体，导致宿主肝脏损伤、肝功能紊乱、肝脏纤维化甚至死亡。人及动物因误食感染期虫卵污染的食物或水而感染肝毛细线虫病（hepatica capillariasis）。

1. 病原

肝毛细线虫成虫呈细线状，乳白色，雌雄异体。雌虫长51～80mm，平均64mm，食道约为体长的1/3，在食道稍后方有膜状隆起的生殖孔。成熟雌虫子宫内充满不同发育阶段的虫卵。

雄虫比雌虫短，长为22～38mm，平均30mm，食道约占体长的1/2,体后向腹面卷曲，尾端有一个纤细的交合刺包裹于交合刺鞘内。

虫卵纺锤形，类似鞭虫卵，虫卵长48～65μm，宽28～35μm，平均60μm×26μm，卵壳厚，双层，内层比外层厚。外层粗糙，内外层之间有许多放射状条纹，两层之间间隔一定距离有细沟，细沟不与壳外相通。虫卵两端有盖，但不突出于膜外。这些特征可用来鉴别肝毛细线虫虫卵（图2－47和图2－48）。

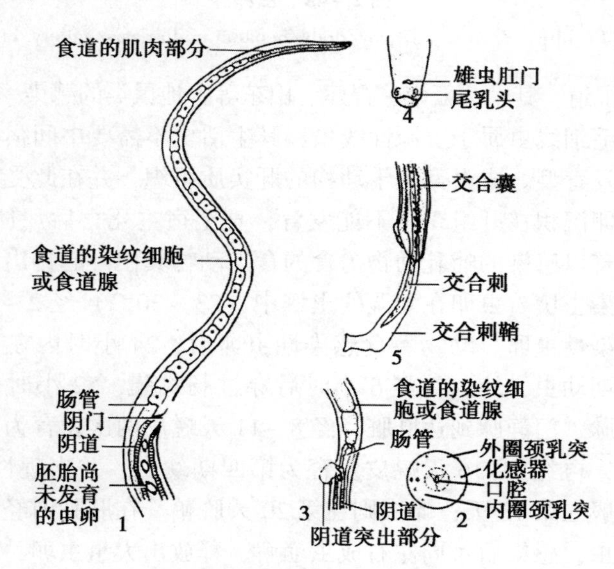

图2－47　肝毛细线虫

1. 雌虫前端；2. 雌虫阴门部位；3. 雄虫尾端伸出的交合刺及交合刺鞘（引自：Olsen）

2. 流行特点

肝毛细线虫病广泛流行于世界各地，在我国该病在10几个省

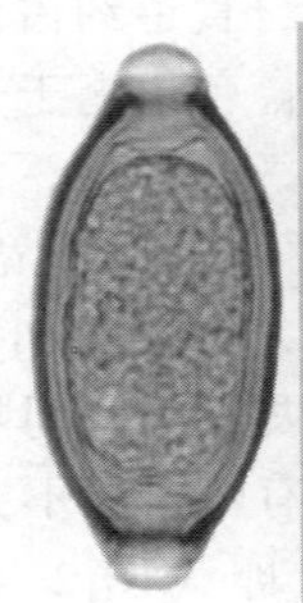
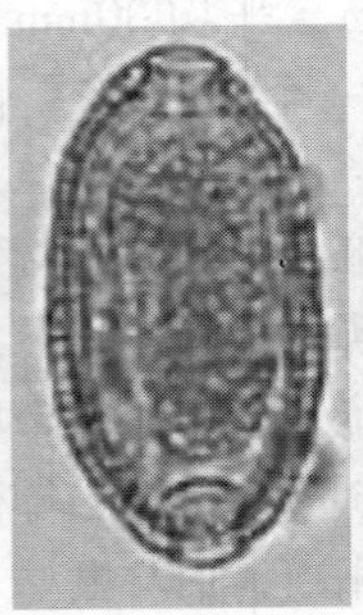
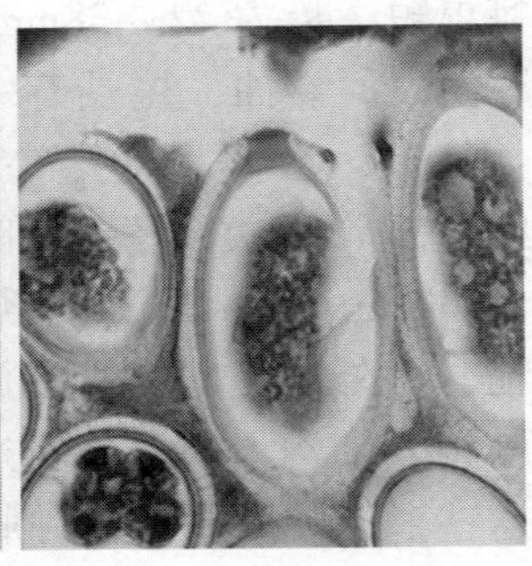

图2－48　虫卵

（引自：http：//www. cdc. gov/dpdx/hepaticCapillariasis/gallery. html）

市都有报道，其中，云南、福建、山东等省地鼠类的感染率较高。

肝毛细线虫属于土源性线虫，其生活史不需要中间宿主，属于直接发育型。成虫寄生于动物的肝实质组织，并在此受精、产卵。虫卵沉积在肝组织中不能发育，直至宿主死亡后尸体腐烂，或者随着以感染的哺乳动物为食的食肉动物粪便一起排出，虫卵释出污染土壤。虫卵在潮湿的土壤中（23～30℃）经2～6周发育为感染性虫卵。动物吞食感染性虫卵后，24小时内在盲肠孵出第一期幼虫，幼虫约经6小时后穿过肠黏膜，52小时内经肠系膜静脉、门静脉到达肝脏，经8～11天蜕皮两次发育为第三期幼虫后，再经9～16天蜕皮发育为第四期幼虫，并出现性分化。雄虫一般在第18天，雌虫则在第20天脱鞘。在肝脏内经3周发育为成虫，感染后4周左右成虫崩解，释放出大量虫卵，引起肝性坏死，炎症反应和纤维化。虫体主要侵袭肝脏，也可异位寄生于宿主其他组织、器官、甚至脑组织。人或动物若食入未成熟虫卵，虫卵只会通过其消化道随粪便排出，即使在人的粪便中查见虫卵，但人并未感染，即所谓假性感染。而真性感染在人粪便中是查不到虫卵的（图2－49）。

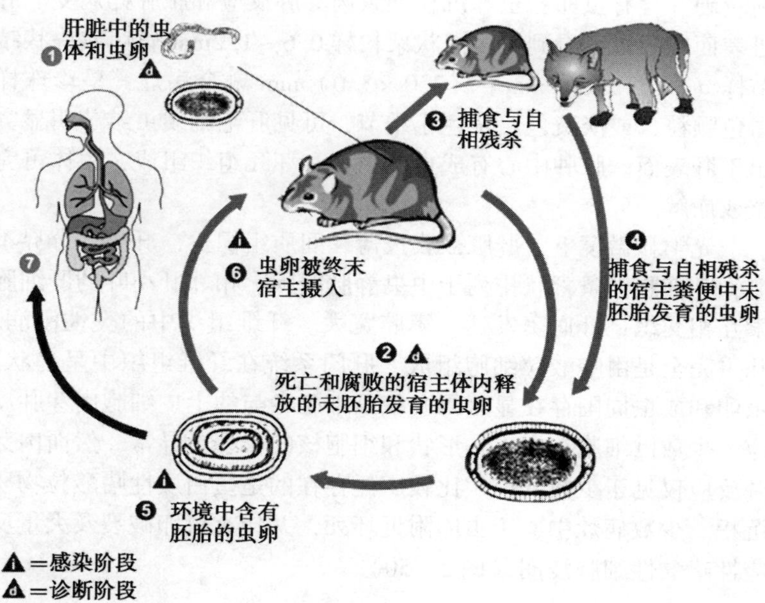

图2-49　生活史

（引自：http：//www.cdc.gov/dpdx/hepaticCapillariasis/index.html）

3. 临床表现与特征

病兔一般表现为持续性高热、肝大、嗜酸性粒细胞增多、贫血、体重减轻；有时有脱水、发热等症状，有的病兔厌食、呕吐，呕吐物中有时带血；有的是肝以外的，例如，肺和肠道的症状，有的便秘，有的腹泻，粪便可带血；严重感染可引起肝脾肿大，导致肝功能衰竭；出现脱水、嗜睡、甚至死亡；

腹部右侧肿胀逐渐增加，肝脏明显肿大，向下延伸平脐。表面有结节，并有轻度触痛。脾刚可触及，无腹水，其他物理检查无异常，往往引起较高的死亡率。

肝组织出现广泛的、严重的纤维化，类似肝硬化的改变，质地较硬并含有虫卵，虫卵沉积导致肉芽肿反应和脓肿样病变。肝脏表面肉眼可以看到许多点状粟粒样 0.6～1.2mm 病灶或块状结节样（1.0×2.0）mm～（2.0×3.0）mm 融合病灶，呈珍珠样白色颗粒、或淡黄色、灰色小结节，可见肝毛细线虫结节明显突出于肝表面。脓肿中心有成虫、虫卵和坏死组织组成，虫体可完整或崩解。

光学显微镜下，肝脏被膜极薄，间质组织少，肝小叶分界不清，肝细胞以条索状排列于中央静脉周围，相邻肝小叶的肝细胞索互相交织，肝血窦发达，窦腔宽大。纤维组织中的炎性浸润，几乎完全是由嗜酸粒细胞组成。肝门系统在纤维组织中呈岛状。虫卵和成虫周围存在显著得多核巨细胞参与的上皮细胞肉芽肿反应。少数巨细胞在大小、形状和细胞核的排列上异常。然而肉芽肿反应仅见于少数部位。比较广泛存在的是蛋白质性嗜酸粒物质沉积。少数病灶中，于虫卵附近坏死，并伴有虫卵破裂及大量反应性嗜酸性细胞浸润（图 2－50）。

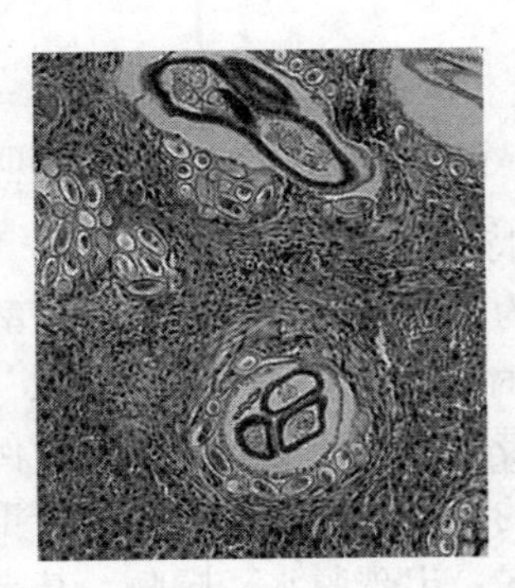

图 2－50　虫卵周围存在着巨噬细胞参与的上皮细胞肉芽肿反应

（引自：http：//www. cdc. gov/dpdx/hepaticCapillariasis/gallery. html）

4. 临床诊断

肝毛细线虫的诊断相当困难，主要根据尸检，由于肝内存在大量虫卵，可在肝组织中找到虫体或发现沉积的虫卵。成虫的寿命很短，约50天，往往不易找到。所以，虫卵沉积形成的灶性肉芽肿是诊断该病的主要依据。肝组织活检到病原体仍然是最可靠的诊断方法。肝脏肿大、肝不适、质地较硬，肝表面可见肝毛细线虫结节从肝表面拱出。肝穿刺后作病理检查可发现许多椭圆形两端有结节的虫卵。

5. 防治

肝毛细线虫的虫卵可在土壤中发育，动物由于吞食了含有幼虫的虫卵所污染的食物或饮水而受感染，虫卵孵化出的幼虫经肠系膜静脉到达肝脏排卵。虫卵从肝中排至外界主要依靠食肉性的暂时宿主。所以，预防的途径是防止食物与水受到食肉动物与鼠类粪便的污染。肝毛细线虫的主要宿主是啮齿动物（70多种）。与鼠的密切接触，是造成肝毛细线虫传播的危险因素。预防感染主要做好防鼠灭鼠、讲究环境卫生。

目前，对肝毛细线虫病的治疗尚无特效药物，已报道的可用药物有甲苯咪唑、丙噻咪唑、硫苯咪唑、锑剂、阿苯达唑、奥芬哒唑、强的松、双碘硝酚和酒石酸噻吩嘧啶等，相对而言前3种药物的疗效较好。发病时可试用丙硫咪唑，每千克体重10～15mg，一次口服。必要时1～2周后再服1次。

第三节　体外寄生虫病

一、兔疥螨病

1. 病原

兔疥螨也叫兔背肛疥螨，是由疥螨科疥螨属中的兔疥螨寄生在兔子头部、掌部和少毛部位（如眼周、鼻、上唇、下颌）皮肤的真皮层中，一种常见的寄生虫病。疥螨全部发育过程都在动物体上完成，包括卵、幼虫、若虫、成虫 4 个阶段（图 2 -51 至图 2 -53）。

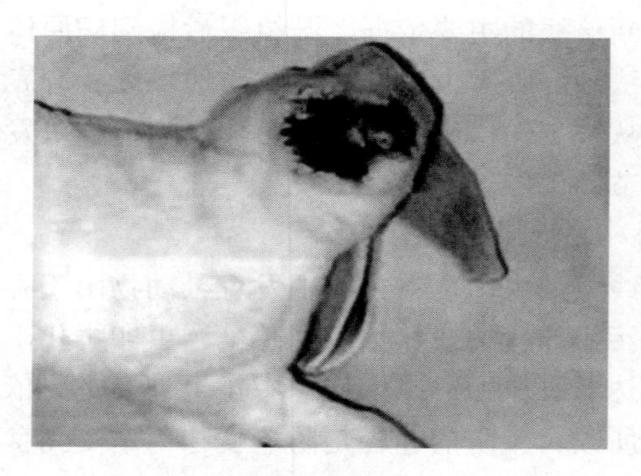

图 2 -51　患兔嘴巴周围出现的病灶

（图片引自 http：//www. baike. com/wiki/）

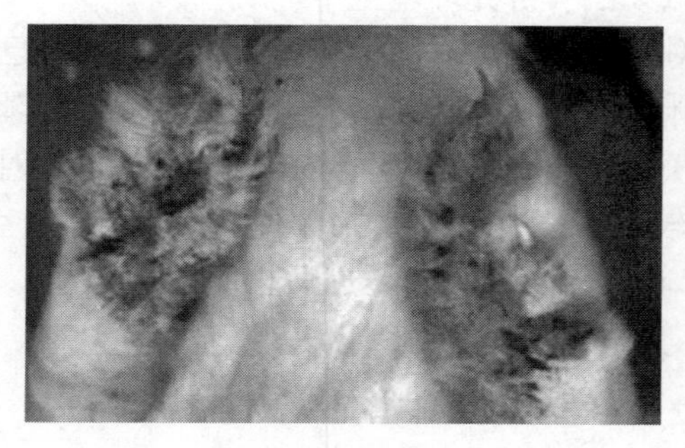

图 2 -52　两前脚趾有厚的痂皮

（引自：任克良等文献《兔病诊断与防治原色图谱》）

2. 流行特点

兔疥螨主要是健康兔通过与病兔直接接触来传染。此外，被污染的兔笼、用具及饲养人员等也可传播。本病一年四季均可发生，但在秋冬及早春季节最为多发，这与兔舍阳光不足、潮湿、

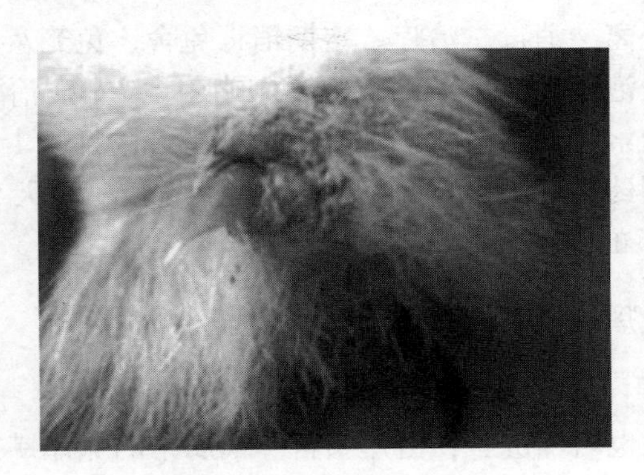

图 2－53　脚趾部皮肤有较厚痂皮

（引自：任克良等文献《兔病诊断与防治原色图谱》）

卫生条件差有关。

3. 临床表现与特征

患兔一般嘴巴、鼻孔周围、脚爪部位先出现病灶，主要表现为患兔由于奇痒而焦躁不安不停地啃咬、不断地用爪搔抓螨虫寄生部位，抓破皮肤并有红黄色带血液的渗出流出，与毛粘着在一起附在破溃皮肤上，形成痂结，病兔仍剧痒，又抓破痂皮，并将螨虫带到身上各个部位。脚趾部因啃咬出血结有白色痂皮，耳、鼻、嘴等部的皮肤形成糠麸样痂皮，龟裂。随着病情的发展，逐渐消瘦和虚弱，最后死亡。

4. 临床诊断

依据本病的病理变化和临床表现可以作出初步的诊断。在临床上本病需要与兔的真菌性皮炎区别开。可以用刀刮取健康部位和病变部位交界处的皮肤，并加入 10% 氢氧化钠煮沸，待毛痂皮等固体物大部分溶化后静置 20 分钟，由管底吸取沉渣，滴在玻片上，用低倍显微镜镜检，观察到兔疥螨虫体就可以确诊。

5. 防治

预防上要做好把关，不引进带病种兔。定期观察一旦发现病兔，迅速隔离、消毒、治疗。定期消毒兔舍、兔笼及用具，笼底板要定期浸泡于2%敌百虫溶液中洗刷晾干。本病治疗：伊维菌素或阿维菌素每千克体重0.25mL皮下注射，每周1次，连用3周。体外用药5%双甲脒加2%敌百虫稀释液，每天2次外用涂擦或0.01%的溴氰菊酯进行喷洒。

二、兔痒螨病

1. 病原

痒螨病也叫耳疥癣，由痒螨科痒螨属中的兔痒螨寄生于兔的体表和外耳道引起。兔痒螨可咬破表皮钻到皮下挖隧道，病初在皮肤上出现红肿，以后形成小泡，后结成干痂覆盖耳壳表面的一种常见寄生虫病。痒螨的全部发育过程也都是在动物体上完成。包括卵、幼虫、若虫、成虫4个阶段。

2. 流行特点

与兔疥螨类似，通过病兔与健康兔直接接触，或污染的笼舍、用具等的间接接触而传染。多发于冬秋季节，日光不足，阴雨潮湿，最适宜其的生长繁殖和促进本病蔓延。

3. 临床表现与特征

兔痒螨发生于外耳道内，可引起外耳道炎，渗出物干燥呈黄色痂皮，塞满耳道，如纸卷样。病兔耳朵下垂，不断摇头，和用脚搔耳朵，还可能延至筛骨及脑部，引起癫痫症（图2－54至图2－56）。

4. 临床诊断

参考兔疥螨的诊断方法。

5. 防治

参考兔疥螨的防治措施。

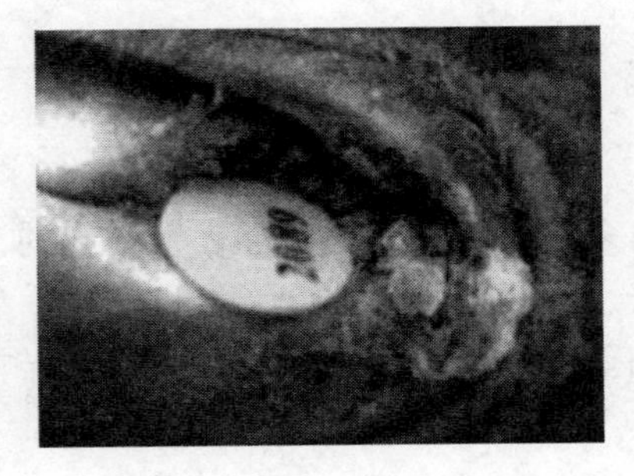

图 2－54 耳内充满黄色痂皮

（引自：任克良等文献《兔病诊断与防治原色图谱》）

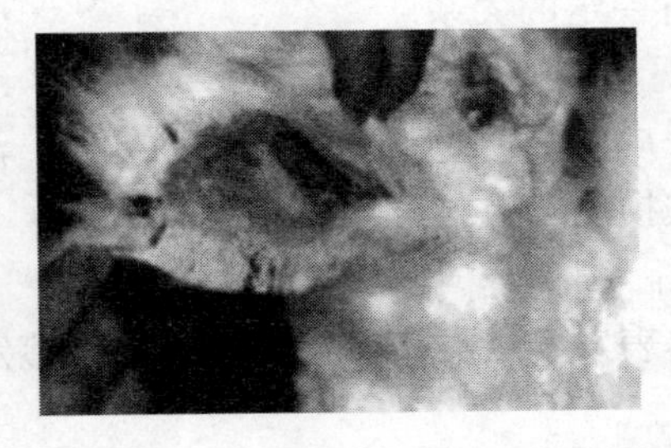

图 2－55 外耳道有淡红色干燥分泌物，耳边缘皮肤增厚、结痂

（引自：任克良等文献《兔病诊断与防治原色图谱》）

图 2－56 痒螨引起的斜颈症状

（引自：任克良等文献《兔病诊断与防治原色图谱》）

三、兔蚤病

1. 病原

兔蚤病是由多种蚤类寄生在兔体表上引起的，主要包括禽角头蚤、猫栉首蚤、印鼠客蚤、冰武蚤宽指亚种、尖突无栉蚤、长鬃蝠蚤、缓慢细蚤、不等单蚤等，其中，以猫栉首蚤最为常见。

2. 流行特点

猫栉首蚤可寄生在犬、猫、兔的体表，一年四季均可发生，以冬春季节较为常见。这与兔舍卫生条件差、其他动物（猫、鼠）经常出没有一定的关系。

3. 临床表现与特征

寄生于兔子皮肤上可导致兔子瘙痒、贫血、消瘦等症状。严重时可造成皮肤损伤，并继发细菌感染。

4. 临床诊断

可在兔的体表发现蚤类，并对其进行形态鉴定，以确定是哪一类蚤。

5. 防治

平时需要加强饲养管理，保持兔舍的清洁卫生及环境的干燥。定期使用溴氰菊酯进行喷洒，严重时可考虑全场的兔子口服伊维菌素或阿维菌素，每千克体重 0.2～0.4mg，连续服用 3 天进行治疗。

四、兔虱病

1. 病原

本病是由兔虱（舍饲家兔虱病主要是兔嗜血虱）寄生于兔体表所引起的寄生虫病。成虫背腹扁平，灰黑色，有 3 对粗短的足。圆筒形的卵黏着在兔毛根部，经 8～10 天孵化出幼虫。幼虫在 2～3 周内经 3 次蜕皮发育为成虫。雌虫交配后 1～2 日开始产卵，可持续产卵40天。

2. 流行特点

主要是通过接触传染。极易在阴暗潮湿污秽的兔舍内发生。

3. 临床表现与特征

兔虱大量寄生时，可以引起患兔贫血、消瘦，幼兔食欲缺乏，发育不良。兔虱在吸血的同时，也分泌带有毒素的唾液，可刺激神经末梢，引起病兔瘙痒、不安，影响其休息与进食。病兔的啃咬、擦痒会造成皮肤损伤（脱毛、脱皮），有时可继发细菌感染，引发化脓性皮肤炎症，拨开患部的被毛，检查皮肤表面和绒毛的下半部，可以找到很小的黑色虱活动，在绒毛的基部可找到淡黄色的虱卵。

4. 临床诊断

患兔有瘙痒症状，配合检查体表找到虱或虱卵便可确诊。

5. 防治

兔场引兔时务必先隔离观察，防止将虱病引入。定期检查，发现病兔立即隔离治疗。笼舍要保持清洁卫生和干燥，可经根据需要使用2%敌百虫水溶液消毒。治疗用阿维菌素或伊维菌素，每千克体重0.2～0.4mg，口服或皮下注射。

第三章　普通病

第一节　消化系统疾病

一、口炎

口炎又称口疮，是口腔黏膜表层或深层的炎症。临床上口炎以流涎、口腔黏膜潮红或肿胀、口腔黏膜出现水疱或溃疡为特征。按炎症的性质可分为卡他性口炎、水疱性口炎、溃疡性口炎、霉菌性口炎和坏疽性口炎，兔常见为水疱性口炎。

1. 病因

机械性刺激是口炎发生的重要原因。如硬质和棘刺饲料，尖锐异物（钉子、铁丝等）都能直接损伤口腔黏膜，继而引起炎症反应。其次是化学因素，如采食霉败饲料，误食生石灰、氨水等，也可引起口炎。过热的饲料烫伤口腔黏膜也可引起口炎。另外，口炎还可继发于舌伤、咽炎、喉炎、急性胃卡他等邻近器官的炎症。一些传染病的病原体也可以引起口腔炎的发生，例如，水疱性口炎病毒的传染。

2. 流行特点

月龄幼兔。而由其他因素诱发的口炎则可见于更换饲料，环境之后，发病与食物的饲喂有关。

3. 临床表现及特征

本病若由粗硬饲料损伤所致，则兔群发病。口腔黏膜发炎疼痛，食欲减退，吃草缓慢，不敢咀嚼，有时会出现吐草。有时虽处于饥饿状态，主动奔向饲料放置处，但当咀嚼出项疼痛时立即缩回。患兔大量流涎，口温升高，舌体肿胀。严重时唇内，舌下有水疱和大小不一的烂斑，常有黏滑浑浊并有臭味的唾液黏附在颌下前胸的被毛。若为水疱性口炎，口腔黏膜可出现散在的细小水疱，水疱破溃后可发生糜烂和坏死，此时，唾液不洁且有臭味，黏附于下颌前胸的被毛上，有时会混有血液。有时兔吃了有毒的植物也可出现口腔炎症，例如，口腔黏膜出现水疱等，大戟属，毛茛，田芥菜等均可引起此现象（图 3 –1）。

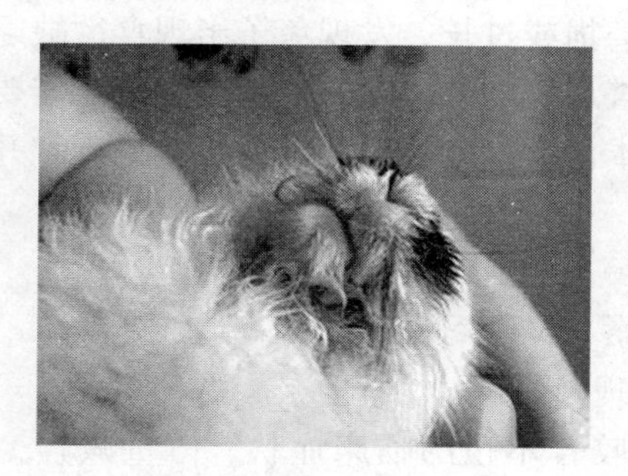

图 3 –1　口炎（流涎）

4. 临床诊断

根据临床症状和病理变化可作出初步诊断。确诊需进行病毒分离鉴定或做血清学中和试验，保护试验。

5. 防治

预防：加强饲养管理，饮水清洁，不喂粗硬带刺，发霉腐败或过热的草料，及时去除口腔异物，修整锐齿，以防止口腔黏膜机械性损伤。平时要避免化学有害物质对口腔黏膜的刺激。

治疗：加强护理。饲喂营养丰富、容易消化的柔软饲料，尽量减少对口腔的刺激。对症治疗。根据炎症的变化使用适当的药液冲洗口腔。一般用 1% 的食盐水、2% 的硼酸水、1% 的双氧水或者0.1%的高锰酸钾溶液，每天冲洗2~3次，再用棉球蘸取碘甘油涂擦。冲洗时兔子的头部要放低，便于洗涤液流出。若头部抬得过高，药液容易流入气管引起异物性肺炎。出现全身症状的患兔应及时使用抗生素。如青霉素每千克体重1万国际单位和链霉素每千克体重2万国际单位，每隔8~12小时肌内注射1次。也可以内服磺胺类药物治疗。

二、咬合不正

由于先天或后天的因素，出现咬合不良的情况，造成部分牙齿发生异常的磨损或过长。发现兔子出现食欲缺乏或流涎不止的现象时，应检查口腔内部。视病情状况，可能需要进行拔牙、切断，研磨等手术治疗。此病需要定期接受检查，并重复施行必要的治疗手术。

1. 病因

因遗传因素、饲喂习惯、外伤等造成。

2. 临床表现及特征

（1）门牙咬合不正的临床症状。体重减轻、吞咽困难。在临床检查可见门齿过长，常见有毛发或食物缠绕在上面。这种情况可能引起牙龈的二次性伤害进而发生感染。门齿的珐琅质可能会产生水平向的脊状凸起（这表示牙齿质量很差）。

（2）臼齿的咬合不正临床症状（Clinical signs）。体重减轻、粪便量减少、尾部黏沾有粪便（类似兔子不能自主食入盲肠便）、咀嚼困难及流涎。前脚内侧可能因兔子用前脚抓挠嘴巴而沾上口水，眼睛也可能出现分泌物。食欲缺乏通常是臼齿咬合不正的唯一临床症状，所以臼齿咬合不正应为兔子食欲缺乏时第一个考虑的疾病（图3-2和图3-3）。

3. 临床诊断

门牙的咬合不正，可以将兔子的嘴唇往上稍提来检查。下牙

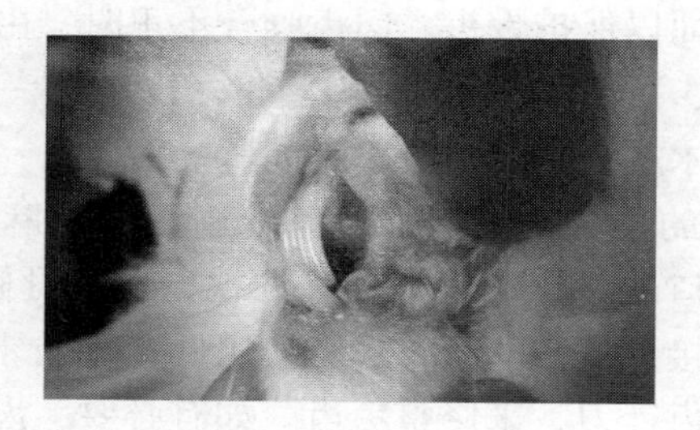

图 3－2　咬合不正

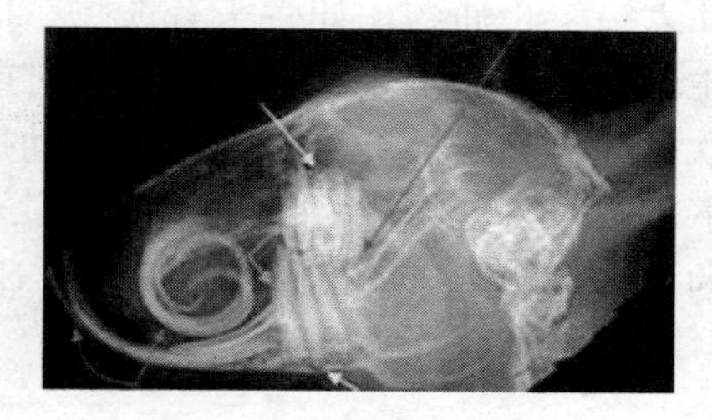

图 3－3　咬合不正 X 线片

会比上牙突出，或是一侧牙齿长歪或断掉，门牙后方的小门牙往外突出等。但臼齿的咬合不正并不容易发现，可以使用金属制的阴道窥镜来检查口腔，更进一步的详细检查则必须在镇静状态下来进行，或使用特殊的开嘴器和颊部扩张器来进行检查。简便一些的臼齿疾病检测可以沿着下颌骨的腹侧边缘发现有硬实的肿胀，这是下颊齿的齿根刺入下颌骨的骨膜造成。当该疾病更进一步发展时，这些过长的齿根会变成脸部脓肿溃疡形成处。

4. 治疗

（1）门齿的咬合不正治疗。典型的治疗方法为用指甲剪进行门齿修整，但是这个方法可能造成牙齿的碎裂，进一步使兔子的牙根受到感染，并且使咬合不正恶化。牙齿的修整常被建议使用超高速牙齿磨锉机或切除盘。牙齿进行修整时保护牙齿的护套应放在牙齿后面以保护舌头。门齿咬合不正时，由于牙齿再长长的速度的关系，可能需每 4 ~ 5 周修整一次。另一个方法是拔除门齿，可一劳永逸地解决咬合不正问题。

（2）臼齿的咬合不正治疗。兔子用注射型麻醉来镇静，颊囊扩张器和张口器可让颊齿有良好的视野，且可修整锉平牙刺，让牙齿尽可能接近正常的状态。可使用低速直式牙齿磨锉机或钻石型穿透型兔齿锉刀，来修整兔齿。如有必要，齿冠可以减少至牙龈处。术后应给予兔子注射止痛剂。如舌头或颊部有明显伤口，应该持续几天给予止痛药。如舌头有溃疡，应给予抗生素。因牙齿会再度生长，所以，可能需要每 4 ~ 6 周重复修整 1 次；如果可以改善饮食，喂食粗糙纤维的食物来帮助适当磨损牙齿、促进咀嚼，使下次进行牙齿修整的间隔时间拉长。在数次的颊部修整后，齿冠的损伤可能使牙齿最终停止生长，让咬合不正明显改善。

5. 防治

（1）提供少量的干饲料以保证所有的饲料都会吃完，使得兔子不会挑食、留下含钙和维生素的颗粒状饲料。

（2）挑食的兔子或兔子出现明显钙缺乏现象（上门齿的珐琅质有条纹出现）时，可额外补充钙给患兔。补钙的同时，再补充维生素是最好的，因为，维生素 D 可促进钙的吸收。

（3）应提供优质牧草给兔子，优质牧草是良好维生素 D 的来源，例如，蒲公英和苜蓿，且可促进咀嚼。

（4）应每日供应绿色植物，即可以促进食欲也可以提供维生素 D。

（5）每天都要保证兔子有适宜的光照，能够促进钙的吸收。

三、胃积食症（伤食症）

积食又叫胃扩张。主要由于过度采食不易消化、易发酵发胀的干精饲料，食入过多易发酵的豆科饲料、霉变饲料或冰冻饲料等引起胃内食物滞留、臌胀。饲料突变、喂养无规律、饥饿后暴食等都可以引发积食。常可继发肠便秘和大肠臌气。

1. 病因

多由于饲养管理不当，没有定时定量饲喂，换料过快或突然给予多汁、适口性好的饲料，饲喂含露水多的豆科饲料，饲喂较难消化的玉米、小麦等，喂以腐败和冰冻饲料均可发生本病。

2. 流行特点

2～6月龄的仔兔容易发生。

3. 临床表现及特征

临床症状多以腹部膨大，拍打有拍水声，食欲减少或废绝为特征。通常于采食后几小时开始发病。由于胃内容物的刺激，引起幽门紧张性增高，使饲料停滞于胃脏中臌肿发酵，产生大量气体，胃部逐渐增大，此时，常不被人们所注意。病兔表现不安，卧于一角，不愿走动。长时间停留在胃肠中的饲料和细菌分解产物引起水分和气体的增加，从而使胃迅速胀大，同时，出现流涎，腹部疼痛，磨牙，精神不振。叩诊胃部呈鼓音。继而出现呼吸困难，心跳加快，并经常改变蹲伏部位。如胃肠继续扩张，可导致窒息或胃破裂。引起死亡。慢性胃臌气，常伴发肠臌气或胃肠炎，如不及时治疗，可于一周内死亡。

病理变化：可见腹部臌大如鼓状，黏膜发绀，胃体积显著增大，胃内容物酸臭，胃黏膜脱落。胃破裂者多见胃大弯有破裂胃内容物污染腹腔（图3－4）。

4. 临床诊断

根据病史调查、临床症状和病理变化，即可作出初步诊断。

5. 防治

（1）预防。合理搭配精粗料的比例，定时定量饲喂，不喂发霉变质的饲料、冰冻饲料，饲喂易发酵饲料要适量，禁止饥后

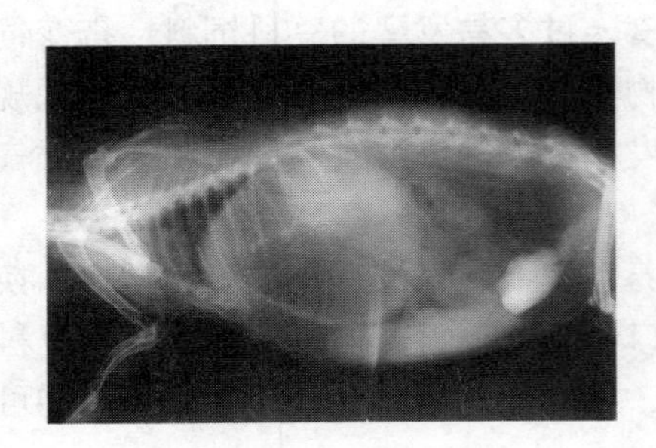

图 3－4　胃积食症 X 线片

暴食。

（2）治疗。本病发病初期，发现病兔不要给予大量饮水，可灌服止酵助消化药物。如香醋 3～5mL；萝卜汁 10～20mL；小苏打或大黄苏打片 1～2 片。也可内服调痢生、食母生各 2 片，每日 2 次，连用 3 天。也可用敌苗净内服每千克体重 1 片连用 3 日，并让其充分运动，需经常按摩腹部。必要时可皮下注射新斯的明 0.1～0.25mg，也可手术取出胃内容物。

四、胃肠积气

胃肠积气俗称胀肚，是家兔常见的一种疾病，是因胃肠消化功能紊乱，内容物产气旺盛而排气过程不顺畅或完全受阻，进而导致气体积聚于胃内及某部分或大部分肠管内，引起胃、肠管臌胀并伴有疼痛的腹部疾病。

1. 病因

主要因采食了多量容易发酵的饲料，冰冻的饲料，有露水、雨水的青草以及品质不良的青储饲料等，使肠道内食物和食糜异常发酵产气而引起臌胀；饲喂不规律，突然变换饲料，运动不足，兔舍寒冷、潮湿、光照不足以及胃肠疾病（慢性炎症和胃肠蠕动迟缓、结肠阻塞、便秘等）也是导致本病发生的诱因。

2. 流行特点

本病主要发生于断奶后至6月龄的幼兔，特别是刚断奶的幼兔最易发病，常引起急性死亡。

3. 临床表现及特征

病兔常在采食后不久表现精神沉郁，食欲废绝，腹围增大，叩之有击鼓声。行动困难，不动或者少动。触诊腹内有大量食物和气体。随着腹胀加重，病兔蹲伏，烦躁不安，磨牙，流涎，有腹痛的表现，时而发出鸣叫。呼吸急迫，心搏加快，可视黏膜潮红，继而发绀，严重者死亡。如不及时治疗，短则几个小时，长则2~3天，可因窒息或胃破裂而发生死亡。

病理变化：剖检可见胃内有大量的食物或气体，肠内有大量的气体集聚（图3-5）。

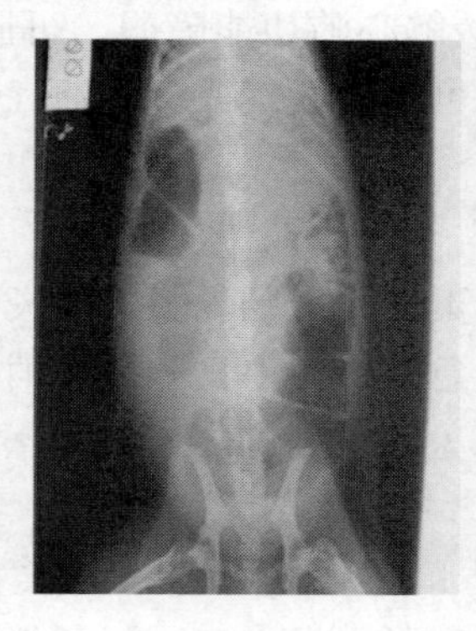

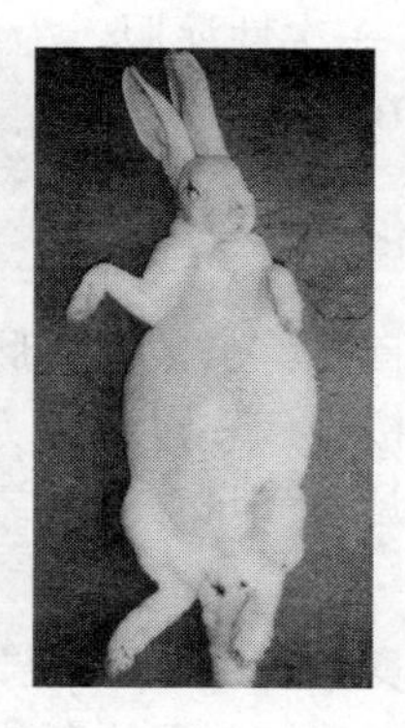

图3-5 胃肠积气

4. 临床诊断

结合饲喂时间、临床表现和病理变化可进行诊断，注意与胃积食症相区分。

5. 防治

（1）预防。应针对病因加以预防，主要是加强饲养管理。

平时按规律定时定量进行饲喂，严格控制精饲料比例，以防兔贪食。控制肠便秘等阻塞疾病的发生。保持兔舍清洁、温暖，通风、透光良好。

（2）治疗。治疗原则是病兔禁食，疏通肠管，防腐制酵，消炎健胃。先穿刺放气，后灌服大黄苏打片 2～4 片，制霉菌素 5 万单位预防霉菌性肠炎的发生，每天 3 次，连用 2～3 天。病情较稳定的病兔，口服植物油或液状石蜡油 10～15mL 混合鱼石脂 2mL，不仅能疏通肠管，而且还能消除泡沫性臌气的泡沫；或使用止哮药，大蒜（捣烂）6～10g，醋 15～30mL，一次内服；或姜酊 2mL，大黄酊 1mL，加温水适量内服。病情轻微的病例，可辅助性按摩腹壁，兴奋胃肠活动，必要时可皮下注射新斯的明 0.1～0.2mg，排出气体。便秘型积气可用硫酸镁 5～10g，液状石蜡 10mL，一次性灌服。为缓解心肺功能障碍，可肌注 10% 安纳咖注射液 0.5mL。必要时，可穿刺放气或缓慢抽气。

五、消化不良

消化不良亦称卡他性胃肠炎，是胃肠黏膜表层炎症和消化紊乱的总称。按疾病经过，分为急性消化不良和慢性消化不良。可发生于各年龄段的家兔，是家兔的常见病之一。

1. 病因

消化不良常因突然更换适口性强的饲料，一次贪食过量引起。饲草潮湿和饲料品质低劣也可引发本病。仔兔消化功能还不健全，易发生消化不良。妊娠母兔饲养不良，产后缺乏优质饲料，或母兔患有乳房炎等慢性疾病时，严重影响乳汁的质量和数量，仔兔未能及时吃到初乳，影响仔兔的胃肠黏膜活动。幼兔的饲养管理及护理不当也可引起消化不良。

2. 流行特点

本病可发生于各年龄段的家兔，断奶仔兔更容易发病，各季节均可发生，是家兔的常见病之一。

3. 临床表现及特征

病兔表现精神不振，消瘦，皮肤干燥，被毛蓬乱，眼球下陷，尾根、肛门部被粪便污染，粪便成条形或成锥状，有难闻的酸臭味。病仔兔不喜运动，腹泻，有时肛门和尾部沾满稀薄粪便，粪中混有未消化的凝乳块或饲料碎片。长期消化不良，严重的站立不稳，出现神经症状，最后导致死亡。其主要特征是明显的消化功能障碍和不同程度的腹泻。

(1) 单纯性消化不良。病兔精神不振，喜躺卧，食欲减退或废绝，体温一般正常或低于正常。腹泻，粪便稀薄，尾和会阴部被稀粪污染，粪便带酸臭气味，混有小气泡和未消化的凝乳块或饲料碎片。肠音高朗，并有轻度臌气和腹痛现象。心音增强，心率增快，呼吸加快。当腹泻不止时，皮肤干皱，弹性降低，被毛蓬乱、失去光泽，眼窝凹陷。严重时病兔站立不稳，全身战栗。

单纯性消化不良的病兔，如给予及时、正确的治疗，一般预后良好事如病因未除且延误治疗时，则病情急剧恶化可转为中毒性消化不良。

(2) 中毒性消化不良。病兔精神沉郁，目光痴呆，食欲废绝，全身无力，躺卧于地。体温升高，对刺激反应减弱，全身震颤，有时出现短时间的痉挛。腹泻，频排水样便，粪内含有大量黏液和血液，并发出恶臭或腐败气味。持续腹泻时，肛门松弛，排粪失禁。

皮肤弹性降低，眼窝凹陷。心音减弱，心率增快，呼吸浅快。病至后期，体温多突然下降，四肢，耳尖，鼻端厥冷，终至昏迷死亡。

中毒性消化不良的病兔，病情重剧，发展迅速，如治疗不及时，多于1~5天死亡，预后不良。

病理变化：病兔皮肤干皱，眼窝深陷，尾根与肛门被粪便污染。胃肠道黏膜充血、出血。肝脏肿胀、脆弱。心肌质地变软，心内膜与心外膜有出血点。脾脏和肠系膜淋巴结肿胀。

4. 临床诊断

根据病史调查和临床症状，可以作出诊断。

5. 防治

（1）预防。饲喂要定时定量，切忌喂给霉变变质饲料和饲草，改善兔舍环境。对妊娠母兔，特别是妊娠后期，直该喂富含蛋白、脂肪、矿物质及维生素的优质饲料。改善母兔的卫生条件，经常刷拭皮肤，哺乳母兔应保持乳房清洁，并保证适当的舍外运动。新生仔兔尽早吮食初乳，兔笼舍保持干燥、清洁，定期消毒，防止幼兔感冒。仔兔饲料中添加复合酶等助消化药物可减少消化不良的发生。对体质弱的仔兔，初乳应采取少量多次人工饮喂的方式供给；母乳不足或质量不佳时，可采取人工哺乳，人工哺乳应定时、定量，且应保持适宜的温度；哺乳期仔兔补饲的饲料及其调制方法要适宜；发现病兔禁食一天，但不限饮水。

（2）治疗。消除病因，改善饮食，清除肠内变质内容物，制酵和调整胃肠功能。多采取食饵疗法、药物疗法以及改善卫生条件等综合疗法。对病兔先禁食 24 小时，给予充足饮水，可选用大黄苏打片或龙胆苏打片内服，每次 1～1.5 片，每天 2～3 次；或鸡内金半片，每天 2～3 次。为排除胃肠内容物，对腹泻不甚严重的病兔可应用油类泻剂或盐类泻剂进行缓泻。清除胃肠内容物后，可给予稀释乳或人工初乳。为促进消化可给予胃液、人工胃液或胃蛋白酶。为防止肠道感染，特别是对中毒性消化不良的仔兔，可肌内注射链霉素或卡那霉素、头孢噻吩等，每千克体重 0.5mg。为制止肠内发酵、腐败过程，应选用乳酸、鱼石脂、水杨酸苯酯、克辽林等防腐制酵药物。当腹泻不止时，可选用明矾、鞣酸蛋白、次硝酸铋、颠茄酊等药物。饲料中添加复合酶等助消化药物，也可内服酵母片、麦芽粉等。注意麦芽粉有回乳作用，泌乳母兔慎用。对于幼、仔兔，重症者可内服缓泻剂，如芒硝2~3g。饲喂适口性好、提味的饲料。大黄末内服或拌在饲料中。防止机体脱水，保持水盐代谢平衡，可静脉注射生理盐水10~15mL。

六、胃肠炎

胃肠炎是由于家兔消化道机能障碍或紊乱而导致的一种胃肠道炎症性疾病。主要是胃肠表层黏膜及其深层组织发生炎症状，由于胃和肠的组织结构和生理机能联系紧密，两者往往相互影响，导致炎症同时或相继发生。不同年龄的兔均可发生，幼兔发病后死亡率较高。临床上很多胃炎和肠炎往往相伴发生，故合称为胃肠炎。胃肠炎按病程经过可分为急性胃肠炎和慢性胃肠炎；按病因可分为原发性胃肠炎和继发性胃肠炎，按炎症性质分为黏液性胃肠炎（以胃肠黏膜被覆多量黏液为特征的炎症）、出血性胃肠炎（以胃肠黏膜弥漫性或斑点状出血为特征的炎症）、化脓性胃肠炎（以胃肠黏膜形成脓性渗出物为特征的炎症）、纤维素性胃肠炎（以胃肠黏膜坏死和形成溃疡为特征的炎症）。

1. 病因

原发性胃肠炎多因饲养管理不到位，饲草不洁，兔舍潮湿，饲料被泥水沾污，饲草含水分过多，采食腐败的饲料、有毒植物、污染农药的饲料而引起。断奶不久的幼兔常因贪食过多而引起胃肠炎的发生。此外，采食腐败的饲料、有毒植物，沾污有农药的饲草以及饲料异常分解产物的刺激，在机体抵抗力降低的条件下，加上某些非特异性病原微生物的参与，破坏胃壁肠壁深层组织，出现全身症状和自体中毒现象，引起中毒性胃肠炎。继发性胃肠炎见于积食、肠臌气、出血性败血症、沙门氏菌病、大肠杆菌病及球虫病等。

2. 流行特点

该病不同年龄的家兔都可发生，但断奶后幼兔发病死亡率较高。

3. 临床表现及特征

病初，仅表现食欲减退，消化不良及粪便带黏液。随着炎症的加剧，胃肠道内容物停滞，导致异常发酵和腐败，胃肠道中有害细菌大量繁殖，当有毒分解产物和细菌产生的毒素被机体吸收后，导致严重的代谢障碍和消化紊乱，病兔不食，精神不振，先短时间便秘，而后腹泻，臌气，粪便恶臭，呈稀糊状，混有黏液、组织碎片和未完全消化的饲料。肛门沾有污粪，尿呈酸性、乳白色。随后炎症渗出大量产生，进一步出现严重腹泻，致使病兔脱水，眼窝下陷，迅速消瘦，皮温不整，体温升高，但在短时期内又降至正常以下。血液浓缩，肌肉僵硬，尿量减少，如现全身肌肉抽搐、痉挛或昏迷等神经症状，若不及时治疗则很快死亡。该病的主要特征为便秘和腹泻交替发生，粪便有酸臭味。

病理变化：胃体积显著增大，内容物变臭，胃黏膜脱落。胃破裂者腹腔被胃内容物污染。

4. 临床诊断

根据病史调查、临床症状即可作出诊断。

5. 防治

（1）预防。加强饲养管理，保证供给全价的日粮，严禁饲喂腐败、变质的饲料。根据气候情况，合理饲喂青绿多汁饲料，保持兔舍卫生清洁干燥，并进行定期消毒。若断奶不久的幼兔发病，一方面要定时、定量给予优质饲料，饲料中添加复合酶等助消化药物，饮水中加入微生态制剂对本病行良好的预防效果；另一方面要迅速分清病因区别对待，如是球虫病引起的胃肠炎，则应驱治球虫；若为细菌或病毒感染，则应给予抗生素等药物进行治疗，但需要注意抗生素不可与微生态制剂同时应用。

（2）治疗。通过口服补液盐补充肠炎引起的脱水。治疗可用磺胺脒、碳酸氢钠各0.15～0.3g口服，每日3次；环丙沙星或恩诺沙星，每千克体重5～10mg口服，每日2次；兔针草、山楂炭、石榴皮、地榆各9g，加水煎服；也可饲喂马齿苋、黄瓜藤、鸭跖草、大青叶等药用植物。严重者应静脉注射5%糖盐水50～100mL，并配合四环素0.125g，皮下注射维生素C和庆大霉素，增强病兔抵抗力，效果较好，能够有效防止脱水；或大蒜酊（制法：是把20g大蒜捣汁浸泡在100mL酒中，泡7天，服前用4倍水稀释）5mL，一次内服。另外，中药方剂有郁金散或白头翁汤等有较好的治疗效果。使用微生态制剂溶于水饮用也有较好效果。

七、肠臌胀

肠臌胀又称肚胀，是由于采食过量易发酵的饲料，肠内产气过盛，致使肠管过度臌胀的一种腹痛性疾病。临床上以腹围急剧臌大和腹痛为特征。发病兔临床多表现为腹胀，且临床表现具传染性，又因其病因至今不清楚，故暂定此名，曾称其为兔黏液性肠病，俗称胀肚、大肚子病、臌胀病。

1. 病因

原发性肠臌胀主要是由于采食大量易发酵的饲料，如幼嫩的青草、豆科精饲料以及发霉、腐败、冰冻饲料、含露水的青草或质量不良的青贮饲料等所致。兔舍寒冷、潮湿、阳光不足等也可诱发本病。继发性肠臌胀见于结肠阻塞、肠便秘、消化不良以及胃肠炎的经过中。

2. 流行特点

断奶后至4月龄兔发病为主，特别是2～3月龄兔发病率高，成年兔很少发病，断奶前兔未见发病。某个地区流行一段时间后，该病自行消失，暂时不再发生。

3. 临床表现及特征

病程3~5天，发病兔绝大部分死亡，极少能康复。发病率50%~70%，死亡率90%以上，精神沉郁，蹲卧少动，呼吸急迫，心跳加速，可视黏膜潮红或发绀，食欲废绝，腹部臌大，触压有弹性、充满气体感，叩之有鼓音，病兔表现痛苦。粪便起初变化不大，后粪便渐少，病后期以拉黄色、白色胶冻样黏液为主。摇动兔体，有响水声，腹部触诊，前期较软，后期较硬，部分兔腹内无硬块。尸体脱水、消瘦，肺局部出血。胃臌胀，部分胃黏膜有溃疡，胃内容物稀薄盲肠内充气，内容物较多，部分干硬成块状（图3-6）。

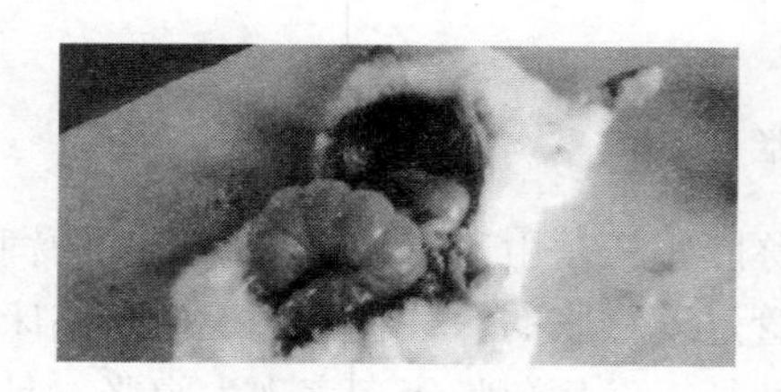

图3-6　肠臌胀

4. 临床诊断

（1）病史调查。有采食大量易发酵饲料的病史，发病比较突然。

（2）临床症状。腹围渐次增大或急速增大，双肋膨隆，叩之呈鼓音，触诊有弹性感。病兔腹痛不安，鸣叫，呼吸促迫，可视黏膜发绀。

5. 防治

（1）预防。复方新诺明拌料对预防该病有一定的效果。做好卫生，消毒工作避免引进病兔，病兔及时隔离。禁喂腐败、发霉、冰冻饲料，防止过多采食易发酵饲料（如麸皮）和易膨胀饲料（如豆科精饲料）。初喂幼嫩青草时，可少量多次给予。

（2）治疗。本病的治疗原则是排气减压、镇痛解痉和清肠制酵。

①排气减压：当腹部特别臌大、病兔高度呼吸困难、有窒息危险时，应立即穿肠排气。穿肠用注射针头即可。

②镇痛解痉：对于腹痛不安的病兔，通常肌内注射30%安乃近注射液1mL或安定注射液1mL。

③清肺制酵：灌服液状石蜡或植物油20mL、食醋20～30mL等参照消化不良的治疗。

八、便秘

便秘是由于各种原因引起的肠内容物停滞、变干、变硬，致使排粪困难，甚至阻塞肠腔的一种腹痛性疾病。以幼兔、老龄兔多见。主要表现为肠音减弱，频频努责而不见粪排出。兔便秘多发生于秋末春初季节。

1. 病因

主要是饲养管理不当所致。精、粗饲料搭配不当，饲料中精饲料过多，青绿饲料不足，或吸水性强而质量差的饲料过多；长期饲喂干饲料，缺乏饮水；运动不足，特别是饱食后运动不足；饲料中混有泥沙、被毛等异物；环境突然改变，突然更换饲料等，均能引起便秘。另外，其他疾病如慢性肠炎、直肠或肛门疼痛，排便带痛的疾病（肛窦炎、肛门脓肿、肛瘘等），不能采取正常排便姿势的疾病（骨盆骨折、髋关节脱臼等）以及一些热性病、胃肠弛缓等和抗生素的大量使用或使用抑制胃肠蠕动的药物，都会使胃肠蠕动机能减弱，胃肠分泌液减少，粪便在肠道内停留过久而变得干硬，进而阻塞。毛球病也可使肠道发生阻塞性便秘。

2. 流行特点

兔便秘多发生于秋末春初季节，以幼兔、老龄兔多见。

3. 临床表现及特征

病兔食欲减退或废绝，排粪困难，肠音减弱或消失。精神不振，初期排出的粪球少且坚硬变小，干硬，粪粒两头尖，以后则排粪停止，尿少而赤黄。触诊腹部，内容物坚硬似腊肠或念珠状。当肠管阻塞产生过量气体时，病兔腹胀，起卧不宁，头部下俯，弓背探视肛门，腹部发生臌胀，俯视或回顾腹部，不喜动。触诊腹部有痛感，同时可在腹部摸到硬小的粪球串。如果不及时治疗，可引起死亡。

病理变化：死于便秘的家兔，剖检时在结肠和直肠内可见干硬的颗粒状粪球，前部肠管积气（图 3 –7 和图 3 –8）。

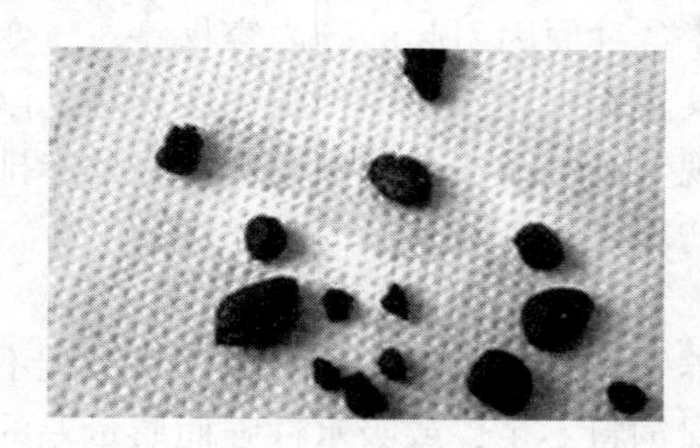

图 3 –7　便秘　粪便干燥、大小不一

图 3 –8　便秘　粪便干燥

4. 临床诊断

结合流行特点、临床症状和病理变化进行综合诊断。

5. 防治

（1）预防。加强饲养管理，合理搭配饲料，定时定量，粗、精饲料应搭配适当，夏季要提供足够的青绿饲料，冬季饲喂干粗饲料时应保证充足、清洁的饮水，防止饥饱不均，适当运动，积极治疗原发病，同时，配合饲喂青绿多汁饲料，保持食槽卫生，经常除去泥沙或被毛等污物，使消化道有规律地活动，可以减少本病的发生。应定期驱虫治疗胃肠传染病。

（2）治疗。对病兔治疗期间要禁食，但要给予充足的饮水。对症状较轻的病兔，立即增喂青绿饲料，并给予清洁饮水，将病兔放出笼外，增加运动。当粪便变软后，立即减少喂量，以防引起肠炎。防腐制酵，可口服10%鱼石脂溶液5～8mL，5%乳酸溶液3～5mL或食醋3～5mL。成年兔应用植物油、液状石蜡灌肠润滑或用温水或2%碳酸氢钠水溶液或5%温肥皂水（约45℃）30～40mL进行直肠深部灌肠，并轻轻按摩腹部，刺激软化粪便加速排出；口服缓泻剂硫酸钠4～8g、植物油10～20mL或液状石蜡20～30mL，幼兔减半灌服。必要时可用温水或温的口服补液盐（ORS，其配方为：氯化钠3.5g、碳酸氢钠2.5g、氯化钾1.5g、葡萄糖20g，凉开水1 000mL）灌肠，促进粪便排出。先让兔子侧卧，固定好位置，用一根细橡皮管（如人用的导尿管），消毒后，前端涂上凡士林，缓缓插入肛门，连接上盛有药物的注射器，注入直肠内。口服果导片，每日3次，每次1片，投药后1小时皮下注射硫酸新斯的明，以增强肠蠕动，促进粪便排出，成年兔的用量为0.3mg，幼兔减半，注射后20分钟左右即可排出大量干硬的小粪粒，一般1～2次可愈，注射后应观察10～20分钟，若发现有呼吸困难、肌肉震颤、流涎和出汗的症状，可及时肌内注射适量的阿托品解救。或双醋酚酊，成年兔每次 6mg，幼兔减半，内服，每日 3 次，便秘消失后应立即停药。如同时由肛门注入开塞露液 1 ~ 2mL，效果更佳。同时，要注意使用补液，强心等全身疗法。治愈后要加强护理，多喂多汁易消化饲料，投喂量要逐渐增加。

九、毛球病

毛球病又称毛团病，是由于家兔蚕食自身或同伴的被毛，在胃中结成球状的块，造成消化道阻塞的一种疾病，也称为啃毛癖，是家兔所特有的疾病，继发胃扩张导致死亡的常见病，尤其是长毛种的兔子特别容易罹患此症，饲主应经常帮忙梳理毛发，预防病症发生。

1. 病因

当日粮中蛋白质水平下降，缺少某些体内不能合成的含硫氨基酸如蛋氨酸、胱氨酸、半胱氨酸等或缺少某些矿物质、微量元素如钙、磷，钠、铁、钴、铜、锰、硫等和 B 族维生素时，导致家兔味觉失常而吞食被毛。饲料中精饲料成分比例过大、过细、粗纤维不足，家兔时常出现饥饿感，兔笼窄小拥挤互相啃咬；长毛兔身上的毛久未梳理，家兔咬毛吞食，逐渐形成食毛病多在换毛和剪毛期间，因兔毛脱落掉到饲料、垫草或饮水中，不及时清理，亦容易随同饲料一起被兔吞食而导致发病；某些外寄生虫（如蚤、毛虱、螨等）刺激发痒啃咬；可引起家兔持续性啃咬被毛，从而发生食毛病。也可因肥胖使得胃肠的蠕动变差，或是因为压力而过度清理身上的毛、或是喂食的方式不当，以纤维质少的颗粒食物为中心，或未喂食牧草，或是体质本身就容易发生（长毛种）等原因。

2. 流行特点

各个季节均可发病，但在换毛和剪毛期间较多发。

3. 临床表现及特征

初期症状：会排出形状不一的粪便，此时的食欲尚无太大改变。随着病程的发展，慢慢地粪便会变小，甚至排不出粪便。病兔食欲缺乏或废绝，精神倦怠，饮欲增加，常伏卧，喜啃咬自身被毛。大便干燥，粪便中混有兔毛。如果短时间摄入大量被毛，可在胃内与胃内容物混合形成坚硬的毛球，阻塞幽门口，易引起胃阻塞；或进入小肠后造成肠梗阻，引起大便秘结，腹部膨大，常出现腹痛不安，日渐消瘦。继发胃扩张时，触诊腹部，胃体积膨大，易引起胃臌胀，并可摸到胃内或小肠内坚硬的毛球。如不及时治疗，多因自体中毒或胃肠破裂引起死亡或随病程延长因消化障碍导致营养衰竭死亡。

病理变化：死亡家兔多消瘦，腹部臌大，胃容积增大，肠管内空虚，在胃内或小肠内可见大量兔毛和饲料混合的毛球(图3－9)。

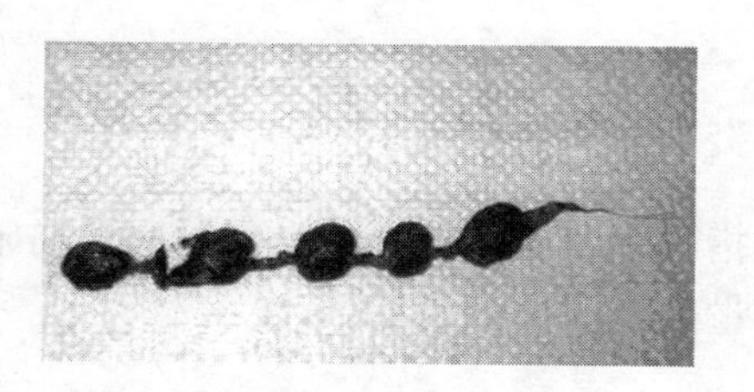

图3－9　毛球病　粪便呈串珠状

4. 临床诊断

结合临床表现及病理变化进行诊断。

5. 防治

(1) 预防。要针对发病原因，采取相应措施。平时要加强饲养管理，提供优良的生活环境，兔笼要宽敞，兔密度合理，不要过于拥挤，经常给兔梳毛，加强换毛季节残毛的处理。避免兔食入被毛。饲料中应补充充足的蛋白质、无机盐和维生素，精、粗饲料合理搭配。兔笼要宽敞，不要过于拥挤。及时治疗体外寄生虫病和皮肤病，将有食毛病的病兔单独饲养，防止互相啃咬，加喂适量的青绿饲料或优质干草，会加速胃内食物的移动，才能有效地防止毛球病发生。

（2）治疗。治疗原则为调整饲料结构和组成，促进阻塞毛球排出。

为排出毛球，早期可用油类泻剂，如豆油或花生油 20 ~ 30mL，或蓖麻油 10 ~ 15mL，成年兔每次 15 ~ 20mL，以润滑肠道，每日两次，便于排出毛球。同时，用温肥皂水深部灌肠，每次灌入 50 ~ 100mL。待毛球排出后 1 ~ 2 天，喂给易消化的饲料，同时投喂陈皮或健胃药。植物油泻剂无效时，应果断地施以外科手术治疗。另外，及时补充蛋氨酸 250mg 和胱氨酸 25mg，一次口服，以制止吞食被毛。此时，最重要的就是兔子的体力要足够。每天喂食牧草，控制食量，避免肥胖，饲主彻底进行换毛期的梳毛。

十、腹膜炎

腹膜炎是指腹膜壁层和脏层的炎症过程。临床上以腹壁疼痛和腹腔积有多量炎性渗出液为特征。

1. 病因

腹膜炎是由细菌感染、化学刺激或损伤等引起的常见外科严重疾病引起。腹壁创伤、透创、术后感染可导致的创伤性腹膜炎的发生。因腹腔和盆腔脏器穿孔或破裂（如胃肠破裂、膀胱破裂），使其内容物或血液漏入腹腔而发病。病原感染血液或淋巴，经血行感染腹膜而发病。邻近器官的炎症蔓延，如子宫内膜炎、膀胱炎、肠炎等可继发腹膜炎。如未能及时治疗可死于中毒性休克。部分可并发盆腔脓肿、肠间脓肿、膈下脓肿、髂窝脓肿以及黏连性肠梗阻等。

2. 流行特点

各个季节均可发生，但在雨季发病率明显升高。

3. 临床表现及特征

病兔精神沉郁，少食或不食，体温升高达40℃以上，不爱活动，活动时动作拘谨。腹膜炎早期的临床表现主要为腹膜刺激症状（如腹痛、压痛、腹肌紧张和反跳痛等）、呕吐、发热、白细胞增多。腹腔穿刺时，有多量橙黄色、混有絮状物的液体流出。用该穿刺夜做显微镜检，可见大量的红、白细胞。雷瓦尔他氏反应呈阳性。病兔呼吸浅表，多呈胸式呼吸。随着病情的加重，主要表现为全身感染中毒症状，常会出现以胸部动作为主的胸式呼吸，表现形体消瘦、倦怠无力、毛焦无光，最后因衰竭死亡。

病理变化：动物消瘦，腹部略膨大，腹膜受到刺激后发生充血、水肿，并失去固有光泽，腹腔内有数量不等的渗出液，并有纤维蛋白析出。渗出液中逐渐出现大量中性粒细胞和吞噬细胞，可吞噬细菌和微细颗粒。有的肠管互相黏连，但容易分离。感染腐败菌时，发出腐败臭味，以大肠杆菌为主的脓液呈黄绿色、稠厚，并有粪臭味。

4. 临床诊断

发生腹膜炎时，触诊病兔因痛感而用力挣扎。

5. 防治

（1）预防。对可能引起腹膜炎的腹腔内炎症性疾病及早进行适当的治疗是预防腹膜炎的根本措施。任何腹腔手术甚至包括腹腔穿刺等皆应严格执行无菌操作，肠道手术前应口服抗菌药物，以减少腹膜炎的发生。

（2）治疗。治疗原则是抑菌消炎、制止渗出，促进渗出液的吸收以及维护全身功能。积极消除引起腹膜炎的病因，可选用抗生素。如青霉素，20万~40万单位，肌内注射，每日2次。

并彻底清洗和吸尽腹腔内存在的脓液和渗出液，或促使渗出液尽快吸收，可静脉注射10%葡萄糖酸钙注射液5～10mL。也可用脱水剂（渗透性利尿剂），如静脉注射甘露醇或山梨醇10～20mL。口服尿素，每千克体重0.3～0.5g。渗出液过多时，可穿刺放液，或通过引流而使其消失。根据病情，可适当应用强心药。有酸中毒时，应用碳酸氢钠注射液调节体液平衡。

十一、直肠脱及脱肛

直肠后段全层脱出于肛门外称为直肠脱。若仅直肠后段黏膜脱出肛门外称为脱肛。该疾病是家兔的常见病，若救治不及时，也可引起家兔死亡。

1. 病因

家兔直肠壁组织较松弛，当慢性便秘、长期腹泻、直肠有炎症、兔经常怒责和兔腹内压增高等均是本病的主要原因。另外，饲养管理不当、应激反应、营养不良、年老体弱、长期患慢性消耗性疾、某些维生素的缺乏也会导致本病的发生。

2. 流行特点

一年四季均可发病，各年龄段家兔均有发生，以断奶至6月龄的小兔和老年兔居多。

3. 临床表现及特征

发病初期仅在排便后见少量直肠黏膜外翻，黏膜呈粉红或鲜红色，通常能自然恢复。随着严重程度的发展，脱出部不能自然恢复如不进行干预治疗可引起水肿淤血，呈暗红或青紫色且易出血。最后黏膜坏死、结痂，并黏附有兔毛、粪便和草屑等杂物，严重者排粪困难，体温升高、采食量下降，如救治不及时也会引起家兔死亡（图3－10）。

4. 临床诊断

由临床表现及特征可直接作出诊断。

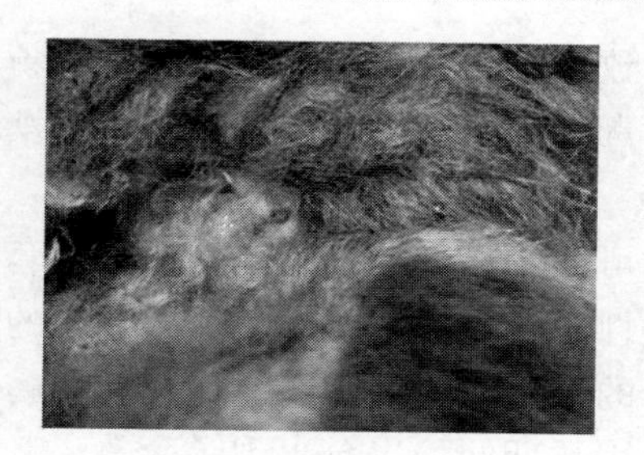

图 3－10　脱肛

5. 防治

加强饲养管理，适当增加光照和运动，保持兔舍清洁干燥，及时治疗消化系统疾病；对发病兔应及时治疗。轻者用 0.5% 高锰酸钾液、1% 碘液或 0.1% 新洁尔灭液清洗消毒后，提起后肢，慢慢复位。重者，脱出时间长，水肿严重，甚至部分黏膜已发生坏死，需先用消毒药消毒，再除去坏死组织，轻轻整复，并伸入手指，判断是否有套叠或绞扭的现象。整复困难时，用针头刺水肿部位，用温纱布包裹，用力挤出水肿液，再行整复。整复后肛门周围作荷包缝合，但要松紧适度，以不影响排便为宜。为防止剧烈努责时复发，可在肛门上方注射 1% 盐酸普鲁卡因液 3～5mL；若脱出部坏死糜烂严重，无法整复时，则实施截除术。可采用直肠前侧壁折叠加后壁及两侧壁悬吊固定术，术中充分游离直肠、足够的直肠前侧壁折叠、可靠的悬吊固定是治疗成功的关键；术后肛门括约肌功能锻炼也至关重要。

十二、肠套叠

肠套叠是指一段肠管套入与其相连的肠腔内，并导致肠内容物通过障碍。

1. 病因

家兔采食冰冻饲料、受寒、感冒、惊恐、受到肠道异物或肿瘤等刺激均可导致一段肠管套入相连的另一段肠管内而引发肠套叠。另外，兔病毒性出血及长期便秘，也可引发肠套叠。

2. 流行特点

一年四季均可发病，无特定的季节性，肠套叠又可分为原发性肠套叠和继发性肠套叠，其中原发性肠套叠的对象是幼兔，如刚断奶至 6 月龄的家兔发病率较高；继发性肠套叠在成年兔中比较普遍；老年兔因长期便秘也会出现肠套叠。

3. 临床表现及特征

病兔发生剧烈腹痛症状，表现不安、起卧、打滚、呼吸困难、脉搏加快并迅速继发胃肠臌气，最后精神沉郁。也可能排黏液性血便。触诊时腹肌紧张，套叠段肠管坚实、敏感、疼痛。剖检套叠部分肠段呈紫红色、肿胀，肠壁增厚，有出血点。套叠部分前段臌气、充满食糜。典型特征就是腹痛、血便以及腹部有肿块（图 3－11 和图 3－12）。

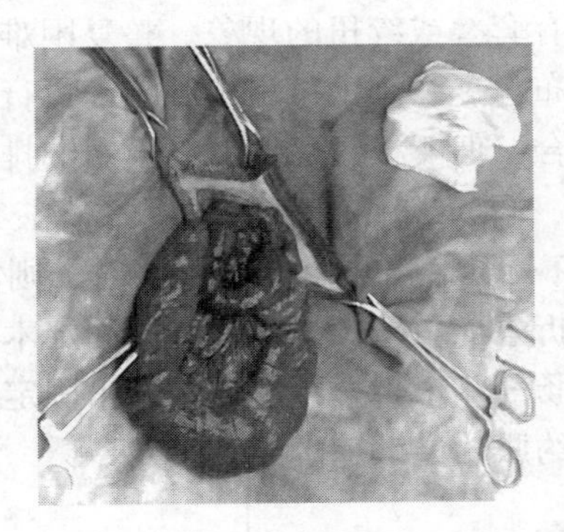

图 3－11　肠套叠 X 光检查

4. 临床诊断

根据典型症状和触诊一般可作出诊断，剖检可作出确诊。

5. 防治

保持兔舍安静，环境卫生，定期消毒，冬季防止家兔吞食冰

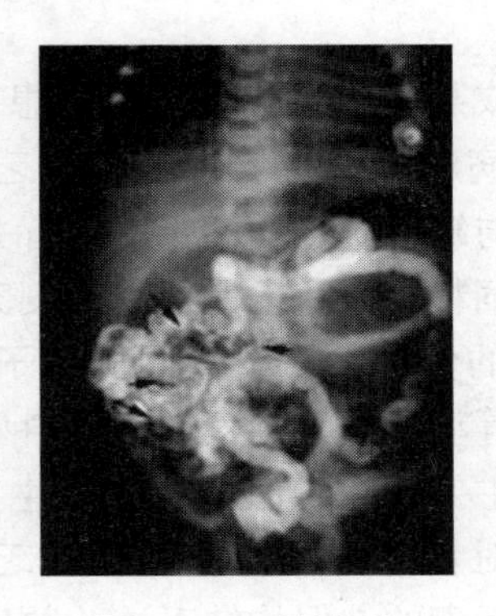

图 3－12　肠套叠

冻饲料或冰块，注意保暖。

治疗以手术为主。病初肠管尚好者，可整复肠管后调理胃肠功能方可恢复。病程稍长且肠管已经坏死者，应手术切除套叠段，进行肠管吻合术。因肿瘤或异物引起的要同时摘除肿瘤或异物。术后应用抗生素药物进行治疗，连用 3 天，以防感染。术前应做好准备包括纠正脱水及电解质紊乱、抗生素消炎等。手术时根据兔子具体情况及病理变化进行套叠复位，肠切除吻合，肠造瘘等。套叠很紧的病例，不能强力复位，以免引起浆膜撕破；鞘部有白色斑块疑有肠坏死的病例应行肠切除吻合术，避免术后发生破裂穿孔。

十三、异食癖

异嗜不是独立性疾病，而是某些疾病的症状，并有一定的持续性。主要是由于消化功能紊乱和味觉异常所致。其特征是病兔喜欢采食平时不吃的杂物，如食仔、食毛、食土等行为。是家兔的常见疾病，一般不会导致兔子发生群发性的死亡，但会影响家兔的生长发育、毛皮质量和繁殖，应加以控制。

1. 病因

饲料营养不全或某些成分比例失调；患有骨软症、佝偻病、慢性消化不良等疾病时常表现有异嗜；缺乏某些蛋白质和氨基酸，如兔的嗜毛症与缺乏胱氨酸和蛋氨酸有关；不及时清除兔笼内，尤其是混杂在饲料中的兔毛，极易诱发家兔的食毛癖；若不及时隔离有异食癖的兔子，易引起同群兔子发生相互食毛的现象；对诱发猪、禽等动物发生异食癖的资料显示营养因素也会导致异食癖的发生，主要提到长时间缺少维生素、矿物微量元素，纤维素等；其中，对食毛癖的说法包括缺乏硫元素、含硫氨基酸，也有说缺乏镁元素的，但均缺乏试验数据的支持。体表疾病（寄生虫病，癣病）可能与兔子发生食毛癖、食趾癖有关。经常处于饥饿状态，致使家兔不安，乱啃乱咬，久之成癖。

（1）食仔癖。母兔产仔后，将其仔兔部分或者全部吃掉，以初产母兔居多，多发生在产后 3 天以内。主要原因：母兔产前、产后得不到充足的饮水，口渴难忍；日粮营养不平衡，饲料中缺乏食盐、钙、磷、蛋白质或 B 族维生素等。产仔时母兔受到惊扰以及冷的刺激；产箱、垫草或仔兔带有异味，垫草发霉，人汗臭，香脂味或发生死胎时死未及时取出等；初产母兔产道狭窄，产仔时疼痛；产后无乳，仔兔咬损乳头；催产素用量过大，母兔产道受损；人为更换仔兔或仔兔寄养过晚被母兔认出等，均可诱发母兔吞食仔兔。初产母兔较经产母兔发病率高。

（2）食足癖。饲料营养不平衡、患寄生虫病、内分泌失调；腿、脚部骨折、脚皮炎和脚癣等腿部疾病都会刺激家兔食足。

（3）食毛癖。饲料中含硫氨基酸（蛋氨酸和胱氨酸）不足，忽冷忽热的气候是诱发因素，以断乳至 3 月龄的家兔最易发病。

（4）食土癖。饲料营养不均衡，缺乏钙、磷及微量元素等矿物质缺乏所致。

（5）食木癖。饲料中的粗纤维含量不足，饲料的硬度不够，使家兔不断生长的门齿得不到应有的磨损所致。

2. 临床表现及特征

一般多从消化功能紊乱、食欲减退开始，继之出现味觉异常和其他异常现象，表现为采食平时不吃的杂物，如被粪尿浸染的垫料、泥沙、被毛等；经常舔舐墙壁、砖头、石块、木块等；病兔胆小易受惊吓，被毛粗乱，弓背，日渐消瘦。一般体温无明显变化。母兔吞食刚产下或产后数天的仔兔，有些将胎儿全部吃掉，仅发现笼底或巢箱内有血迹，有些则吞食仔兔的部分肢体，笼内发现肢体不全的仔兔。家兔不断啃食脚趾尤其后脚趾，伤口经久不愈。严重的露出趾节骨，有的感染化脓或坏死（图 3 - 13）。

图 3 - 13 兔啃食皮毛

3. 临床诊断

结合临床表现及特征，可作出确诊。

4. 防治

（1）预防。针对发病原因，加强饲养管理，怀孕期保证充分的营养，给予全价配合日粮，增加蛋白质、矿物质、维生素、微量元素的量，饮水要充足。产箱提前消毒，垫草棉花切勿带有异味。产后给予多汁青绿饲料，饮麸皮水、米汤、1% 的温淡盐水或温的口服补液盐溶液；及时清理污毛、死胎；兔舍保持安静，不打扰其分娩。检查仔兔时，必须洗手后（不能涂擦香水等化妆品）或带上消毒手套进行，避免将异味带入窝内。寄养仔兔要早，并涂擦母兔尿液，催产素用量适当。同时，加强产前、产后的护理，定时监视哺乳。

（2）治疗。目前，尚无有效治疗方法。对有吞食仔兔恶癖者，应立即将母仔分开，仔兔人工哺乳或寄养，连续两窝以上出现吞食仔兔的母兔应予以淘汰。据报道，母兔喂适量的熟猪肝或熟猪肉，有一定治疗效果。要查明病因，及时治疗原发病。在明确病因的基础上，有针对性地加强饲养管理，给予全价的日粮。

隔离：动物的行为具有模仿性，为了阻止异食癖在家兔群体中的蔓延，需及时将已发生异食癖的个体进行隔离或淘汰，防止其他个体模仿。及时检查病因，由于发病原因具有复杂性和多样性，需要及时而仔细地调查分析发病群体和正常群体的某些差异，找出病因，采取有针对性的控制措施。

控制兔子食仔癖的主要措施：为产仔母兔提供足量的饮水、青饲料和补充适量的食盐；在母兔妊娠期间，日粮中可添加适量矿物质添加剂；在母兔产仔前，应在兔笼里放置0.5%～1%新鲜食盐水，供母兔在产仔前后口渴时饮用；保持环境安静，保证产仔箱内清洁、干燥、无异味。防止母兔受到惊吓，在母兔产仔过程中不需饲养人员围观，周围也不要发出大的噪音；在母兔分娩前后，给母兔饲喂适量脂肪，如在分娩前3天给母兔饲喂25g左右的生肥猪肉，或在分娩时给母兔饲喂一块鲜猪肝；有吞食仔兔癖的母兔产仔后，立即将母仔分开，进行定时哺乳。

减少兔子发生食毛癖的措施：首先要坚持每日观察兔群的活动、健康状况，及时隔离有啃食自己或同笼兔子被毛的病兔，经常清除脱落的兔毛，保持饲料、笼舍的清洁，尤其在换毛季节；控制体表寄生虫病、真菌病；避免饲养密度过大；提供干草，适当补充硫元素或含硫氨基酸及镁元素。

减少兔子发生食趾癖：应搞好疥癣病的预防和治疗；清除笼底板刺激物，防止兔脚卡在间隙里造成骨折，隔离发病个体并治疗。

减少兔子发生食土癖：配制合理的饲料，注意矿物质、维生素、食盐、骨粉等的添加。

减少兔子发生食木癖：在配合饲料中加入一定量的粗纤维，提倡有条件的兔场使用颗粒饲料。平时在兔笼的草架里放些树枝或剪掉的果树枝，让其自由采食。

十四、幽门痉挛

幽门痉挛症是偶发于断奶仔兔的一种伴有幽门肌肉肥大的疾病。

1. 病因

家兔伴有肌肉肥大的幽门痉挛，曾在荷兰、英国和美国发生。目前，对本病病因不明，但有研究人员认为是由于随食物吃进的某些有害物质所致。

2. 流行特点

本病常见于断乳仔兔和刚成年兔。

3. 临床表现及特征

常见的症状是厌食，胃和盲肠撒气，磨茅（腹痛）。本病病程通常 1 ~ 5 天。病例多数死亡。在给予病兔食用含硫酸钡食物后，X 射线摄影结果表明钡剂不能通过幽门。由于痉挛性收缩，幽门发生封闭。

4. 临床诊断

通过剖检才能建立诊断。在鉴别诊断方面，本病必须与先天性幽门狭窄区别。先天性幽门狭窄见于初生幼兔，而幽门痉挛具有肌肉肥大、增厚。

5. 防治

本病目前无有效的治疗药物，如多数麻醉性和拟交感神经作用的松弛剂，对本病都无疗效。

十五、腹泻

腹泻不是单纯的一种疾病，是泛指临诊具有腹泻症状的疾病，是多种疾病的共有症状。主要表现为粪便不成球，稀软呈粥状或水样。各年龄段的家兔均可发生，尤以断奶前后的幼兔发病率最高，如果治疗不及时，可引起死亡。

1. 病因

饲料搭配不合理（如高能量、低纤维，精料比例过高），饲喂不定时、不定量，突然更换饲料，家兔不适应，特别是断乳的幼兔更易发病；饲料不清洁，混有泥沙、污物等，饮水不洁，或夏季不经常清洗饲槽、不及时清理饮水管内污物、不及时清除料槽内残存饲料，以至饲料酸败而致病；饲料发霉、腐败变质，采食有露水的饲草、冰冻的饲料或含水量过多的饲料；过食不易消化的草料；兔舍寒冷潮湿，家兔腹部着凉；有毒性物质（有毒植物、有机磷农药或化学药品）的刺激；某些微生物（如魏氏梭菌、大肠杆菌、螺形梭菌、蜡样芽孢杆菌、绿脓杆菌等感染）和寄生虫（如球虫）的侵害。由于遗传因素，家兔的品种不同，腹泻引起的死亡率也不同，如毛用兔比肉用兔抵抗力差，纯种兔的死亡率高于杂交兔。口腔及牙齿疾病，可引起消化障碍而发生腹泻。

2. 流行特点

各种年龄的家兔均可发生，尤以断奶前后的幼兔发病率最高，如果治疗不及时，可引起死亡。

3. 临床表现及特征

胃肠炎性腹泻的病兔表现精神不振，常蹲于一侧，食欲缺乏，甚至废绝，粪便较软或稀薄，严重者成稀糊状或水样粪便，并有恶臭味，粪便中混有未消化的食物碎片、气泡和浓稠的黏液，重者可出现血便。腹部触诊有疼痛反应，有时腹部臌气，腹围增大。腹泻严重者出现脱水和衰竭状态。不同出现程度不同的消瘦，被毛粗乱无光泽，黏膜发绀或黄染，脉搏细弱，呼吸急促，眼球下陷，皮肤弹性差，拉起后不恢复原形，喜饮水，处理不当会引起迅速衰竭死亡。消化不良性腹泻表现食欲减退，不活泼，排稀软、粥样或水样便，污染被毛。病程长者消瘦无力，不爱运动。有的出现异嗜，有的出现轻度腹胀及腹痛。

病理变化：胃肠道呈卡他性炎症时，肠黏膜增厚、充血，肠内容物呈黄绿色，易被刮落。胃肠道发生胃肠炎时，可见肠黏膜剥脱、出血，肠壁变薄，内容物呈红褐色（图 3－14）。

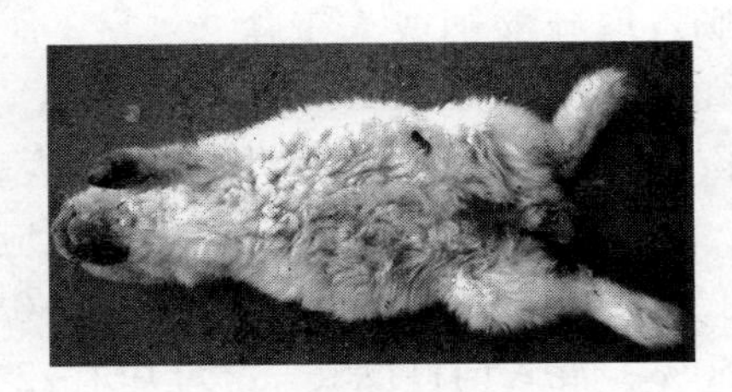

图 3－14　腹泻造成的肛周被毛脏乱现象

4. 临床诊断

因传染病和寄生虫病引起的腹泻　这类原因引起的腹泻约有 20 余种，常见与多发的有魏氏梭菌病、大肠杆菌病、沙门氏菌病、球虫病等。这类腹泻除根据腹泻的性状、色泽等诊断外，尚有该病特异的临床特征，应结合流行病学分析、剖检、实验室诊断、查找病原进行确诊，确诊后选择有效抗生素进行治疗。

5. 防治

（1）预防。加强饲养管理，定时定量饲喂，注意饲料品质，不饲喂霉败、冰冻饲料。食槽定期刷洗、及时消毒，饮水要清洁。逐渐变换饲料，垫料勤更换。对刚断奶的幼兔一定要做到定时定量饲喂，防止过食。兔笼舍要保温、通风良好、干燥和卫生。做到定期驱虫。及早治疗原发病。合理的饲养管理，建立定期卫生消毒制度。注意隔离与检疫，凡新进场的兔子均要进行隔离检疫后方可进场，隔离场所应严禁闲杂人员进出，隔离区用具等均要消毒处理。适时驱虫，定时接种疫、菌苗，药物预防。

（2）治疗。本病的治疗原则是清理胃肠，排除有害刺激物，恢复胃肠功能，杀菌消炎，收敛止泻和维护全身机能。对于轻症病例，随着调整饲料组成或更新变质饲料，症状可得到缓解。

首先，发现病兔应及时祛除病因，将病兔移至干燥、温暖的兔舍，停喂青绿多汁饲料，尽可能少喂或禁食，给予清洁温水，必要时，可饮0.9%生理盐水或5%葡萄糖氯化钠溶液

①清理胃肠：取硫酸钠或人工盐2～3g，加水40～50mL，一次口服；或植物油10～20mL，口服。

②调整胃肠功能：可服用各种健胃剂，如大蒜酊、龙胆酊、陈皮酊2～4mL，各酊剂可单独应用，也可配伍应用，配伍时剂量酌减。或人工盐0.5g、龙胆粉0.5g、小苏打0.3g，口服；炒神曲、麦芽各50%，混入饲料投喂；酵母片1～2片口服。

③杀菌消炎：可口服磺胺类药物如磺胺嘧啶、磺胺脒等，初次用量每千克体重0.14g，维持量每千克体重0.07g，每日2次，连用3天。或应用广谱抗生素，如新霉素每千克体重0.5万～1万单位，每天2次肌内注射，连用3天。或用氯霉素每千克体重60～100mg，每天2次肌肉或静脉注射，连用3天。或口服庆大霉素注射液，每次5万～10万单位，每日2次。或诺氟沙星，每千克体重20～30mg，每日2次，拌于饲料中喂给。对抗菌药物治疗无效者，可用促菌生片（含菌1亿个/片），每千克体重1片，每日口服3次。幼兔用量可减半。

④收敛盐泻：在粪便臭味不大，但腹泻不止时方可使用。口服1%鞣酸溶液4～8mL，每日2～3次；矽炭银，每次1～2片，日服；鞣酸蛋白0.25g、小苏打0.5g，加入饲料中投喂或口服，

每日 2 次，连用 1 ~ 2 天。

⑤维护全身机能：对脱水严重、全身恶化者，可静脉注射 10% 葡萄糖注射液或林格氏液 10 ~ 20mL，或皮下注射 5% 糖盐水 30 ~ 50mL、20% 安钠咖注射液 1L，每日 1 ~ 2 次，连用 2 ~ 3 天。

6. 几种常见腹泻病的诊治

（1）魏氏梭菌病。一年四季均可发生，小兔易感，体温一般偏低，急性下痢呈水泻，有特殊腥臭味，剖检胃有溃疡，胃黏膜脱落、肠臌气、积水、大肠浆膜出血。用抗生素、磺胺类药治疗无效，用高免血清结合抗生素或磺胺类药加人工补液等综合治疗疗效较好。

（2）沙门氏菌病。孕兔及幼兔好发，体温高，拉乳白色稀粪，剖检见胸腹腔积液、肠黏膜有黄色小线节，化脓性子宫炎，抗生素有一定疗效。

（3）大肠杆菌病。一年四季均可发生，大小兔只均易感，病兔体温正常或略低，糊状稀粪或透明液胶冻样粪便，剖检见胃积水，空肠和直肠内充满半透明胶冻样物，抗生素治疗效果明显。

（4）球虫病。断奶前后幼兔易感，高温高湿天气好发，病兔体温正常，先便秘后拉稀，怀孕兔流产，被毛粗乱，身体消瘦，黏膜苍白，肝有黄色小结节，肠黏膜有坚硬白点和化脓性坏死灶，用抗球虫药治疗有效。

（5）泰泽氏病。多发于 6 ~ 12 周龄幼兔，体温正常，急性水泻，喂什么颜色饲料拉什么颜色水粪，剖检见心、肝脏有针尖状或环状坏死灶，无特效药。

（6）肠源性毒血症。好发于 4 ~ 8 周龄幼兔，体温正常，急剧下痢，剖检见急性肠炎，胃内积水，盲肠扩大，黏膜上有弥漫性出血，用广谱抗生素和采用饥饿疗法有一定作用。

(7) 痢疾。急性初起拉稀粪后水泻，粪中混有粉红色胶冻样黏液，恶臭，两耳发凉，脱水，消瘦甚至死亡。用黄连素片内服，庆大霉素肌注，同时，静注生理盐水有效。

(8) 非病原菌引起的腹泻。主要由饲养管理失调等原因引起，大小兔均可发生，体温正常，水样下痢。改善饲养管理，必要时，配合使用收敛药疗效显著。

第二节 呼吸系统疾病

一、鼻塞症

鼻塞是指鼻道因受到病毒感染的血管肿胀而造成阻塞的疾病。它是上呼吸道感染最常见的疾病。

1. 病因

鼻塞是指鼻内有东西阻碍呼吸致空气流通受阻。原因有许多种：流鼻水、打喷嚏，感冒时的急性鼻炎、过敏性鼻炎等。若有类似脓状的鼻水，则可能是蓄脓症。此外，像分隔鼻腔的鼻中隔偏曲症、鼻甲肥厚的肥厚性鼻炎，还有副鼻窦积脓的鼻窦炎等都会造成鼻塞。医疗中应该注意长期皮质类固醇的给予，因为这些药物会引起免疫抑制，而可能触发潜藏的巴斯德杆菌形成感染，引发鼻塞症。

2. 流行特点

各个品种、各个年龄段的兔子均可患病，刚断奶的幼兔最易患病。

3. 临床表现及特征

鼻黏膜发炎，鼻腔先流出浆液性鼻液，后转为黏液性鼻液或转为脓性鼻液。病兔常出现打喷嚏、咳嗽、体温稍高、食欲减退、常用前爪擦揉鼻孔、鼻孔附近的被毛潮湿脱落、上唇和鼻孔皮肤红肿发炎、鼻液堵塞鼻腔出现呼吸困难和呼噜音等症状。

病理变化：鼻腔黏膜潮红、肿胀或增厚，有的发生糜烂，黏膜表面附有浆液性、黏液性或脓性分泌物。鼻窦或副鼻窦黏膜充血红肿，窦内有分泌物集聚。巴斯德杆菌感染有关的猝死病例，死后解剖内脏上出现的淤斑是微小脓疡灶（图3－15）。

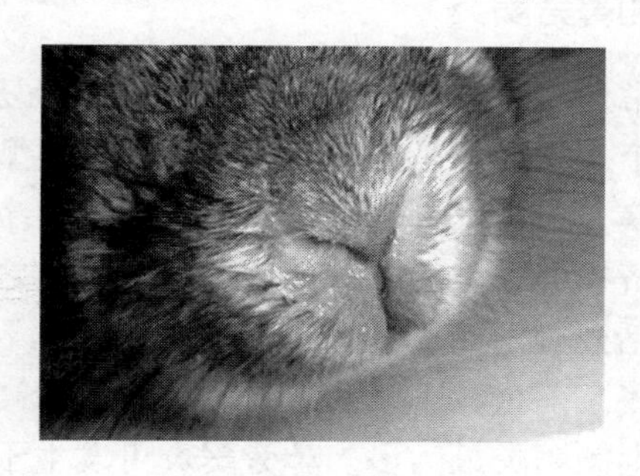

图3－15　鼻塞症

4. 临床诊断

根据流行特点、临床诊断和病理变化，可作初步诊断，确诊有赖于实验室检查。

5. 防治

（1）防治。种兔要定期消毒，定期做疫苗，兔舍应通风、透光、干爽、清洁。冬季要注意保暖，防止受寒和贼风侵袭，夏季要注意防暑降温，运输途中要防止淋雨受寒。发现病兔首先要将其转移到温暖地方，加强对病兔的护理，给予易消化的饲料和清洁饮水，补充多种维生素并进行治疗。如遇到流行性感冒，必须迅速隔离。

（2）治疗。治疗原则是消炎杀菌、对症治疗。青霉素、链霉素联合肌内注射，青霉素每千克体重2万~4万单位和链霉素1万~2万单位，每天两次，连用3天。或用硫酸庆大霉素注射液、硫酸卡那霉素注射液肌内注射，按每千克体重每次用1万~

2万单位，每天两次，连用3天。病兔较多的情况下，可用阿莫西林粉、泰妙菌素粉进行饮水给药，将葱白一小把或将葱头（洋葱）3~4个切碎煎汤，用鼻吸热气，或将食醋烧开可在兔舍放置效果较好。

二、鼻炎和鼻旁窦炎

养殖户经常发现兔的鼻炎症状，其病因极为复杂，多数是某些疾病中的一个症状或者是某些疾病中的一种类型，极少数属于独立传染性疾病。兔鼻炎直接影响到兔群的出栏率，给养殖户带来了一定的经济损失，是危害养兔业的主要疾病之一。鼻旁窦炎即鼻窦炎，包括急性鼻旁窦炎和慢性鼻旁窦炎，为鼻科常见疾病，慢性者居多。前组鼻窦较后组鼻窦的发病率高，临床上鼻旁窦的炎症中以上颌窦炎最为多。鼻旁窦炎可发生于一侧，亦可双侧。传染性鼻炎是以巴氏杆菌和波氏杆菌等多种病原菌共同作用的结果。这些病原菌平时在家兔上呼吸道和扁桃体内存在，一般兔群的带菌率可达50%~80%。

1. 病因

兔舍内的空气质量不高，有害气体越浓，鼻炎发生率越高。而影响有害气体浓度的因素包括：饲养密度、通风状况、设备的完善情况和粪尿的清理。鼻炎是兔一种常见的、多发的呼吸道疾病病。引发本病的病原体除巴氏杆菌、波氏杆菌、葡萄球菌外，还有绿脓杆菌、变形杆菌等。这些病菌有时可单独引起鼻炎，有时是几种病菌同时存在引起鼻炎综合征；病毒和寄生虫也可以引起鼻炎，如兔痘、流感病毒，球虫、弓形体等。

鼻腔疾病，如急、慢性鼻炎、鼻中隔偏曲、中鼻甲肥大、变应性鼻炎、鼻息肉、鼻腔异物和肿瘤等。上述疾病均可阻塞窦口鼻道复合体，阻碍鼻窦的引流和通气而致鼻旁窦炎的发生。临近器官的感染病灶，如扁桃体炎、腺样体炎等均可继发鼻旁窦炎。

此外，上列第二前磨牙和第一、第二磨牙的根尖感染、拔牙损伤上颌窦、龋齿残根坠入上颌窦内等，均可引起上颌窦炎症。创伤性鼻窦外伤，骨折或异物射入鼻窦可将致病菌直接带入鼻窦。受寒受湿、营养不良、维生素缺乏、生活环境不洁等因素引起全身抵抗力下降，从而诱发本病。

2. 流行特点

寒冷季节或气候突变时容易发病，是家兔的常见病，老龄兔和幼弱兔更易发生。

3. 临床表现及特征

鼻腔中流出浆液性、黏液性或脓性鼻液，常打喷嚏、鼻腔黏膜潮红、水肿，患兔常用两前肢爪抓鼻部，严重时呼吸困难，鼻周围和两前肢端湿润，有时结成硬块。鼻炎和副鼻窦炎常有淡黄色的脓液。当病原体移行到呼吸道的下部时则可引起肺炎、肺脓肿、胸壁与肺的黏连以及脓胸等。

4. 临床诊断

根据临床表现及特征进行初步诊断，确诊需要实验室检查。

5. 防治

(1) 预防。加强饲养管理、改善卫生条件，对兔舍和笼具进行定期消毒，保证清洁卫生。严格防疫制度，对引进兔要隔离一段时间，经检查无病后方可混群，要对兔群定期预防接种，定期驱虫等。

(2) 治疗。抗生素或磺胺类药物足量，以控制感染，防止其转为慢性或继发其他疾病。明确致病菌者应选择敏感的抗生素，未能明确致病菌者可选用广谱抗生素。明确厌氧菌感染者应同时应用替硝唑或甲硝唑。

①兔呼克治疗：皮下注射兔呼克，每天 1 次，连注 3 天，每千克体重 0. 2mL。

②兔呼舒治疗：斯德普动物药业生产，按说明书的比例加水

给患兔饮用。预防量，每月饮水15天，停药15天；治疗量，连饮1个月为1个疗程，若没见好转，可接着再饮1个月。

③抗菌消炎：0.5%的恩诺沙星注射液（广东海康兽药厂）1mg/kg体重，肌内注射每天2次，连注3~5天；青霉素20万国际单位（只·次），连用7天。青霉素和链霉素，每千克体重2万~3万单位，混合肌内注射，每日2次，连续3天；肌内注射庆大霉素，每千克体重2万单位，每日3次，连续3天；卡那霉素，每千克体重15mg，每日2次，连续3天；每千克体重肌内注射氧氟沙星4mg，或乳酸环丙沙星3mg，每日2次，连续3~5天。

④综合治疗：用75%的酒精棉球对患兔的口鼻周围进行局部消毒，用棉签蘸鼻炎净对患兔鼻腔分泌物洗净，每天1次。同时，肌内注射卡那霉素1mL/（只/次），每天2次，连注射3天。另一种方法是用生理盐水或0.5%小苏打溶液、1%~2%硼酸溶液、0.5%磺胺溶液、0.5%的明矾溶液、0.1%的高锰酸钾溶液每天冲洗鼻腔1次，冲洗后涂以抗生素软膏。同时，肌内注射青霉素20万国际单位/（只·次）；每天2次，连用7天，口服磺胺二甲基嘧啶，0.1g/kg体重，连服1周，停药4天再服1周。

三、感冒

感冒又称伤风，是家兔由于寒冷刺激引起的一种常见呼吸道疾病，临床上以发热和上呼吸道黏膜表层炎症为主要特征的急性全身性疾病，是家兔出现“吹鼻子”现象的主要原因。若不及时治疗，很容易继发支气管炎和肺炎。

1. 病因

本病多发于早春、晚秋季节及冬季。多由气候骤变，气温突然降低、昼夜温差过大等原因造成。兔笼舍保温不好、潮湿、通风换气不良、兔舍内氨气浓度过高、烟尘的刺激以及病毒感染、运输途中被雨水淋湿、贼风侵袭、过度拥挤、剪毛后受凉等环境因素均易发生感冒。兔发生感冒时常导致机体抵抗力下降，致使某些病原微生物乘机侵入或大量繁殖而使病情恶化，甚至继发气管炎、支气管炎或肺炎。

2. 流行特点

本病多发于早春、晚秋季节及冬季。

3. 临床表现及特征

本病以发病急、发热为主要特征。病兔主要表现呼吸道症状，轻者会出现打喷嚏、咳嗽、精神不振、食欲下降或不食、不爱运动、眼半闭卧在某一角落、流泪、眼结膜潮红、体温升高、四肢末端及耳鼻发凉、出现战栗等症状，体质好的家兔 3 ~ 5 天能自愈。严重病例会出现食欲废绝、体弱无力、呼吸迫促、体温明显升高达 40℃ 以上的病症。若不及时诊治，部分可转化为支气管肺炎。重者体温升高至 40℃ 以上，皮毛不整，四肢末端、耳、鼻发凉，出现畏寒战栗，拱背，步态不稳等症状。严重病兔呼吸困难，鼻腔出大量脓性黏稠鼻液，流涎，肺部听诊肺泡呼吸音粗粝，有时可听见湿性罗音，若伴有结膜炎时，结膜潮红，流泪。如不及时治疗，极易继发支气管炎或肺炎。多数病例经药物治疗后，能迅速恢复健康。

4. 临床诊断

根据流行特点及临床表现及特征，可作出诊断。

5. 防治

（1）预防。加强饲养管理，在气候寒冷和气温变化明显的季节，加强防暑防寒保暖工作。冬季兔舍特别注意保暖，防止贼风侵袭，剪毛要选择天气晴朗温和时进行。日常保持兔舍清洁、干燥、通风。在感冒流行期间，注意药物预防，加强对病兔的护理，给予易消化的饲料和清洁饮水，补充多种维生素。如出现流行性感冒，必须迅速隔离治疗。

（2）治疗。本病的治疗原则是解热镇痛、防止继发感染。对病兔精心护理，兔舍保暖通风。给予易消化的青绿饲料和清洁饮水，补充多种维生素。

①解热镇痛：口服扑热息痛，每次0.2～0.5g，每日2次，连用2～3天；皮下或肌内注射复方氨基比林注射液或安痛定，每次1～2mL，每日2次，连用2～3天；口服复方阿司匹林，每次0.1～0.3g，每日3次，连用3天，幼兔减半；皮下或肌内注射安痛定注射液，每次0.3～0.6mL，每日2次，连用1～3天；口服羟基保泰松，每次每千克体重12mg，每日1次，连用2～3天；也可使用银柴注射液，每次肌内注射1～2mL，每日2次，连用2～3天；口服银翘解毒片或桑菊感冒片，每次1～3片，每日2次；口服克感敏片，成年兔每次1片，幼兔减半；还可用板蓝根冲剂、银翘散、感冒清等清热解毒的中成药。鼻腔不通时，可用滴鼻净滴鼻，每日3次，每次3～5滴。

②防止继发感染：为防止继发感染，可选用抗生素、病毒灵或磺胺类药物。可每千克体重用青霉素20万～40万单位和链霉素20万单位混合肌内注射，或用卡那霉素20万单位，肌内注射，每日2次，连用3天；肌内注射病毒灵注射液2～3mL，每日2次。也可应用磺胺类药物，如磺胺二甲基嘧啶，每千克体重70mg，静脉或肌内注射，每天2次。静脉或肌内注射10%增效磺胺钠（磺胺邻二甲氧嘧啶钠）注射液，每次每千克体重0.1～0.2mL，每日1次，连用3天。

多数病例经上述药物治疗后，能迅速恢复健康，也有的病例会发生呼吸困难或继发支气管肺炎而使病情恶化。

四、支气管炎

支气管炎是由各种原因引起支气管黏膜表层或深层的急、慢性炎症。临床上主要以咳嗽、流鼻液、胸部听诊有啰音和不定热型为特征。寒冷季节或气候突变时容易发病，是家兔的常见病，老龄兔和幼弱兔更易发生。

1. 病因

寒冷刺激、机械和化学因素刺激是原发性支气管炎主要致病因素。寒冷刺激可降低机体抗病力，特别是呼吸道黏膜的防御能力，使呼吸道的常在菌（如肺炎球菌、巴氏杆菌、葡萄球菌、链球菌等）大量繁殖并产生致病作用，引起急性支气管炎。机械、化学因素的刺激，如吸入粉碎饲料、飞扬的尘土、真菌孢子、花粉、有毒气体或发生误咽等，均可刺激支气管黏膜引起炎症。不当的饲养管理、伤风感冒、鼻炎和上呼吸道感染均能诱发本病。另外，喉和气管的炎症也经常继发支气管炎。

2. 流行特点

寒冷季节或气候突变时容易发病，是家兔的常见病，老龄兔和幼弱兔更易发生。

3. 临床表现及特征

病兔常见临床表现为体温在40℃以上、精神沉郁、食欲减退、全身倦怠、打喷嚏和咳嗽等，病初期为干痛咳，以后随着炎性渗出物的增加，转变为湿长咳。由于支气管黏膜充血肿胀及分泌物的增加致使支气管管腔变窄而出现呼吸困难的症状。病初流浆液性鼻液，以后流黏性或脓性鼻液，咳嗽时流出量更多。排便呈先干后稀的现象，如不及时治疗，2～4天出现死亡现象且死亡率高。胸部听诊：肺泡呼吸音增强，可听到干、湿性罗音，慢性支气管炎主要症状是持续性咳嗽，咳嗽多发生在运动、采食或气温较低的时候（早、晚或夜间）。剖检可见病兔肺部有紫黑色病灶或化脓性病变。

4. 临床诊断

根据流行特点、临床症状及病理变化进行确诊。

5. 防治

(1) 预防。平时应搞好饲养管理，饲喂营养丰富、易消化、适口性强的饲料，使家兔膘肥体壮，具有较强的抗病能力。兔舍要保证阳光充足、通风、保温，使兔舍冬暖夏凉。

(2) 治疗。治疗原则是对症治疗、抑菌消炎、祛痰止咳。

①抑菌消炎：可应用抗生素，如青霉素每千克体重20万单位和链霉素20万单位，混合肌内注射；肌内或皮下注射北里霉素，每次每千克体重5～25mg，每日1次；或肌内注射硫酸卡那霉素，每次每千克体重5mg，每日2～3次，连用3～5天。也可应用磺胺类药物，如肌内注射10%增效磺胺嘧啶钠注射液2～4mL，每日2次，连用3天；或静脉（或深部肌内）注射40%磺胺甲基异嗯唑注射液，每次每千克体重0.07g，每日2次。

②祛痰止咳：频发咳嗽而分泌物不多时，可选用镇痛止咳剂，常用磷酸可待因，每千克体重22mg，口服，每日2～3次，连用2～3天；咳必清，每次口服12.5～22mL，每日3次，连用3天。痰多时，可应用氯化铵，每次口服0.15～0.3g，每日3次，连用3～5天。

五、肺炎

肺炎是肺实质的炎症，常伴有细支气管炎症。临诊上可分为小叶性肺炎（也叫支气管肺炎或卡他性肺炎）、大叶性肺炎（又名纤维素性肺炎或格鲁布性肺炎）、吸入性肺炎（也叫异物性肺炎，严重的称之为坏疽性肺炎或肺坏疽）和霉菌性肺炎，本病的发生没有年龄限制，常见于老龄兔和幼兔，多发生于早春和晚秋天气骤变时节。家兔常见肺炎为卡他性肺炎且多见于幼兔。

1. 病因

本病多由病原菌感染引起，也有感冒、气管炎或鼻炎等疾病继发引起肺炎。常见的病原菌有多杀性巴氏杆菌、支气管败血波氏杆菌、金黄色葡萄球菌、溶血性链球菌、肺炎双球菌、绿脓杆菌、肺炎克雷伯氏菌和大肠杆菌等。家兔在天气骤变时受寒、营养低下或饲养管理不当的情况下，家兔感冒或抵抗力低下时易被病原菌感染，引发肺炎。仔兔吮奶时，因奶汁呛入肺内、误咽或灌药时药物误入气管，也可引起异物性肺炎，最后也往往因细菌感染而死亡。兔舍寒冷、潮湿、光照不足、通风不良、经常蓄积有害的气体（如氨气、硫化氢等）、密集管理、兔舍过热及受贼风侵袭都会导致兔肺炎的发生。采食霉败饲料，有时可引起霉菌性肺炎。

2. 流行特点

本病的发生没有年龄限制，常见于老龄兔和幼兔，多发生于早春和晚秋天气骤变时节。家兔常见卡他性肺炎且多见于幼兔。

3. 临床表现及特征

急性肺炎病兔常表现为精神不振、打喷嚏、咳嗽、食欲减退甚至废绝、结膜充血后发绀、体温升高、心律不齐、呼吸困难、伸颈或头向上仰呈腹式呼吸。病初为干咳，后变为湿咳。由于支气管黏膜充血肿胀，分泌物增加，使管腔变窄，呼吸极度困难。鼻液初期呈浆液性，后变为黏稠脓性。胸部听诊：肺部呼吸音强，有干、湿啰音。胸部叩诊呈浊音。X线检查可见肺野部有斑片状、絮状致密影。若治疗不及时，3～4天后可因窒息而死亡。慢性肺炎病兔主要表现为连续长时间咳嗽，在运动、采食或气温较低时（早、晚、夜）尤其严重。如同时有其他呼吸道疾病则症状更加复杂、严重。

病理变化：主要见于肺的前下部，可见肺表面有大小不等、深褐色的斑点状肝样病变。根据病程及严重程度而表现为肺实变、肺臌胀不全、灰白色小结节、肺脓肿等现象，病变部不含气体。肺实质可能出现出血性变化，胸膜、肺脏、心包膜上有纤维素絮片，其他脏器无明显变化。也有病兔胸腔内充满混浊的胸水，严重时可见由纤维组织包围的脓肿。病程的后期常表现为脓肿或整个肺叶的空洞。

4. 临床诊断

根据流行特点，临床表现以及病理变化可确诊。

5. 防治

（1）预防。注意兔舍保温、通风良好、保持舍内阳光充足、防止贼风侵袭。加强饲养管理，饲喂营养丰富、易消化、适口性好的饲料，增强机体体质和抗病力。灌药时需小心，防止发生异物性肺炎。不饲喂霉败饲料，防止发生霉菌性肺炎。

（2）治疗。治疗原则是加强护理、抑菌消炎、对症治疗。

①加强护理：将病兔隔离在温暖、干燥及通风良好的环境中饲养，并给予营养丰富易消化的饲料。保证充足、清洁的饮水，注意防寒保暖。

②抑菌消炎：应用抗生素和磺胺类药物。青霉素、链霉素或卡那霉素，两药联合应用效果更佳，肌内注射，成年兔各 20 万单位，每日 2 次，连用 3 ~ 5 天；氨苄青霉素钠、头孢菌素，每千克体重 5 ~ 25mg，肌内或静脉注射，每日 2 次；环丙沙星注射液，每千克体重 1mL，肌内注射，每日 2 次；可内服阿司匹林片（或复方阿司匹林）或氨基比林片，每次成年兔 0. 5 ~ 1 片，每日 2 次，幼兔酌减；四环素每千克体重 0. 1 ~ 0. 2mg，口服，每日 3 次，连用 3 ~ 5 天；双黄连注射液，每千克体重 30 ~ 50mg，肌内或静脉注射，每日 1 次。体温升高时可用解热药，如安乃近等。另外，补充 5% 糖盐水可使病兔减轻症状。

③对症治疗：病兔咳嗽、有痰液时，可用祛痰止咳的药物，方法同支气管炎的治疗；因分泌物阻塞支气管而导致呼吸困难时，可应用支气管扩张药，如肌内注射氨茶碱，每千克体重 5mg；为增强心脏功能，改善血液循环，可采取补液强心措施，如静脉注射 5% 葡萄糖注射液 30 ~ 50mL，皮下或肌内注射强尔

心注射液0.5mL；为减少渗出并促进炎性渗出物的吸收，可静脉注射10%葡萄糖酸钙注射液，每次0.5~1.5g，每日1次。

第三节　泌尿与繁殖障碍系统疾病

一、睾丸炎

睾丸炎是指公兔睾丸发炎所引起的一种病变过程，通常在交配、撕咬等过程中受到感染而发生的，也常继发于其他传染病。

1. 病因

睾丸组织因外伤被细菌、病毒、寄生虫感染，导致炎症发生，呈现红、肿、热、痛等症状。

2. 临床表现与特征

公兔睾丸炎，表现为阴囊肿胀，有分泌物，根据其病程可分为急性睾丸炎、慢性睾丸炎：

（1）急性睾丸炎。公兔阴囊体积变大，阴囊皮肤发红、皮肤温度升高、水肿（俗称“红蛋蛋”）。睾丸比正常情况下大而稍硬，触摸患兔睾丸时，患兔因疼痛而挣扎，精索发炎变粗。

（2）慢性炎症。精索结构被破坏，结缔组织广泛增生，患兔睾丸体积肿大、较坚硬（图3-16）。

3. 临床诊断

患病公兔后背拱起，精神沉郁，不爱攀爬，阴囊红肿，呈鲜红色、暗红色等，触之敏感，有的阴囊破溃。

4. 防制

（1）加强饲养管理。兔舍要保持清洁、干燥、通风、定期消毒，定期观察公兔精神状况，行为姿势，对于睾丸有外伤的患兔要单独饲养，精心护理。

（2）药物治疗。因外伤引起的睾丸炎肌内注射青、链霉素，

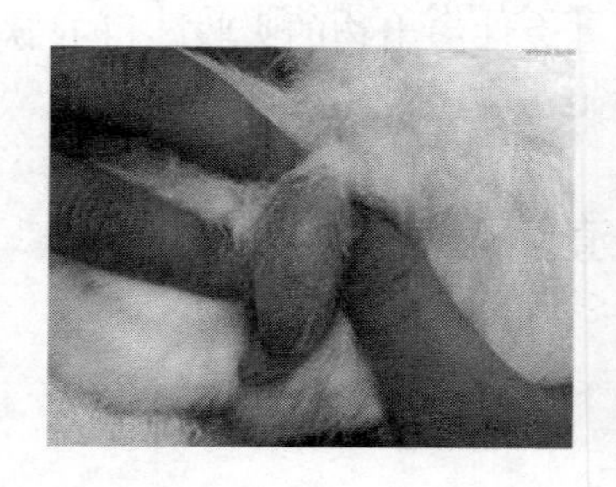
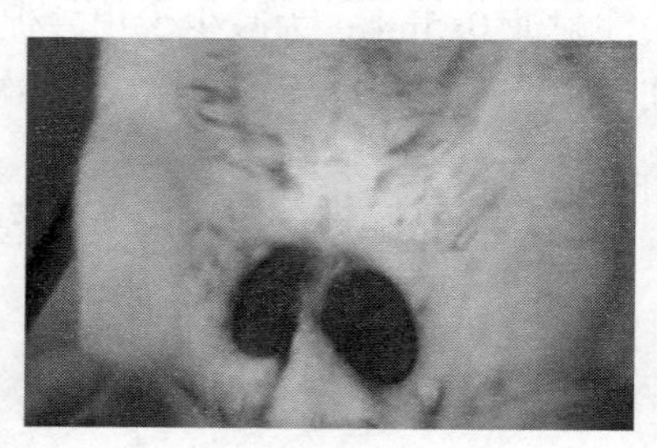

图 3－16　公兔睾丸炎

（图片引自：http：//image. haosou. com/v？q）

青霉素每兔 2 万 ~5 万单位/kg 体重，链霉素 1 万单位/kg 体重，1 天 2 次，连用 3 ~ 5 天，如果睾丸阴囊皮肤溃疡，生理盐水清洗伤口，涂抹红霉素软膏。对因巴氏杆菌引起的兔睾丸炎，可选用抗巴氏杆菌高免血清，按 2 ~ 3mL/kg 体重，皮下注射，一天 2 次。

二、肾炎

兔肾炎是指兔肾脏被细菌或病毒感染所引起的一种肾脏疾病，临床主要表现为无尿、少尿或血尿等。

1. 病因

兔肾炎常见于土拉杆菌、结核杆菌，兔瘟病毒，兔脑炎原虫感染以及过敏原、环境应激等因素。

2. 临床表现与特征

（1）急性炎症。病兔精神萎靡不振，被毛逆立粗乱，体温升高，食欲减退，常蹲伏，背腰、活动受阻，用手压迫肾区，表现敏感、躲避或抗拒检查，大便稀软，小便浅红色或血色。排尿次数增加，尿量减少，甚至无尿；病情严重的可呈现尿毒症，如体质衰弱无力，全身呈阵性痉挛，呼吸困难，甚至昏迷。

（2）慢性肾炎。多由急性转化而来，全身症状不明显，排尿量减少，体重逐渐下降，眼睑胸腹或四肢末端水肿。

（3）临床病变。急性肾小球肾炎，体积肿大，表面分布针尖状或小米粒状大小的鲜红色或暗红色出血斑点；慢性肾炎，肾脏体积稍缩小，表面红色，高低不平，可见大小不等的肿块；坏死性肾炎，肾脏体积稍肿大，表面暗红色，零星分布针头大小或小米粒大小的灰黄色的坏死点；间质性肾炎，肾脏体积稍肿大，包膜黏连，肾脏表面多个灰白色小凹坑状病灶。

3. 临床诊断

根据病兔皮肤、眼睑、四肢末梢水肿，肾区极度敏感的特点，初步诊断为肾病，然后，再结合肾脏的病理变化、微生物、寄生虫感染等诊断，最终确诊。

4. 防制

（1）加强饲养管理。兔舍要保持清洁、干燥、通风、定期消毒，对重要的兔病进行定期免疫接种；保持病兔安静，并置于温暖干燥的房舍内，给予营养丰富易消化的饲料，适当减少食盐的饲喂量（图 3－17 至图 3－20）。

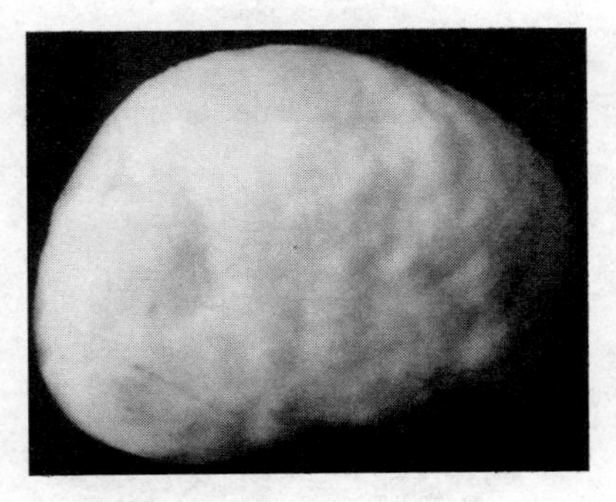

图 3－17　急性肾小球肾炎（图片引自王永坤）

（2）药物治疗。

①中兽医疗法：用瞿麦、栀子、萹蓄、地丁、蒲公英、车

图 3－18　慢性肾炎（图片引自陈怀涛）

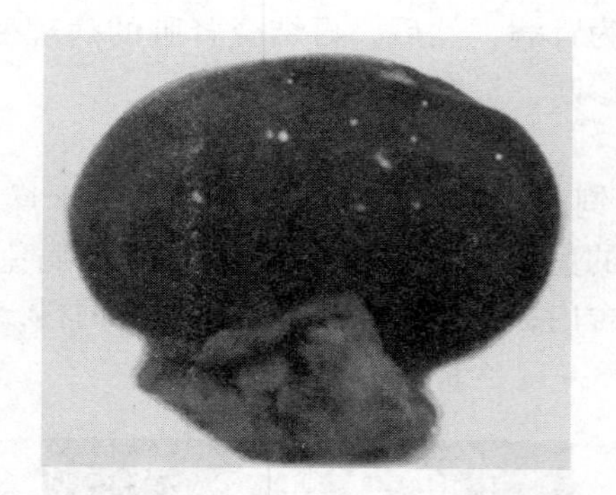

图 3－19　坏死性肾炎（图片引自陈怀涛）

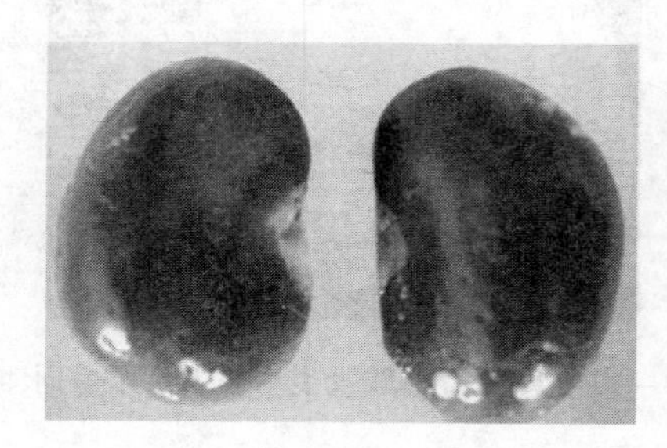

图 3－20　间质性肾炎（图片引自潘耀谦）

前、木通、黄柏、甘草各10g，煎汤灌服，每天1剂，每剂分多次灌服。若有血尿，加大小蓟、蒲公英，大便秘结加大黄，体温已退仍不食者，利水药应减味或减量，加党参、白术、黄芪、茯苓。

②西兽药疗法：可用抗生素类，如青霉素G，每千克体重1万~2万单位，肌内注射，1天3~4次，可连用3~5天；硫酸链霉素1万~2万单位/kg体重，肌内注射，1天3~4次，可连用3~5天；卡那霉素7mg/kg体重，肌内注射，1天3~4次，可连用3~5天；脱敏可用皮质类甾醇，此类药物不仅影响免疫过程的早期反应，且有抗炎作用，如强的松2mg/kg体重，静脉注射，或地塞米松0.5~1.0mg/kg体重，1天1次，内服内服或肌内注射。有尿毒症状时静脉注射5%碳酸氢钠注射液5~10mL为消除水肿，可利尿剂，如速尿（主要成分为呋噻咪）2~4 mg/kg体重，内服或肌内注射。

三、尿石症

尿石症是由于兔饲粮中精料过多，含钙多，体液中磷酸盐－磷酸钙系统失衡，或尿路因为炎症等引发肾盂、输尿管、膀胱等磷酸盐异常沉积的一种疾病，常表现为排尿困难。

1. 病因

饲粮配比失衡，肾脏、输尿管、膀胱炎症。

2. 临床表现与特征

常见于成年兔，尤其是老龄兔，病兔腹部水肿，腰部拱起，排尿困难，尖叫等。剖检可见肾脏体积显著肿大，形状各异，内有结石，输尿管、膀胱也常见结石（图3－21）。

3. 临床诊断

根据病兔腰部拱起、排尿困难可怀疑肾脏疾病，再结合X－线诊断，确诊为尿结石。

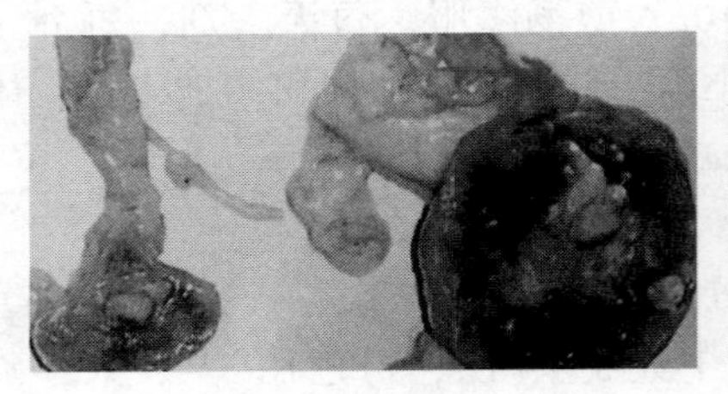
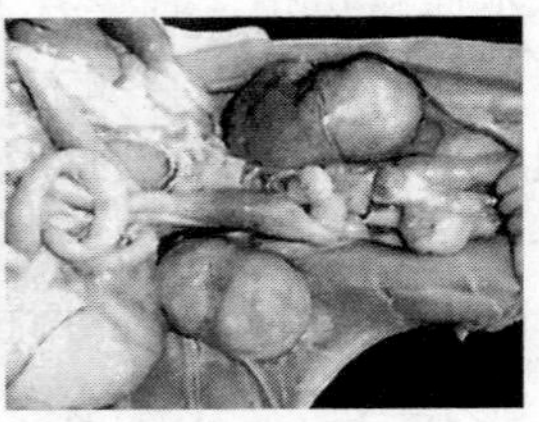

图 3－21　公兔睾丸炎（图片引自任克良）

4. 防制

（1）加强饲养管理。兔舍要保持清洁、温暖、干燥、通风、定期消毒，减少尿路炎症的发生，科学配制兔饲料。

（2）药物治疗。对于较贵重兔种，当病兔出现肾盂与输尿管结石，可使用排石饮液、口服鱼肝油，注射利尿剂（双氢克尿塞或注射速尿针剂）；普通病兔，可直接淘汰。

四、阴部炎

阴部炎是指母兔的外阴部（也即外生殖器，包括阴门、阴唇、阴蒂等）被病原菌、寄生虫感染所引起炎症的病理过程。

1. 病因

病兔常由于配种、分娩等撕裂阴部等伤害以及兔舍脏乱、不洁的环境导致细菌、霉形体、支原体、寄生虫滋生感染。

2. 临床表现与特征

发病初期，母兔外阴部黏膜充血红肿，然后形成一片溃疡面，花椰菜样溃疡，表面呈深红色，易出血，部分呈棕色结痂，有少量淡黄色黏性或脓性分泌物；严重的从阴门流出黏液性或黏液脓性分泌物，呈暗红，且腥臭，尾根部被毛常黏附而成为干痂（图 3－22）。

3. 临床诊断

根据病兔外阴部红肿糜烂，拒绝交配即可作出诊断。

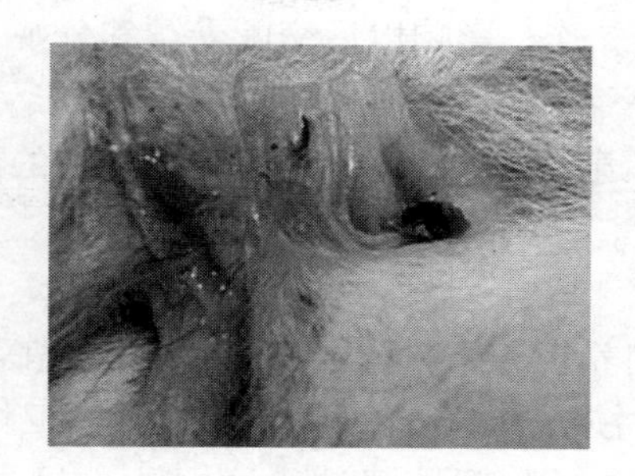

图 3－22　阴部炎

4. 防制

（1）加强饲养管理。兔舍要保持清洁、温暖、干燥、通风、定期消毒；平时注意种兔外阴部的清洁卫生工作，有粪便污染时，可用0.1%高锰酸钾液清洗干净；防止过早配种或强迫配种，配种前检查外阴部是否健康，如有病，则严禁配种。

（2）药物治疗。先用0.1%高锰酸钾溶液或3%过氧化氢溶液洗净患处，再用1%～3%鞣酸冲洗，减少炎症分泌物。

五、阴道炎

阴道炎是指母兔的阴道被病原菌、霉菌、寄生虫等感染所引起炎症的病理过程。

1. 病因

病兔常由于配种、分娩等使得阴道被细菌、霉形体、支原体、寄生虫滋生感染或者由阴道炎继发感染。

2. 临床表现与特征

阴道黏膜充血肿胀，甚至出现糜烂、溃疡，有些病变波及外阴周围，母兔由于疼痛而拒绝交配，即使人工授精也很难受孕，病兔一般无明显的全身症状，个别的精神较差，食欲减退，体温升高，排粪尿时因为疼痛而发出呻吟鸣叫声，若经久不愈者，可形成瘢痕收缩或黏连，影响以后交配受孕和分娩。

3. 临床诊断

根据病兔阴道中流出白色、淡黄、暗红色的黏液或恶臭的脓液，可作出诊断。

4. 防制

（1）加强饲养管理。兔舍要保持清洁、温暖、干燥、通风、定期消毒；平时注意种兔外阴部的清洁卫生工作，有粪便污染时，可用0.1%高锰酸钾液清洗干净；防止过早配种或强迫配种，配种前检查外阴部是否健康，如有病，则严禁配种。

（2）药物治疗。

①先用0.1%高锰酸钾溶液或3%过氧化氢溶液洗净患处，再用1%～3%鞣酸冲洗，减少炎症分泌物，如病兔有恶臭分泌物，则要用1%～3%氯化钙溶液冲洗阴道，除去腐臭，冲洗完毕，再涂上各种抗生素及磺胺药膏，以抑制或杀灭病菌。

②若由霉菌感染引起的阴道炎，可口服制霉菌素片4万单位，每天2次，同时，阴道内塞入5万～10万单位制霉菌素片。

③全身症状明显的病兔，可全身用抗生素肌内注射青霉素2万单位/kg体重，每天2次，连用2～3天，如不见好转，则改为肌注链霉素1万单位/kg体重。

④特别严重者，则上、下午分别交叉注射青霉素和链霉素，扩大抗菌范围，加强杀菌效力，提高治疗效果，口服土霉素1万单位/kg体重，每天2～3次，连服3～5天；静脉注射1%氯化钙溶液10mL，对患病已久的母兔，可增强肌肉和神经的兴奋性，促进炎症的消失。

⑤出血严重病例桉树叶62g、马缨丹叶、羊蹄草、地捻各31g，加水1 000mL，煮至500mL，取100mL口服，其余冲洗患部，每天2次，连用3～6天，有消炎、收敛、止痒的功效；仙鹤草15g、金银花、藤叶、旱莲草各31g，煮水冲洗患处，每天2

次，连用3～6天，有消炎、止血功能。

六、阴道脱出

阴道脱出是指母兔阴道的一部分或全部脱出体外的一种外科临床疾病。

1. 病因

本病主要是由于母兔老龄，饲料单一，缺钙，活动场所狭小，活动量过小，导致全身组织紧张性降低，阴道及外阴松弛，伴随持续性腹压增高，或母兔长期养于前高后低无笼底板的兔笼内所引起。

2. 临床表现与特征

病兔精神沉郁，采食减少或拒食，被毛粗乱，尾巴下面及腹部被毛污秽暗红色。阴道部分或完全脱出。在母兔阴道外部可见一核桃大的囊状物，表面光滑，呈粉红色或暗紫色，红肿、干燥。排尿困难，因受地面摩擦及粪土污染，常使脱出的阴道黏膜发生皲裂、坏死、糜烂。严重时可继发全身感染，甚至死亡。

3. 临床诊断

根据脱出物呈管状，充血、淤血等可诊断为阴道脱出(图3－23)。

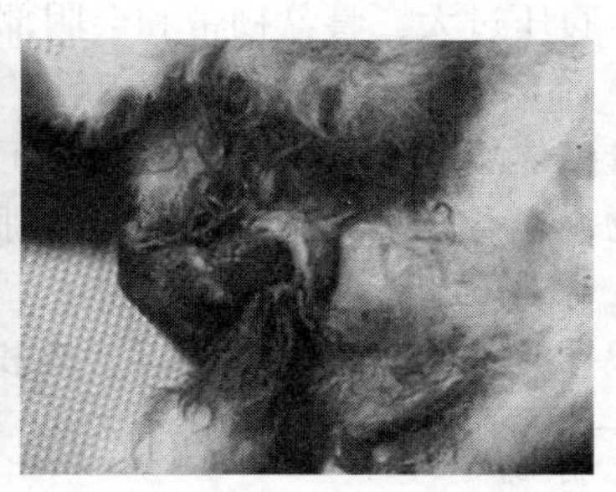

图3－23　阴道脱出

4. 防制

(1) 加强饲养管理。怀孕母兔要加强饲养管理，促使适当运动。饲粮搭配要合理，少喂容积过大的粗饲料，给予易消化的饲料，应防止过早配种或强迫配种。

(2) 药物治疗。由助手 1 只手握住兔颈皮和两耳，另 1 只手固定两后肢并使其臀部稍高于头部；用温自来水清洗脱出的阴道，以除去粪尿等污物，再用 0.1% 高锰酸钾液充分冲洗、除去坏死组织；用左手食指和拇指托住脱出的阴道，右手持 1 根消过毒直径 2mm 大小的竹签，竹签外套一橡皮套（最好用内径 2mm 的自行车气门芯）并涂上液状石蜡，用竹签轻轻地将脱出的阴道门内推送，待脱出的阴道全部被推入阴门后再稍用力将阴道推送回原位，然后在阴道腔内注入 80 万单位青霉素，在阴门两侧深部组织注射 70% 酒精各 2mL。

七、子宫脱出

子宫脱出是指怀孕母兔或分娩母兔子宫脱出体外的一种外科临床疾病。

1. 病因

怀孕后期或产后母兔由于胎儿过大、难产以及不正当的助产或由于腹压过大，骨盆韧带和会阴部韧带松弛，致子宫脱出。

2. 临床表现与特征

母兔体温、心率及呼吸均基本正常，阴部脱出圆柱形暗红色锥状物（俗称“掉灯笼”），子宫黏膜粘满污染物。

3. 临床诊断

根据脱出物呈“灯笼状”，体积较大，可诊断为子宫脱出（图 3 – 24）。

4. 防制

(1) 加强饲养管理。怀孕母兔要加强饲养管理，适当运动。

图 3－24　子宫脱出

饲粮搭配要合理，少喂容积过大的粗饲料，给予易消化的饲料，应防止过早配种或强迫配种。

（2）外科治疗。母兔腹部向外，提起其两后腿，0.1% 高锰酸钾溶液清洗脱出的子宫，并在其表面撒少量青霉素粉，然后在一个光滑的竹筷涂上润滑油，顶在子宫脱出部的尖端，轻轻回送，待子宫回送约 2/3 时，抽出竹筷，继续推送，抓住其后腿轻轻抖几下，促使子宫复位。肌内注射青霉素 10 万单位、链霉素 5 万单位/kg 体重，一天 2 次，连用 3 天。

八、子宫出血

子宫出血是指母兔的子宫绒毛膜或子宫壁的血管破裂导致血液流出的病理过程。

1. 病因

怀孕母兔腹部受到直接暴力作用，子宫壁血管破裂，导致母体血或绒毛膜血流出；此外，胎儿过大、分娩时间过长、子宫肿瘤、流产等均可导致子宫出血。

2. 临床表现与特征

子宫出血较少时，血液蓄积于子宫壁与绒毛膜膜之间，不向外流出；当长时间出血时，患病母兔腹痛、不安、频频起卧，外阴道流出褐色血块，严重时黏膜苍白，肌肉颤抖，甚至死亡。

3. 临床诊断

如果经常发生先兆性流产症状，或外阴道流出褐色血块，可初步确诊。

4. 防制

（1）加强饲养管理。单笼饲养怀孕母兔，防止孕兔腹部受到暴力袭击，若有被暴力袭击的孕兔，使其安静休息，同时进行腰部冷敷，禁用强心和输液疗法；少做不必要的阴道内检查。

（2）临床治疗。怀孕母兔出血时，可皮下注射0.1%的肾上腺素0.05mL，或使用止血敏等止血药；若病兔兴奋不安，可给予镇静剂；若出血不易制止，危及病兔生命时，应及时进行人工流产，流产后注射垂体后叶素1mL、麦角新碱注射液1mL，促使子宫收缩以制止出血。

九、子宫内膜炎

子宫内膜炎是指母兔子宫黏膜的黏液性或化脓性炎症，为母兔最常见的一种生殖器官疾病。临床表现为发情不正常或正常发情而不易受胎，即使有一侧子宫受胎，也易发生流产。

1. 病因

常见于兔舍环境污秽或不卫生以及种公兔生殖器官不卫生，细菌（链球菌、李斯特菌、葡萄球菌等）大量侵入生殖器官引起发病。

2. 临床表现与特征

母兔子宫内膜炎根据发生的过程可分为急性和慢性两种类型，按其分泌物性质又有黏液性和化脓性的区别。急性子宫内膜炎多发生在产后及流产后，表现为黏液性，患兔从生殖道排出灰白色或黄白色混有脓汁的分泌物，有时子宫体内蓄积大量脓液，如不及时治疗可发生子宫穿孔（图 3－25）。

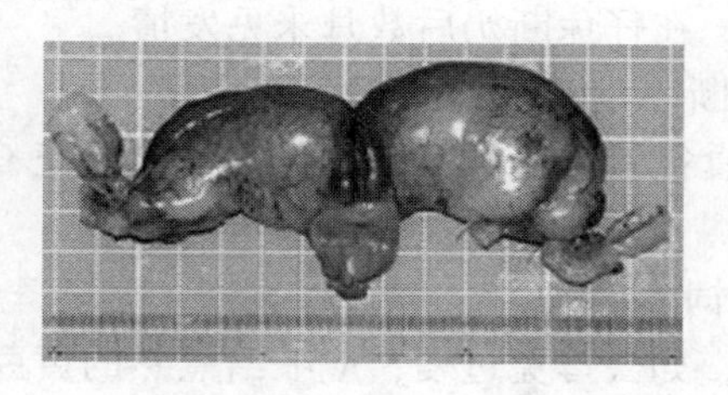

图 3－25　子宫内膜炎

3. 临床诊断

根据病兔生殖道污秽不洁，排出灰白色或灰黄色的脓液，可做成确诊。

4. 防制

（1）加强饲养管理。配种前要检查种兔生殖器官是否健康卫生，对不卫生的要用生理盐水清洗干净后再参加配种。在分娩接产前要对分娩环境及产箱严格消毒。对患有生殖器官炎症的病兔，在治愈之前，严禁参加配种。

（2）临床治疗。用双流导管接注射器将 0.1% 高锰酸钾溶液或 1% 盐水药液注入子宫，使脓液全部排出，然后，采用单流导管向子宫内注入溶于 10mL 生理盐水内的青霉素和链霉素各 20 万单位，每天 1 次，连用 3～5 天。

十、不孕症

不孕症是指母兔经种公兔自然交配或人工授精配种后，不能怀孕的疾病过程。

1. 病因

常见于母兔饲料缺乏营养，母兔生殖系统疾病，频繁过度使用种公兔配种，炎热天气影响，兔舍环境较差等。

2. 临床表现与特征

患病母兔主要表现为体质消瘦，被毛枯焦或脱落，食欲减退，精神不振，在仔兔断奶后数月未见发情。

3. 临床诊断

根据母兔食欲较差，长时间不见发情或屡配不孕即可确诊。

4. 防制

（1）加强饲养管理。全价日粮饲喂，营养全面，多喂发芽小麦和青饲料，如公母兔过瘦，应喂给煮熟的黄豆，如公母兔过胖时，应多喂用水浸软的豌豆，以增强性欲；兔舍经常消毒，每天要清除粪便，保持清洁卫生，每天开窗通风，保持空气流畅，加强兔的运动，增加光照，增强机体免疫力，保持兔旺盛的精力和体力；采用复配或双配的方式进行配种，复配是用同一只公兔，在第一次交配后过 8 ~ 10 小时再交配 1 次，双配是用一只母兔与一只公兔交配后过 10 ~ 15 分钟，再与另一只公兔交配一次；对发情缓慢发情不明显延期发情的母兔，在其阴户上涂抹一点清凉油进行刺激，涂抹后 5 ~ 6 分钟，母兔出现明显的发情症状，可立即进行交配。

（2）药物治疗。

①催情排卵：淫羊藿 15g 研粉，温水灌服，一天 2 次；决明子、贯筋各 5g，水煎浓汁 50mL，灌服，一天 2 次，每次 25mL；肌内注射己烯雌酚 1mL，3 天注射 1 次，连续 5 次；玉兰花 10 朵，水煎灌服，一天 2 次。

②疾病治疗：子宫疾病及子宫内膜炎，进行子宫清洗，灌入消炎药，消除炎症；其他疾病，仔细分析病因，解除病因，对症治疗，恢复兔生殖功能。

十一、宫外孕

宫外孕是指家兔繁殖过程中的一种异常妊娠现象。

1. 病因

生产过程中，母兔配种次数过多，人工授精操作不规范，药物刺激或激素分泌失调等内外因素刺激，均可引起子宫和输卵管的运动失调，导致输卵管逆蠕动，使受精卵在输卵管逆行越出输卵管伞，坠入腹腔，附着于肠系膜等部位，建立母子胎盘，得到营养供应而生长发育。

2. 临床表现与特征

妊娠多天，无临产表现，触摸怀孕母兔腹部，有若干胎儿，肌内注射催产素 2～3 次，仍然未产仔。

3. 临床诊断

根据上述临床表现，实行剖腹产手术，若发现胎儿附着于肠系膜上，即可确诊。

4. 防制

(1) 加强饲养管理（图 3－26）。

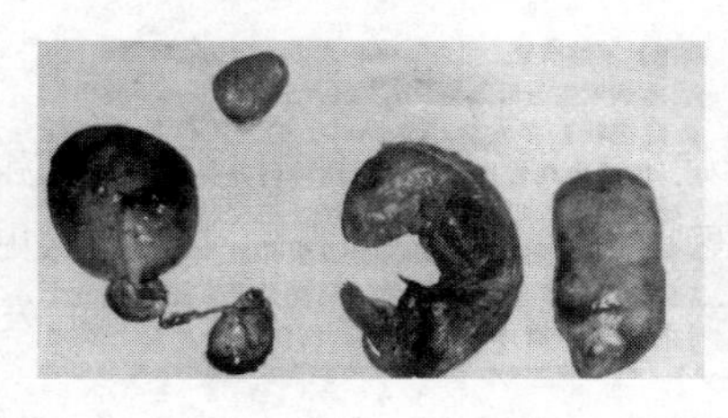

图 3－26　宫外孕

（胎儿大小不一，有的已成形，有的仅为一肉团物）

①在配种过程中，应保持环境安静，减少外界刺激。

②母兔在一个情期内配种次数不宜超过两次。

③人工授精应严格按操作规程进行。

④母兔妊娠初期应谨慎用药。

（2）治疗。剖腹产取出宫外孕胎儿。

十二、妊娠毒血症

妊娠毒血症是母兔怀孕后期的一种与营养失调和运动不足有关的代谢性疾病。

1. 病因

如母兔的品种、年龄、肥胖程度、经产胎次、环境的改变、流产、死产等因素。

2. 临床表现与特征

发病轻微的病兔无明显临床症状；发病严重的病兔精神沉郁、呼吸困难、呼出的气体似烂苹果味、少尿，死前可发生流产、共济失调、惊厥、昏迷等神经症状。剖检可见病兔肥胖，乳腺分泌旺盛，卵巢黄体增大，肝、肾、心脏苍白色，脂肪变性，脑垂体变大，肾上腺及甲状腺变小、苍白色。

3. 临床诊断

血液学检查非蛋白氮显著升高，钙减少、磷增多，丙酮试验呈阳性。

4. 防制

（1）加强饲养管理。在妊娠后期供给母兔富含蛋白质和碳水化合物的饲料，禁喂腐败变质饲料，避免饲料种类的突然更换和其他的应激因素，饲料中添加葡萄糖可防止兔酮血症的发生(图 3－27)。

（2）药物治疗。妊娠兔发病时，要稳定病情，维持到分娩后再治疗。治疗的原则是保肝、解毒、维护心肾功能提高、血糖降低血脂。内服甘油，静脉注射葡萄糖溶液、维生素 C，肌内注射 VB_1、VB_2，同时，应用可的松类激素药物来调节内分泌机能，促进代谢。

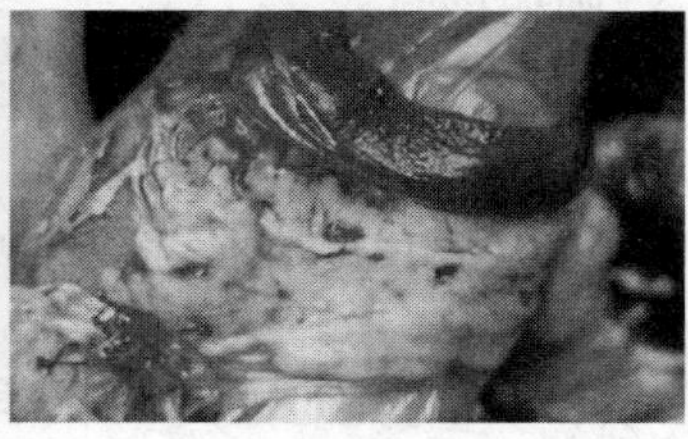

图 3－27　妊娠毒血症
（妊娠毒血症软瘫，患兔全身无力，前后肢
向两侧伸展；肠系膜脂肪坏死、硬化）

十三、产后瘫痪

产后瘫痪是指母兔产仔后，四肢尤其是后肢瘫痪的疾病。

1. 病因

常见于母兔产前光照不足，运动不够，兔舍潮湿，尤其是饲料中钙磷缺乏或比例不当，分娩时受惊，产仔窝次过频，哺乳的仔兔过多等均可引起产后瘫痪。

2. 临床表现与特征

症状较轻的病兔食欲缺乏，采食较少，后肢无力、跛行；症状较重的病兔不食，排粪减少，四肢尤其是后肢不能站立，可能出现尿少或尿失禁的现象（图 3－28）。

图 3－28　产后瘫痪

3. 临床诊断

根据产后母兔后肢跛行或不能站立，可以确诊。

4. 防制

（1）加强饲养管理。保持兔舍干燥、通风，避免潮湿，并做到定期消毒，给怀孕母兔投喂易于消化和营养丰富的饲料，并保证饲料中含有充足的钙磷和维生素 D 等营养物质，保证母兔适度运动，增强体质，使怀孕母兔保持良好的体况。

（2）药物治疗。肌内注射，10% 葡萄糖酸钙 30mL，每天 2 次，连用 5 天；口服复合维生素 B 片，每次 0.25g，每天 1 次，连用 4 天；对有便秘症状的病兔，可采取灌服硫酸镁溶液或直肠灌注植物油的方法，以润肠通便，清除积粪同时，还可用松节油涂擦病兔患肢，达到促进血液循环驱除风寒湿气的功效。

十四、瘫软症

瘫软症是指母兔因食用了霉菌毒素的饲料导致机体瘫软的疾病。

1. 病因

饲料保管不当，真菌大量繁殖产生毒素，兔吃了被真菌毒素污染的饲料，引起中毒。

2. 临床表现与特征

症状明显的病兔不食、腹泻、瘫痪、生命衰竭而死亡。多发生在 20 日龄之内的仔兔，从 5 ~ 7 日龄开始，仔兔陆续发生死亡，15 日龄开始，仔兔发病增多，吃奶尚可，消瘦、被毛蓬乱、无光泽，常在断奶前后死亡；如果不死，则发育缓慢，成为僵兔。母兔发情不明显、受胎率降低、死胎和流产、生殖道炎症、四肢麻痹、后躯瘫痪、全身无力。

3. 临床诊断

根据病兔消瘦、四肢瘫痪、全身无力，即可作出确诊。

4. 防制

（1）加强饲养管理。应将饲料保存在干燥、凉爽、空气流通的地方，以防霉变。在高温、高湿季节洞料中添加脱霉剂，250kg 饲料中添加 500g 脱霉剂。

（2）药物治疗。病兔可采取解毒、抑菌等治疗方法。一般注射抗坏血酸（维生素 C），配合一定的保肝药；可投喂制霉菌素、两性霉素等抑制霉菌的成长繁殖。

十五、乳房炎

乳房炎是指泌乳期母兔乳房发炎的一种疾病。母兔乳房炎是养兔业的常发病之一，其约占母兔疾病的 50% ~70%，死亡率为 5% ~10%，导致母兔生产性能下降，造成较大的经济损失。

1. 病因

人工强制哺乳，仔兔咬破乳头引起感染；母兔怀孕期饲喂营养过剩，产后乳汁过稠乳房及产房不清洁，哺乳仔兔少，缺乏饮水或乳房外伤而引起。

2. 临床表现与特征

母兔乳房肿胀、发红，发烧，拒绝给仔兔哺乳，根据其临床症状可分为乳腺炎、败血型乳房炎、普通乳房炎 3 种类型。

（1）乳腺炎。化脓菌侵入乳腺，形成炎灶，在乳房周围皮肤下可摸到山楂大小的硬块，初期硬块皮肤正常，逐渐变成红色、暗红色甚至黑色，形成脓肿，脓肿破溃、脓液流出（图 3－29）。

（2）败血型乳房炎。初期乳房处红肿，然后呈紫红色、黑色，迅速蔓延整个腹部，患兔精神沉郁，发烧，不爱活动、拒食。

（3）普通乳房炎。乳房红肿，乳头发黑、发干，触诊皮肤有热感，母兔一般仍能正常哺乳，但哺乳时间较短（图 3－30）。

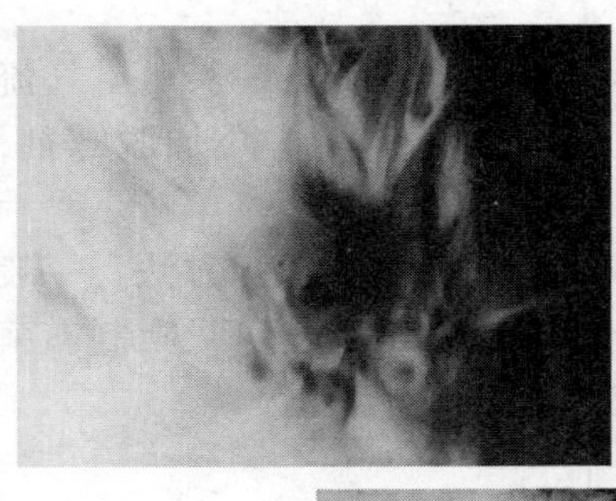
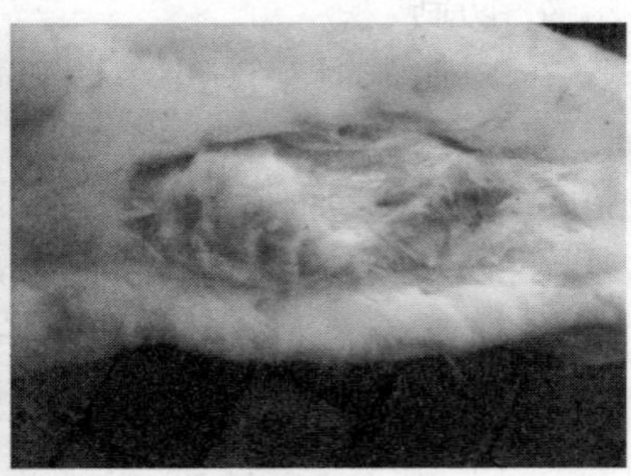
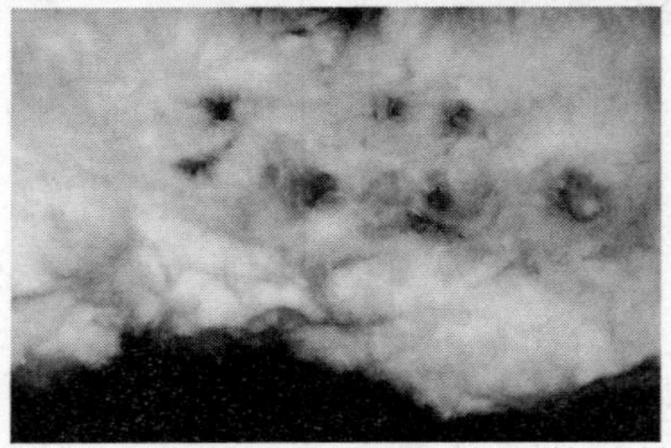

图 3－29　妊娠毒血症

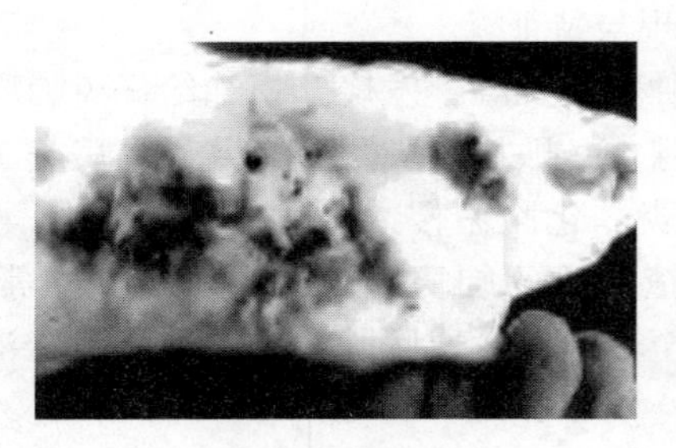

图 3－30　妊娠毒血症

3. 临床诊断

一般根据母兔不愿给仔兔哺乳，乳房红肿热痛等症状给予确诊。

4. 防制

（1）加强饲养管理。保持兔笼和运动场清洁卫生，定期清扫消毒，防止尖锐物损伤乳房及周围皮肤，禁止人工强制哺乳。产前3天减少精料喂量，不过多喂青绿多汁饲料。产前2～4小时内服长效磺胺1片。

（2）药物治疗。

①普通乳房炎：初期挤出乳汁，洗净乳房，将水胶炒煳、压成粉末、食醋调成糊状，均匀涂抹在乳房患处，每天涂抹1次连用3天。

②乳腺炎：80万单位的青霉素、痢菌净注射液10mL、地塞米松1mL，分2次肌内注射，一天2次，连用3天。

③败血型乳房炎：可局部封闭注射青霉素、链霉素，用鱼石脂软膏涂抹乳房；严重时切开脓包、排出脓血，用消毒纱布擦净切口，撒上消炎粉，同时，肌内注射注射抗生素或口服磺胺类药物。

十六、无乳或缺乳

母兔产后缺乳或无乳在临床中时常发生，常导致哺乳期内仔兔大批死亡，直接影响饲养的经济效益。

1. 病因

日粮搭配不合理，缺少蛋白质维生素，日粮喂量少，母兔怀孕后期和哺乳期缺乏优质的青绿多汁饲料；母兔患有某些寄生虫病和其他慢性消耗性疾病；繁殖密度太大，上一胎仔兔还没断奶，又开始繁殖下一胎仔兔，或上一胎仔兔刚断奶又开始繁殖下一胎仔兔，导致母兔营养跟不上；先天性乳房发育不全，如瞎乳头；母兔配种年龄过小，乳腺尚未发育完善；母兔年龄过大，乳腺已萎缩；母兔饮水不足；均可导致缺乳无乳的发生。

2. 临床表现与特征

仔兔因饥饿而不停地爬动、鸣叫，缺乏营养、消瘦死亡；有的仔兔因吃不饱而咬伤母兔的奶头，致使母兔发生乳房炎；母兔乳房和乳头松弛、柔软或萎缩变小，母兔不愿哺乳，有的咬仔甚至吃掉仔兔。

3. 临床诊断

根据母兔不愿哺乳，乳房松弛，仔兔鸣叫、消瘦给予确诊。

4. 防制

(1) 加强饲养管理。

①加强孕后期和哺乳期母兔饲养管理，适当增加精料和青绿多汁饲料（特别是含胡萝卜素丰富的饲料），可适当添加蛋白质饲料（如煮熟的黄豆或花生）。

②预防寄生虫感染：母兔口服丙硫咪唑或左旋咪唑，每千克体重20mg，每半年1次，以预防体内寄生虫；注射伊维菌素，每千克体重0.2mL，3个月1次，预防疥螨病。

③采用适当的繁殖密度，除流产死胎产仔过少（4只以下）等情况下采用频密繁殖，其余情况均采用半频密繁殖或半频密繁殖延期繁殖交叉。

④繁殖母兔要求有8个奶头以上，无瞎乳头和先天性的乳房发育不全，母兔防止早配，一般母兔6月龄才给予初配，淘汰年龄过大的母兔。

(2) 药物治疗。

①每天喂奶前用热毛巾热敷按摩母兔乳房，夏季多喂母兔蒲公英、苦荬菜、莴笋叶，冬春季多喂胡萝卜、南瓜等多汁饲料。

②用催乳片催乳，每只母兔日喂3~4片，连喂3天。

③母兔产仔后2小时内取米汤100mL，加入红糖10g，拌匀给母兔饮用；豆浆200mL，煮沸，待温时，加入捣烂的大麦芽（或绿豆芽）50g，红糖10g，混合饮用，每日1次，连喂3天。

④中草药催乳，地锦草5g、蒲公英0.5g、芦根10g、忍冬藤5g煎服，连服2剂。

十七、流产与死胎

流产是指怀孕母兔妊娠终止，排出未足月的胎儿；死胎是指怀孕母兔妊娠足月，产出死的胎儿。

1. 病因

常见的病因主要有维生素 E 与胡萝卜素缺乏，发霉变质饲料，繁殖障碍疾病，病原微生物寄生虫感染，服用导致孕兔流产的药物，疫苗接种刺激，过度惊吓，孕后误配等。

2. 临床表现与特征

一般在流产与死产前无明显症状，或仅有精神、食欲的轻微变化，不易被注意到，常常是在笼舍内见到母兔产出的未足月胎儿或死胎时才发现。

3. 临床诊断

根据母兔产出的未足月胎儿或死胎进行确诊（图 3－31）。

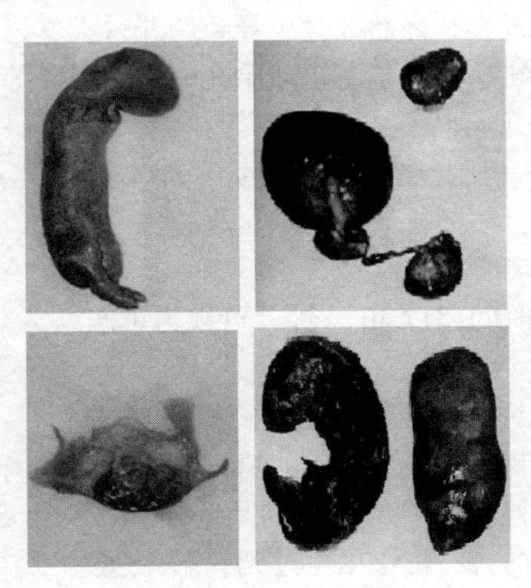

图 3－31　流产与死胎

4. 防制

对流产后的母兔，应保持安静，注意休息，喂给营养充足的饲料并加3%的食盐，及时应用磺胺类药物或抗生素，局部清洗消毒，控制炎症以防继发感染；加强饲养管理，找出流产与死产的原因并加以排除，防止早配和近亲繁殖，发现有流产预兆的妊娠母兔，可肌内注射黄体酮15mg保胎，对习惯性流产的母兔，应及时淘汰。

十八、难产

难产是指由于各种原因导致怀孕母兔的胎儿排出期时间明显延长，如不进行人工助产则母体难于或者不能排出胎儿的产科疾病。

1. 病因

怀孕母兔难产常见于饲喂过量精料，导致肥胖，杂交组合不合理导致胎儿过大，怀胎数过少导致胎儿过大，过度疲劳导致产力虚弱，产道狭窄、胎位不正或胎儿畸形，惊吓等。

2. 临床表现与特征

母兔难产一般表现为强烈努责，却不见胎儿产出，体温升高，呼吸加快，频频排尿、举尾、收腹等。

3. 临床诊断

母兔分娩时间超过40分钟，可视为难产。

4. 防制

（1）加强饲养管理。

①适当控制母兔怀孕后期的精料喂量，防止饲喂过多的高能量低蛋白精饲料，怀孕后期特别是临产前2～3天停喂精饲料，多喂青绿多汁饲料，防止母兔过肥，胎儿过大。

②对怀孕母兔要保持适宜的温度；夏季繁殖，一定要做好防暑降温工作，如条件不成熟时，最好不要搞夏季繁殖。

③配种时，公母兔大小不宜悬殊过大，初产母兔6月龄方可繁殖，平时适当加强妊娠母兔的运动，分娩时保持安静。

④对怀胎率低的母兔，按一般兔营养标准喂养，临产前3天限量给食。

⑤兔舍最好建在僻静区，母兔分娩时，环境要保持安静，闲杂人员不要随意出入兔舍。

（2）治疗。

①药物催产：静脉注射催产素0.5～1mL，或用凤仙花籽20g碾碎调温水灌服，一般半小时左右见效。

②人工助产：对出现阵缩的母兔，助产者左手抓其耳颈保定，右手随阵缩节奏轻轻压迫下腹部（切忌过猛）如胎儿在产道堵塞，可用手指辅助轻拉，对畸形胎和死胎用小铁钩钩出，迫不得已时，及时手术取胎。

十九、畸形

畸形是指怀孕母兔非正常的胎儿发育及伤病所引起的器官或器官部分结构的遗传缺陷。

1. 病因

多见于公兔或母兔食用了含棉籽饼、发霉饲料等饲料。

2. 临床表现与特征

产下的仔兔有颤抖、歪嘴斜眼、瞎眼、短腿等。

3. 临床诊断

根据产下的仔兔有缺陷可以确诊。

4. 防制

尽量不用棉籽饼做饲料，若用做好脱毒措施；弃掉发霉饲料，潮湿季节，应在饲料里添加脱霉剂。

第四节　神经与运动障碍系统疾病

一、脑震荡

脑震荡是由于钝性暴力作用于颅脑所引起的一种急性病，以发生昏迷、反射机能减退或消失等脑机能障碍为临床特征。

1. 病因

主要是兔的头部受到暴力的撞击，如在房舍内捕捉兔，兔由于受惊扰而乱冲乱撞，有可能将头部撞到墙壁而发生脑震荡。

2. 临床表现与特征

依据暴力的大小，出现轻重不同的症状。强暴力可致兔立即死亡；暴力作用不大，在踉跄倒地后，可在数分钟后自行起立，恢复正常状态；中等强度的暴力可在受伤后立即倒地，昏迷不醒，全身反应减退或消失，肌肉松弛无力，心跳加快，呼吸减弱或不匀，行走不稳，瞳孔大小不等，粪尿失禁，臀部及后肢被毛被粪尿污染。

3. 临床诊断

根据临床症状进行诊断。

4. 防制

（1）预防。运动场内不要有障碍物，捕捉时动作不要粗暴；双层兔舍要注意关门，防止兔跌落受伤；夜间喂兔时，动作要轻，避免受惊乱撞。

（2）治疗。轻者将伤兔置于安静处，不久即可自行康复，较重者，可将头部垫高，实施冷敷。为防止脑水肿可静脉注射25%山梨醇注射液或20%甘露醇注射液10～30mL。甘露醇可增加血容量，升高血压，容易引起心力衰竭，对于心功能不全的兔，应用时要慎重。脑震荡严重无治疗价值的，可行急宰。

二、脑积水

脑积水是由遗传和营养因素引起的一种疾病。遗传因素引起的一般与侏儒症和短颌畸形相联系或与小眼畸形、无眼畸形、眼球异位、脉络膜和虹膜缺损以及白内障相联系。

1. 病因

遗传和营养因素。遗传因素分为两种，一种是常染色体隐性遗传；另一种是常染色体不完全显性遗传。

2. 临床表现与特征

初生仔兔死亡，脑门突出，头顶部皮肤发紫，触摸有波动感。

3. 临床诊断

根据病兔脑门突出和触摸有波动感可作出诊断。

4. 防制

制定科学的繁殖计划，避免近亲繁殖，饲料中添加足量的维生素 A，淘汰有症状的兔只（图 3－32）。

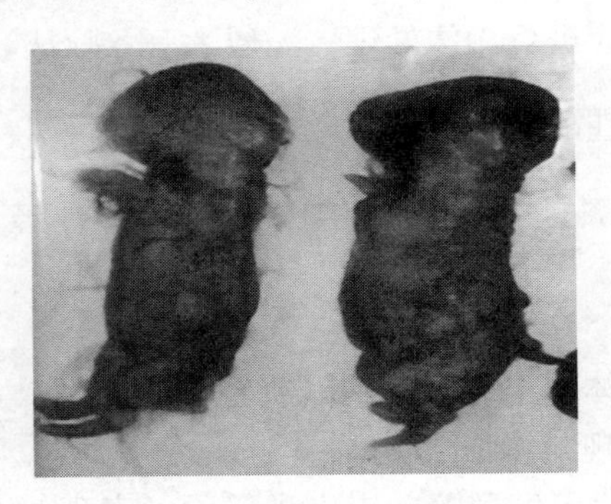

图 3－32 初生仔兔脑积水

三、震颤

震颤是某些品种兔呈现的一种摇摆抖动型遗传性疾病。

1. 病因

单个隐性基因（tr）遗传信号

2. 临床表现与特征

震颤的发生具有时间的阶段性。一般在 10～14 日龄发病，开始的症状是全身和头部轻微震颤，但休息时症状减轻，环境吵闹时症状会加重，影响吞咽，但不影响体重增长。2 月龄时，后腿先松弛、瘫痪，接着前腿也受影响。3 月龄时，完全瘫痪，继而由于虚弱和压疮溃疡的感染而死亡。有些公兔和患病较轻兔，可活到性成熟，并有繁殖能力，但有的公兔由于精子缺乏而不育。

3. 临床诊断

根据病兔临床表现与特征可作出诊断。

4. 防制

发现病兔应进行淘汰处理，一般无有效疗法。

四、麻痹性震颤

麻痹性震颤是一种由遗传因素引起的神经障碍性遗传性疾病。

1. 病因

由 X 染色体上连锁隐性基因遗传引起。

2. 临床表现与特征

通常在仔兔出生后第一周出现震颤，表现为全身肌肉紧张，腱反射增强，类似于人帕金森病时的不随意运动。不同个体病程发展不同。病情迅速发展严重，约 40% 的兔在 4～6 周龄时，所有的肢体出现痉挛性麻痹，同时发生排尿失禁，逐渐发生压疮性溃疡，在6~7月龄时死去。有些病兔保持患病的早期的症状，也有的病兔逐渐恢复。也有个别病兔病情迅速发展后又逐渐改善。存活的病兔具有正常的繁殖能力。病理表现为由基底神经节中神经轴突开始变性，然后向外发展，侵入髓质、小脑和大脑的皮质，顶盖脊髓束脱鞘。

3. 防制

发现病兔时，应淘汰。

五、癫痫

癫痫是脑功能性疾病的一种，主要特征为周期性反复发作意识丧失、阵发性与强直性肌肉痉挛。

1. 病因

真性（原发性）癫痫与遗传因素有关，癫痫的发作，可以是无任何先兆，也可能是遇到外界刺激而发病，只有脑功能异常，而没有器质性变化。症状性（继发性）癫痫可能与脑炎、脑内寄生虫、脑部肿瘤等脑内因素有关，也可能与低血糖、尿毒症、外耳道炎、电解质失调以及某些中毒性疾病等脑外因素有关。

2. 临床表现与特征

真性癫痫发病急，表现为患兔突然倒地，意识丧失，肢体强直性痉挛，牙关紧闭，口流白沫，瞳孔散大，失去对光反射，排尿、排粪失禁，呼吸一时间停止，随后急促。一般持续时间较短，常在半分钟或数分钟后症状自行缓解，肢体痉挛也逐渐消失，呼吸逐渐平稳，意识恢复后可自动站起。继发性癫痫病程较长，经常反复发作，且频率不断增加，发作时间也逐渐增长，通常预后不良。

3. 临床诊断

本病主要是根据临床症状进行诊断。

4. 防制

(1) 预防。病兔要保持安静，避免受到惊吓、强光、突然声响等各种意外的刺激。

(2) 治疗。真性癫痫只能对症处理，主要采取镇痉疗法减少和抑制癫痫的发作，可口服三溴合剂或静脉注射安溴合剂等。症状性癫痫应及时治疗原发病。

六、脊髓空洞症

1. 病因

脊髓空洞症可能是一种常染色体隐性基因所致的遗传性疾病。

2. 临床表现与特征

脊髓空洞症具有家族性特点，临床表现不一致，多发生于1月龄的幼兔，最初表现后肢不对称僵硬，一腿痉挛性麻痹；另一腿仅轻微跛行，随后前肢也受影响。病兔常常胸位伏卧，部分或全部腿向侧方张开，内脏和膀胱功能失常。常因全身残废压疮溃疡而死。剖检见脊髓内管状腔洞扩展超过各个脊髓体节。

3. 防制

发现病兔，应淘汰。

七、应激综合征

应激综合征是机体受到各种不良因素（应激原）的刺激而产生的一系列应激反应的总称。

1. 病因

兔胆小怕吓，如狗吠、爆竹之类的声音，天气变化，气温变化，季节变化，饲养环境的变化，长途运输等都是应激综合征的病因。

2. 临床表现与特征

轻者精神沉郁，拉稀，食欲缺乏，被毛杂乱、无光泽，呈渐进性消瘦。重者烦躁，尖叫，极度兴奋，四肢痉挛性收缩，心率增加，约达160～200次/分钟，呼吸急促，黏膜发绀，大小便失禁，死亡。母兔繁殖机能紊乱，发情停止，孕兔可能导致流产。病死兔解剖后可见脑出血，心、肺出血、淤血，肝脏略肿大，胆囊肿大或破裂；胃肠道黏膜脱落、变薄等。

3. 防制

及时隔离病兔，去除应激诱因，给予舒适的环境，改善饲养管理条件，调整饲料结构，及时给予易消化的饲料。严禁热天运输，运输前3～5天和途中多饮多维和维生素C以减少应激反应。因应急而导致消化道症状的病兔，饲喂2%盐水和一些易消化的青绿、多汁饲料或麦麸等。因应激而导致渐进性消瘦但消化道尚好和体蛋白分解严重的病兔，可以给予营养丰富的蛋白质饲料，补充体内蛋白的缺乏。

八、中暑

中暑也称为日射病或热射病，是因头部持续受到烈日暴晒或外界环境气温高、湿度大，体内积热而引起的一种中枢神经系统机能严重障碍性疾病。临床上以体温升高、血液循环和呼吸机能衰竭并发生一定的神经症状为特征。各种年龄的家兔都可发病，怀孕母兔和毛用兔多发。

1. 病因

多由长期处于高温环境下（33℃以上）或圈在湿度过高、潮湿、拥挤、通风不良的环境中而引起。如遮光设备不完善的露天兔场、盛夏炎热天气进行长途运输的装运笼子，没有足够的遮阴设备，过于闷热，都易导致本病的发生。

2. 临床表现与特征

中暑家兔常表现为精神沉郁，烦躁不安，全身无力，站立不稳，头部摇晃，共济失调，四脚撑开，体温显著升高达42℃以上。心跳加快，呼吸急促。口腔、鼻腔和眼睑黏膜充血潮红或发绀，唾液黏稠，停止采食。病情加重时可见鼻腔和口腔排出带血物，拒食，很快倒地，四肢抽搐，眼球突出，死前尖叫。有的中暑时神经受到刺激，表现盲目奔跑，四肢发抖或抽筋，昏迷不醒，最后多因窒息或心脏停搏而死亡。剖检可见脑充血，肺充血、水肿，可视黏膜因缺氧而发绀。

3. 临床诊断

根据家兔所处环境炎热，突然发病以及严重的呼吸、血液循环机能障碍等症状特点即可确诊。

4. 防制

（1）预防。兔舍应通风透光，冬暖夏凉。保持舍内空气新鲜凉爽，温度超过35℃时，应通过在地面洒水、放置冰块或安置排风扇来降低兔舍温度。加强饲养管理，避免强烈日光照射家兔，供给充足的清洁饮水。

（2）治疗。治疗原则是消除病因，加强护理，促进机体散热和缓解心、肺机能障碍。发现中暑现象后，立即将病兔移至阴凉通风处，用凉水冲洗头部或将冰块置于头部，或用冷湿毛巾敷头或躯体，每3～5分钟更换1次；同时灌服0.5%淡盐水、生理盐水或冷水。也可灌服人丹5～10粒或十滴水2～4滴，或藿香正气水2～3滴。为降低颅内压和缓解肺水肿，可从耳静脉、尾尖或脚趾等处进行放血，也可静脉注射20%甘露醇或25%山梨醇10～30mL。中暑昏倒的兔，可将辣蓼叶汁、大蒜汁或生姜汁灌入口中或滴入鼻孔。当体温下降，症状有所缓解时，可静脉注射5%的葡萄糖生理盐水40mL、樟脑磺酸钠注射液或樟脑注射液，以兴奋呼吸中枢和血管运动中枢，促进全身机能的恢复。

九、软骨症

软骨症又称为全身性缺钙症，主要表现为全身性的骨质软化，是一种慢性代谢性疾病。

1. 病因

由于长期饲喂缺乏钙、磷和维生素 A、D，或钙、磷比例不当的饲料，或机体缺乏光照，或肠道疾病等各种原因致使家兔对钙的吸收和利用发生障碍，骨骼组织的骨化受到阻碍，致使骨骼形态和组织发生变化。

2. 临床表现与特征

病兔表现为食欲减退，异食，啃吃污染的垫草、背毛。骨骼软化、膨大，易发生骨折。幼兔出现骨骼弯曲，但不出现肋骨与软骨联合处增宽等佝偻病“骨串珠”的症状。病兔因为骨组织骨化不良，骨软弱无力，四肢弯曲变形，两前肢呈“O”形，有的后肢不能支撑身体，因而不愿走动，瘫在地上。成年兔长骨肿大，走路跛行（图 3－33 和图 3－34）。

图 3－33　两前肢呈“O”形

图 3－34　软骨症站立不起摊在地上

3. 防制

(1) 预防。

①在饲料中添骨粉、蛋壳粉、贝壳粉等加矿物质。

②饲喂胡萝卜、麸皮、鱼肝油等补充钙、磷及维生素A、D，以满足幼兔骨骼生长发育的需要。

③多晒太阳，促进体内维生素D的形成，以提高钙、磷的吸收和利用。

(2) 治疗。本病主要通过补钙进行治疗。

①内服钙素母，每天1次，每次1片，同时补充鱼肝油，每天2~3mL，连续5~7天。

②肌内注射胶性钙、维生素A、D各0.6mL，每天1次，连续3~5天。

③静脉注射葡萄糖酸钙注射液，按0.5~1.5mL/kg体重，每天1次，连用5~7天。

④陈石灰3g，鸡蛋壳15g，黑豆200g，共磨成细粉，每天1次，每次5g。

十、八字腿

八字腿是由于近交繁殖等遗传因素、兔笼过小或笼底竹板放置方向不当而引起的一种疾病。

1. 病因

遗传因素，如近亲繁殖。营养因素。管理不当，如兔笼过小。

2. 临床表现与特征

病兔的一条腿或所有腿不能收到腹下，走路姿势像“划水”一样，以腹部着地卧着，无力站起。症状较重者引起瘫痪，症状较轻者可做短距离的滑行，病兔采食量大，但增重慢。

3. 防制

避免近亲繁殖。兔笼面积不宜太小，加强饲养管理。及时淘汰患兔。

十一、骨折

兔的骨折多见于长骨，特别是四肢骨折断、碎裂。一般分为开放性骨折和非开放性骨折两种。骨折时常伴有周围组织不同程度的损伤。

1. 病因

兔笼底板粗糙、有缝隙，造成兔肢体被夹住后发生惊慌、挣扎而引起发生骨折，如幼兔足、肢可陷入笼底孔眼内而扭断。在运输中发生剧烈跌撞，也可造成骨折。患软骨病时更易发生骨折。捕捉时用力过大过猛。

2. 临床表现与特征

发生骨折时，病兔不爱运动。肱骨或胫腓骨最易发生骨折，患肢拖拽不能负重，骨折部强迫运动时，病兔表现为疼痛，挣扎，尖叫，数小时后肿胀明显。用手触摸可感觉到骨骼的断裂端或骨碴。有的骨断端可刺破皮肤，变成开放性骨折，骨折端暴露于外，创内常含有血块、碎骨片或异物。

3. 临床诊断

肱骨骨折前肢不能支撑身体，瘫爬在地。小腿骨骨折，后趾肿胀，跛行。

4. 防制

（1）预防。加强饲养管理，常检查兔笼，笼底板每片宽度以2～2.5cm为宜，各片间距为1～1.1cm，消除兔舍内易引起骨折的原因。

①防止运输中剧烈跌撞。

②预防软骨病。

③捕捉时，不要用力过大、过猛。

（2）治疗。对非开放性骨折，应使家兔安静，用手感觉着将断骨拉正复位，用纱布或棉花衬垫于骨折部上下关节处，然后放上两根长度稍超过上下关节的小木（竹）条，并用绷带包扎固定，必要时可给以止痛镇静药，3～4 周后拆除。对开放性骨折，发现后应及时处理伤口，进行彻底清创消毒，除去异物，再按非开放性骨折进行包扎固定患肢，并注射抗生素防止感染。

十二、创伤性脊椎骨折

创伤性脊椎骨折（Spinal fracture）又称截瘫、断背、掉腰、后躯麻痹和创伤性脊椎变位。由于椎骨骨折或变位，脊椎受到机械性损伤，常造成后躯麻痹，常见于家兔。

1. 病因

通常突然发生，大多由于操作过程中捕捉和保定的方法不对，家兔剧烈挣扎或受到惊吓而蹿跳，从高处跌落等所致，可造成腰椎骨折或腰椎联合脱位。

2. 临床表现与特征

主要症状是患兔后躯感觉丧失，完全或部分运动麻痹，拖着后肢行走。脊髓受损（截瘫）可致肛门括约肌和膀胱失去运动控制，会出现粪尿失禁，肛门周围沾有稀粪，随着时间延长会出现褥疮溃疡。创伤性脊椎骨折最常发生于第七腰椎体或第七腰椎后侧关节突部位。骨折的脊柱局部可见有充血、出血、水肿和炎症变化，膀胱因积尿而膨大（图 3－35 至图 3－39）。

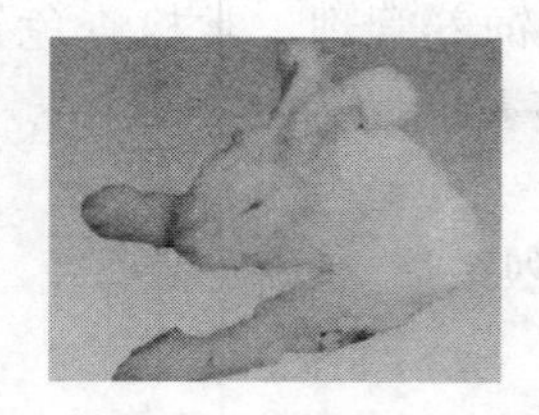

图 3－35　患兔创伤性脊椎骨折致后肢瘫痪，拖着后肢前移

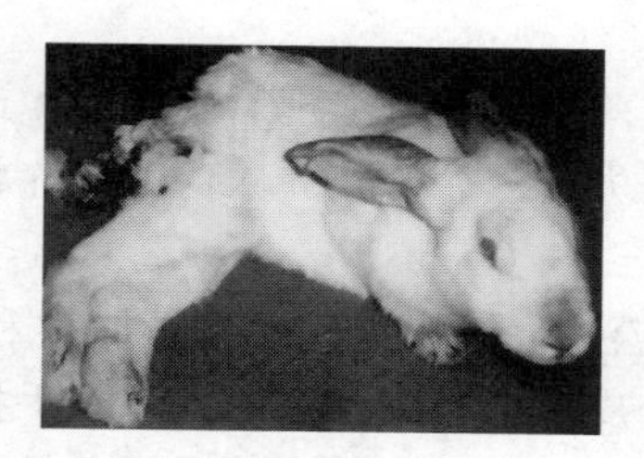

图 3－36　患兔创伤性脊椎骨折致粪尿失禁，肛门周围沾有稀粪

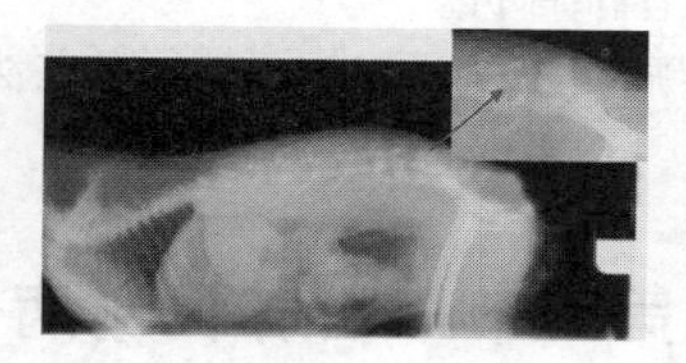

图 3－37　创伤性脊椎骨折 X 光下所见的脊椎骨折

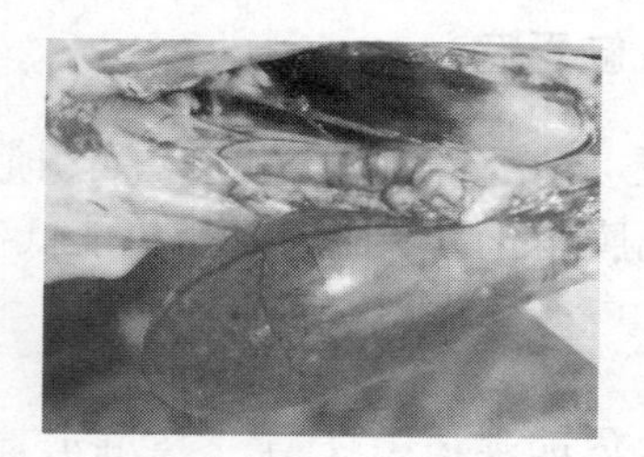

图 3－38　腰椎创伤性骨折处出血，膀胱积尿

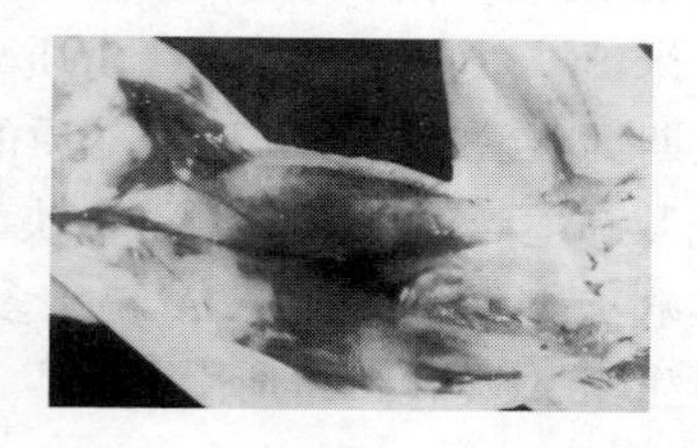

图 3－39　创伤性脊椎骨折处严重出血

3. 临床诊断

可根据有无跌落史和是否出现后躯麻痹、运动失调、拖着后肢行走以及粪、尿失禁，后躯被粪尿污染等症状进行诊断。

4. 防制

(1) 预防。应注意采用正确的方法捕捉和保定兔。一只手大把抓住头颈部松皮，轻轻提起后用另一只手托住兔的臀部并握住后肢，以防止背腿方向的运动，切忌抓兔的腰部，以免引起家兔急剧挣扎而发生脊椎骨折。

(2) 治疗。本病目前尚无有效的治疗方法。轻者整复后保持安静，待其自愈。严重时应作淘汰处理。

第五节 营养代谢病

一、维生素 A 缺乏症

维生素 A 缺乏是由于维生素 A 缺乏而引起的主要以生长迟缓、视力障碍、角膜角化、干眼、生殖机能低下为特征的一种营养代谢病。

1. 病因

本病主要由原发性维生素 A 缺乏或继发性维生素 A 缺乏引起。原发性维生素 A 缺乏多由饲养管理不当因素引起，如给兔长期饲喂棉籽饼、米糠、麸皮、干谷粉、劣质干草等缺乏维生素 A 源的饲料，或长期饲喂贮存过久、腐败变质的饲料，或兔舍阴暗潮湿，缺乏日光照和适当运动，或饲料中缺乏矿物质、微量元素等，均可引发本病。继发性维生素 A 缺乏多是由于患慢性消化系统疾病，对维生素 A 吸收障碍所引起。

2. 临床表现与特征

中枢神经的损害的病兔会出现共济失调，盲目前进或行动迟缓，碰撞障碍物，外周神经损害的病兔会出现四肢麻痹，不愿运动，有时转圈，摇头，严重者头转向一侧或后仰或头颈缩起，发生惊厥；病兔生长缓慢，消瘦，体重不断减轻，严重者可衰竭而死。长期缺乏可导致结膜炎，病兔眼睑潮红，充血肿胀，有白色脓性眼垢，无法睁眼，严重可导致失明，个别兔呈现典型的“牛眼”症状，若长期不愈易造成两颊绒毛脱落。公兔精子活力严重下降，发生生殖机能障碍症；母兔不易受胎，受胎的会发生流产、死产，或产出胎儿衰弱，或产出先天性畸形仔兔（脑积水、瞎眼等），并会发生胎盘滞留症。病兔机体上皮组织机能紊乱，皮肤、黏膜上皮发生角质化与变性，有皮脂溢出、皮炎，镜检可见患兔泪腺上皮细胞萎缩，角膜上皮层次增加，细胞排列紊乱，表层更扁平，翼状细胞形状变扁，基底层增生变厚，有炎性细胞浸润。此外，神经系统、骨骼和肾脏等也会出现明显的组织学变化。

3. 临床诊断

根据临床表现和病兔所食饲料进行分析化验，进行综合诊断。

4. 防制

（1）预防。加强兔的饲养管理，科学配制全价饲料日粮。日粮中添加富含维生素 A 原的饲料（如黄玉米、南瓜、胡萝卜、青绿的豆科植物等），或在每千克混合饲料中添加维生素 A50 万单位。不饲喂久贮的或腐败变质的饲料。预防兔球虫病和慢性消化系统疾病（如慢性胃肠炎等），维持肠、肝对维生素 A 的正常吸收、转化、利用和贮存的机能。妊娠期和哺乳期的母兔，添加鱼肝油或维生素 A 添加剂以预防本病的发生。

（2）治疗。内服鱼肝油 1～2mL/次，每天 2～3 次，连用 10～15 天；或在每千克混合饲料中混入维生素 A 8 万～10 万单位，连喂 10 天以上。重症者可肌内注射 AD_3 注射液（每毫升中含维生素 A5 万单位、维生素 D_3 0.5 万单位），每次肌内注射

0. 3～0. 5mL，每天 2 次。

内服维生素 A 胶囊，400 单位/kg 体重，或肌内注射维生素 A 注射液 200 单位/kg 体重，每天 1 次，连用 5～7 天。群体治疗，按 0. 2mL/kg 饲料添加鱼肝油（图 3－40 至图 3－44）。

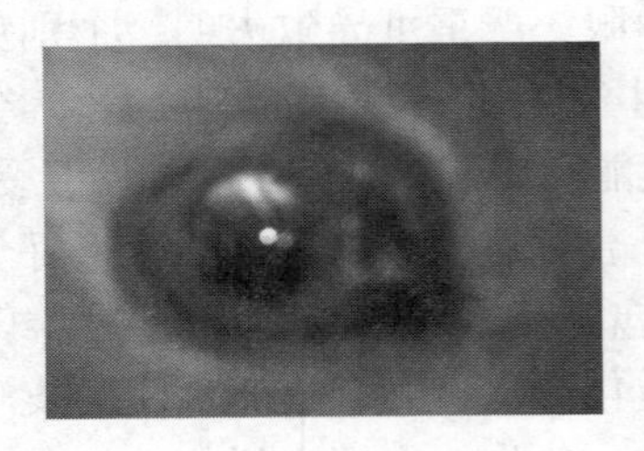

图 3－40　结膜潮红、眼睑肿胀

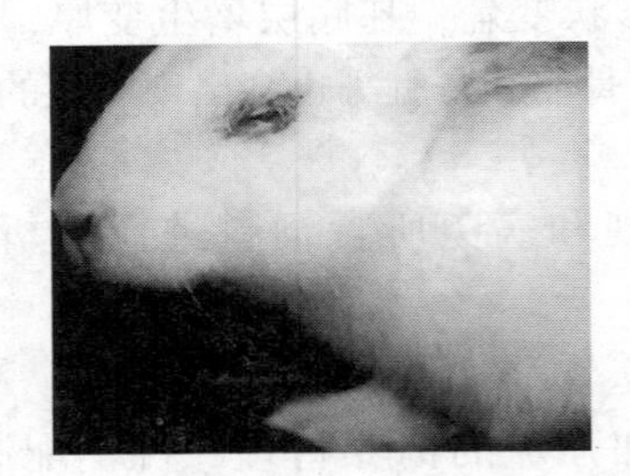

图 3－41　眼睑充血、肿胀，有白色脓性分泌物

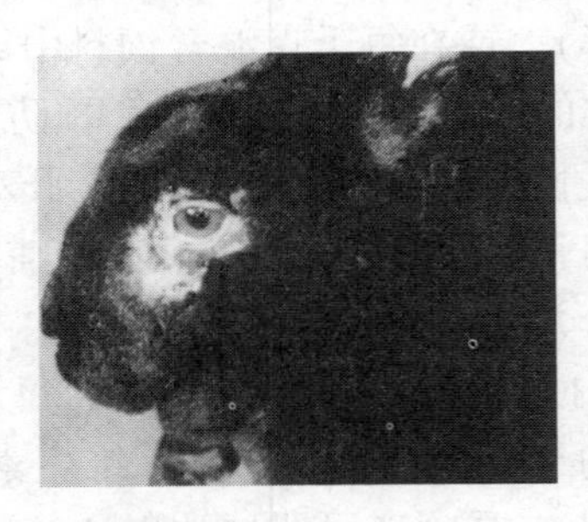

图 3－42　结膜炎长期不愈，两颊部脱毛

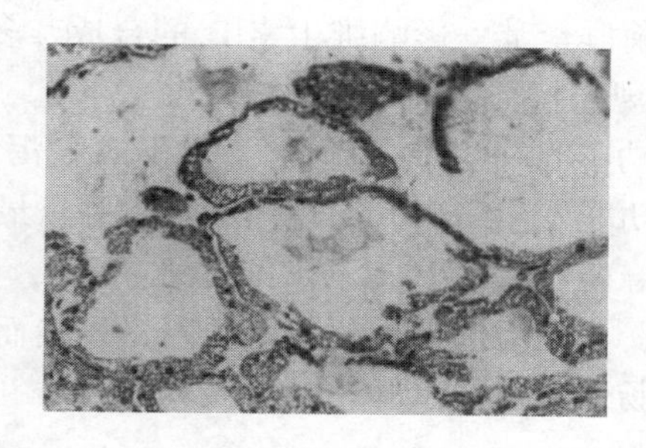

图 3－43　兔泪腺上皮细胞萎缩（H. E　×200）

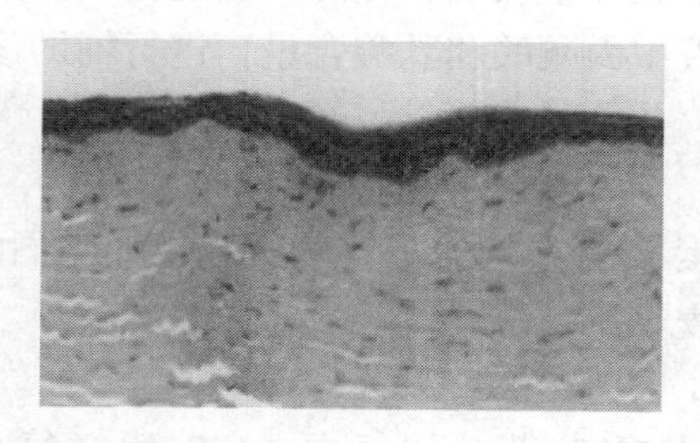

图 3－44　兔角膜上皮细胞增生，排列紊乱，炎性细胞浸润（H. E ×200）

二、维生素 B_1 缺乏症

维生素 B_1 缺乏症，又称为硫胺素缺乏症，多是由于硫胺素不足或缺乏而引起的一种营养缺乏症，以消化障碍和神经症状为主要特征。

1. 病因

日粮中硫胺素不足，这是本病的主要原因。

家兔不吃盲肠粪，或兔粪每天被很快清理掉。

家兔在繁殖时、当日粮中含有维生素 B_1 的拮抗物时或胃肠道功能紊乱。

兔饲料中粗纤维含量不足或长期低剂量添加抗生素或饲料霉

变，导致肠道菌群紊乱，影响维生素 B_1 的合成，多发生于幼兔。

2. 临床表现与特征

病兔消化功能低下，食欲缺乏，便秘或腹泻，全身肌肉松弛，继而泌尿功能发生障碍，出现渐进性水肿，最终导致神经系统损害，病兔麻痹抽搐，运动失调，后肢瘫痪，躯体向一侧倒地，不能站立，头向后仰，生长发育受阻，昏迷而死。剖检可见心肌变性，胃肠道充血、水肿，脑灰质软化。

3. 临床诊断

根据临床症状和脑灰质软化的病理变化可作出初步诊断，也可通过测定血液中丙酮酸和乳酸含量，进行辅助诊断。

4. 防制

（1）预防。加强饲养管理，清除霉变饲料，合理添加抗生素，饲喂维生素 B_1 含量较为丰富的饲料，如啤酒酵母、花生饼、豆粕、米糠、麦麸等。

（2）治疗。

①口服维生素 B_1 药片，每次 1～2 片（每片含维生素 B_1 10mg）；

②肌内注射维生素 B_1 制剂，如盐酸硫胺注射液、丙酸硫胺注射液等，0.25～0.5mL/kg，连用 3～5 天。

三、维生素 B_2 缺乏症

维生素 B_2 缺乏是由于饲料中缺乏维生素 B_2 而引起的一种营养代谢性疾病。

1. 病因

饲粮中缺少维生素 B_2；饲料变质或加工不当；患有胃肠炎和吸收障碍。

2. 临床表现与特征

病兔主要表现为消瘦，食欲减退，生长缓慢，被毛粗糙、易脱落、无光泽，黏膜黄染，肌肉萎缩，四肢无力，流泪，流涎。长期缺乏可引起母兔不育或所产仔兔畸形，泌乳减少，繁殖力下降。

3. 临床诊断

可根据临床特点作出初步诊断。

4. 防制

（1）预防。合理调配日粮，适当添加动物性饲料和酵母或饲喂含维生素 B_2添加剂，可有效地预防本病的发生。

（2）治疗。最有效的方法是及时给予维生素 B_2，按 20mg/kg 饲料添加，连用 1～2 周，之后减半；或皮下或肌内注射维生素 B_2，一般连用 1 周，效果很好。

四、维生素 B_6 缺乏症

维生素 B_6缺乏症是由维生素 B_6缺乏或不足而引起的一种以公兔无精子、母兔空怀或死胎、仔兔生长发育迟缓为特征的营养代谢病。

1. 病因

家兔日粮中维生素 B_6不足；饲料加工调制不当，使饲料中维生素 B_6被破坏；肠道疾病，使肠道不能合成足量的维生素 B_6等，均可导致本病的发生。另外，由于饲喂含高蛋白质的饲料对维生素 B_6的需要增多，也能引起缺乏。

2. 临床表现与特征

轻微缺乏时对兔的影响不大，严重缺乏时引起兔皮肤的损害，兔耳周边出现皮肤增厚和鳞片，鼻端或爪出现疮痂，眼睛发生结膜炎，病兔神经功能紊乱，躁动不安，生长发育受阻，瘫痪，最后死亡。轻度贫血，凝血时间延长，尿中黄尿酸量增多。母兔不发情或空怀率增高，死胎增加，妊娠后期出现尿石症。公兔睾丸萎缩，无精子或性功能丧失。

3. 临床诊断

根据临床表现、饲料分析以及尿液有黄酸盐、血液转氨酶活性显著降低等进行综合诊断。

4. 防制

(1) 预防。使用全价配合饲料，适当添加鱼粉、肉骨粉、酵母等饲料，或适当加入维生素 B_6添加剂或复合维生素添加剂。日粮中维生素 B_6按 0.6～1mg/kg 添加，可预防本病的发生。

(2) 治疗。可用维生素 B_6制剂，母兔发情期按 1.2mg/kg 体重，被毛生长前期 0.9mg/kg 体重，被毛生长后期按 0.6mg/kg 体重添加，可得到良好的治疗效果。也可使用水溶性维生素制剂等饮水。

五、维生素 B_{12}缺乏症

维生素 B_{12}缺乏症，又称氰钴胺缺乏症，是因维生素 B_{12}缺乏或不足引起的一种以厌食、生长发育停滞、贫血为特征的营养缺乏症。

1. 病因

维生素 B_{12}参与体内许多代谢过程中甲基的形成、分解和转移，其中重要的是参与核酸和蛋白质的生物合成，促进红细胞的发育成熟，防止恶性贫血，在血液的形成过程中有很重要的作用。如果兔饲料中不使用动物性饲料，并且未添加维生素 B_{12}，或饲料中缺乏微量元素钴、铁时，维生素 B_{12}合成不足，肠道疾病可阻止微生物合成维生素 B_{12}或使之吸收利用障碍等，或患慢性胃肠疾病，胃黏膜壁细胞内因子分泌减少，影响维生素 B_{12}的吸收和利用，均可诱发本病的发生。

2. 临床表现与特征

病兔主要表现为厌食，营养不良，生长缓慢，贫血，消

瘦，黏膜苍白，触觉敏感，共济失调等症状，幼兔仔兔生长发育停滞，易出现胃肠炎，腹泻，便秘等。血液稀薄，颜色发淡，肝脏呈土黄色，脆弱易破裂，肝细胞坏死和脂肪变性，全身贫血。

3. 临床诊断

根据病史、临床特点和饲料分析进行综合分析确诊。

4. 防制

（1）预防。在饲料中添加含维生素 B_{12} 及含钴和铁的添加剂，可有效地预防本病的发生。或在饲料中适当添加动物性饲料和酵母等，也能够起到补充维生素 B_{12} 的作用。母兔在妊娠期添加维生素 B_{12}，每千克饲料应含维生素 B_{12} 0.04mg，可有效预防本病的发生。

（2）治疗。病兔可按 0.4mg/kg 饲料添加维生素 B_{12} 进行治疗，同时，添加含钴和铁的添加剂，病情好转后再恢复到预防量。也可肌内注射维生素 B_{12} 注射液治疗。

六、维生素 E 缺乏症

兔维生素 E 缺乏症是指因维生素 E 缺乏而引起的临床上以肌肉营养不良、麻痹、母兔繁殖障碍、流产、死胎、脑软化等症状为特征的一种营养代谢病。

1. 病因

饲料中维生素 E 含量不足、不饱和脂肪酸含量过高、长期饲喂维生素 E 破坏的劣质或变质饲料以及因肝脏患病而影响维生素 E 的贮存和吸收，均可引发本病。

2. 临床表现与特征

病兔主要表现为营养性肌肉萎缩，肢体僵直，进行性肌肉无力，对饲料的消耗减少，体重下降，随着衰竭而死亡。该病一般分为 3 个时期：第一期为肌酸尿，以增重幅度不大及采食减少为特征。第二期为临诊特征开始期，此期兔体重急剧下降，饲料消耗猛烈减少，有的病兔前肢僵直、稍微缩头。第三期为急性营养不良期，表现为肌体发硬，进行性肌无力，病兔持续1～4天死亡。有的病兔会呈现脚迅速撑起，经过用力挣扎保持站立姿势，随后死去。而有的病兔在死前数日陷于全身衰竭，大小便失禁，但爬起时全身不显紧张。也有的病兔会出现转圈，平衡失调，头弯向一侧处于爬卧状态。母兔主要表现为受孕率下降，死胎增多，新生仔兔死亡率高。公兔睾丸损伤，精子产生减少。可见骨骼肌及心肌、咬肌、膈肌萎缩，极度苍白，呈透明样变性、坏死，肌纤维有钙化现象，椎旁肌群、膈肌、咬肌和后躯肌肉有出血条纹和黄色坏死斑。病兔血清肌酸磷酸激酶水平以及尿液肌酸/肌酐比值增高，血液谷胱甘肽过氧化物酶活性降低，肝脏和肾脏硒含量低于正常值，心电图发生改变。

3. 临床诊断

根据肌肉营养特征病变、运动障碍、繁殖障碍等临床表现和病理变化及治疗性诊断，可确诊。

4. 防制

（1）预防。预防上要注意保证饲料中维生素E的供应。饲喂维生素E含量的青绿多汁饲料如大麦芽、苜蓿草、胡萝卜、植物油等；不饲喂贮存时间过长或发生酸败的饲料；肝发生病变或母兔因怀孕时，在饲料中直接补充维生素E。

（2）治疗。主要是补充维生素E，同时，补硒。①肌注维生素E，1 000单位/只，每天2次，连用2～3天。②肌注亚硒酸钠维生素E注射液，0.5～1mL/只，每日1次，连用2～3天。③在饲料中加入右旋生育酚19～22mg/kg，或混合生育酚24～28mg/kg。④皮下注射维生素E10～20mg/kg，每天1次，连用3～4天，同时，皮下注射亚硒酸钠，0.1mg/kg。⑤添加维生素E添加剂，每天按1.1mg/kg体重添加饲喂。⑥在饲料中添加一些豆油、花生油、菜籽油等有一定的治疗作用。⑦角板、骨粉、党参各 3g，水煎口服，每天 2 次，每次 10mL（图 3－45 至图 3－48）。

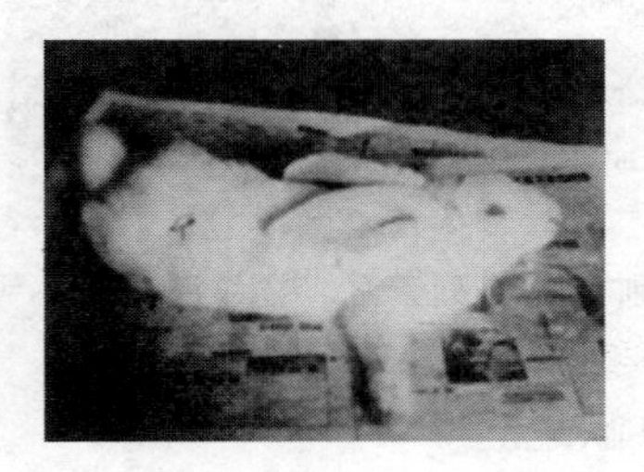

图 3－45　病兔肌肉无力，两前肢向外伸展

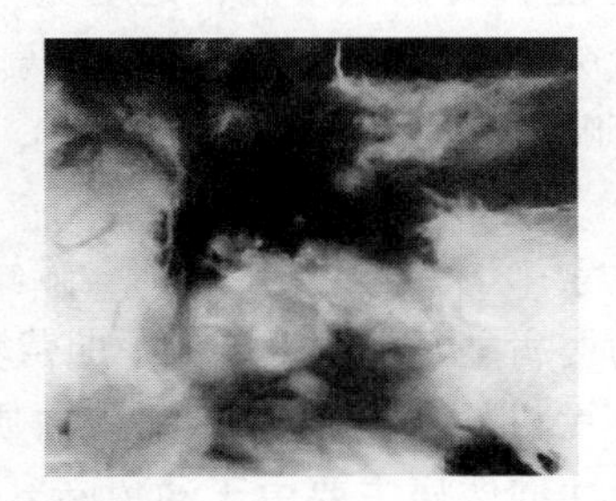

图 3－46　病兔急剧衰竭，大小便失禁，污染肛门周围被毛

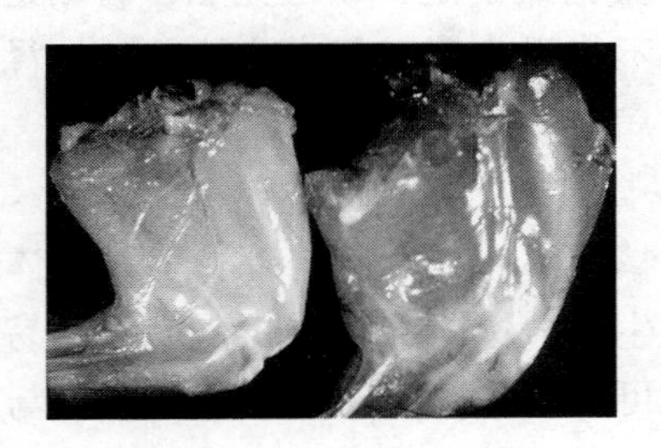

图 3－47　横纹肌透明变性

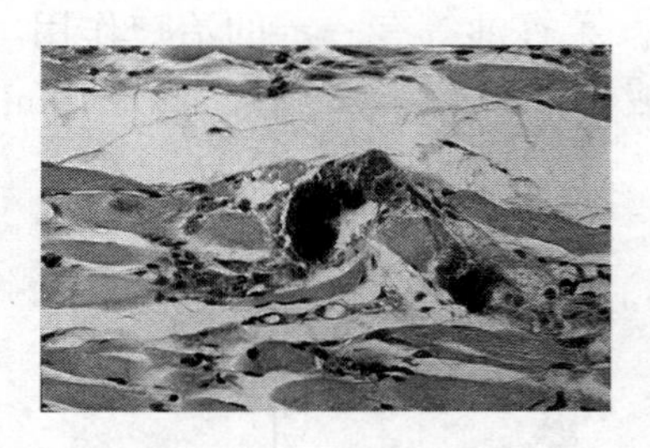

图 3－48　肌纤维肿大，排列紊乱，横纹肌损伤、钙化（H. E ×400）

七、维生素 D 缺乏症

维生素 D 缺乏症，又称佝偻病，是幼兔生长骨板软骨骨化障碍及骨基质钙盐沉着不足的慢性代谢性疾病。临床上以生长发育不良、骨骼发育畸形和运动障碍为特征。

1. 病因

主要由于维生素 D 缺乏或饲料中钙、磷缺乏，钙磷比例不当引起。先天性佝偻病主要是由于母兔孕期营养失调或缺乏日光照射，饲料中缺乏无机盐、维生素 D 和蛋白质，以致胎儿发育不良而引起。后天性佝偻病主要由于幼兔断乳过早，饲料中钙、磷、维生素 D 和蛋白质不足，缺乏光照，胃肠道疾病使维生素 D 吸收不足或根本不能吸收等引起。此外，肝、肾功能不全及寄生虫病也能诱发本病。

2. 临床表现与特征

病兔表现为精神不振，四肢向外侧斜，身体呈匍匐状，不愿走动。患病幼兔生长缓慢，甚至停止，成年兔易发生骨折，但死亡率较低。剖检可见关节肿大，四肢弯曲。骨与软骨连接处及骨骺部位膨大，肋骨与肋软骨结合处肿大，出现“骨串珠”。

3. 临床诊断

可根据临床表现及典型特征进行综合诊断，如仔兔体质软弱，走路摇晃，四肢向外倾斜，肢体异常、变形，或拱腰凹背四肢骨骼弯曲，易骨折，出现特征性“骨串珠”等。

4. 防制

（1）预防。加强饲养管理，保证充足的光照和适当的运动。在饲料中添加钙、磷等元素，比例在1∶1～1∶5为宜。日粮中补充骨粉、蛋壳粉等无机盐类。

（2）治疗。肌内注射维生素A、D注射液，每次1mL，每天1次，连续3天；或肌内注射维生素D胶性钙注射液，每次1 000～5 000单位，每天1次，连续3天。或内服鱼肝油1～2mL。或内服磷酸钙1g、乳酸钙2g或骨粉3g，混入饲料饲喂至症状消失（图3－49至图3－52）。

图3－49 病兔不愿走动，喜伏地，四肢向外斜，身体呈匍匐状

图3－50 病兔背部弯曲

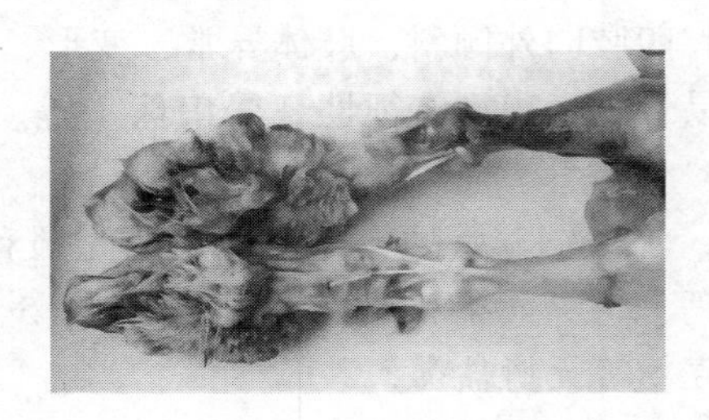

图 3－51　跗关节肿大

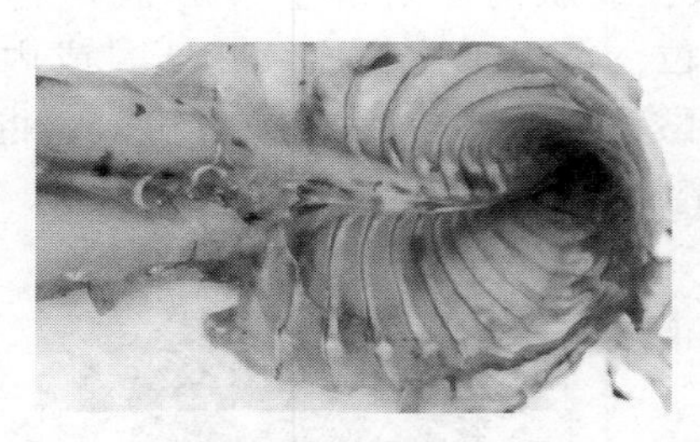

图 3－52　肋骨与肋软骨结合处肿大，呈串珠状

八、维生素 K 缺乏症

维生素 K 缺乏是由于机体内维生素 K 缺乏所引起的以凝血机能失调和怀孕母兔流产为特征的一种营养代谢病。

1. 病因

由于饲料中添加抗生素而导致肠道微生物失调、某些饲料中含有诸如双香豆素等拮抗物、患肝球虫病、兔在繁殖期时体内维生素 K 缺乏均可引起发生维生素 K 缺乏症。

2. 临床表现与特征

维生素 K 缺乏可使机体凝血机能失调，表现为神经过敏，食欲缺乏，皮肤和黏膜出血，血液色淡呈水样，凝固不良，黏膜苍白，心跳加快。如有外伤则流血不止，有时还可见到皮下、肌肉和胃肠道出血。母兔的胎盘出血、流产。

3. 临床诊断

根据临床症状、饲养管理情况以及技术不错维生素 K 后有好转可确诊。

4. 防制

（1）预防。日粮中添加适当比例青绿植物饲料或维生素 K 添加剂，以满足对维生素 K 的需要。不长期服用或慎用抗菌药物，以减少对肠道菌群的破坏，而影响到维生素 K 的合成。

（2）治疗。肌内注射维生素 K_1 5mg/kg 体重，或维生素 K_3 20mg/kg 体重，每天 1～2 次。

九、烟酸缺乏症

兔烟酸缺乏症又称癞皮病，是由于饲料中缺乏烟酸而引起的一种以消化障碍、被毛粗糙为主要特征的营养缺乏症。

1. 病因

烟酸又叫尼克酸、维生素 B_3，在体内以尼克酰胺形式存在。正常情况下，兔机体能将色氨酸合成为尼克酸，如果兔饲料中蛋白质不能提供足量的色氨酸来满足组织对蛋白质和烟酸的合成需要，兔将发生烟酸缺乏症。

2. 临床表现与特征

病兔主要表现为厌食，生长发育不良，腹泻及被毛粗糙等症状。

3. 防制

一般情况下不需考虑饲料中添加烟酸添加剂，但对于生长发育兔饲料中应含烟酸 180mg/kg，也可在饲料中添加色氨酸添加剂。

十、胆碱缺乏症

胆碱缺乏症是由胆碱缺乏而引起的一种以生长缓慢、消化不良、贫血、肌肉萎缩、运动障碍为主要特征的营养缺乏症。

1. 病因

饲料中胆碱供给不足或含有拮抗因子。长期饲喂胆碱含量低的饲料，或长期应用抗生素和磺胺类药物而抑制胆碱在体内的合成。饲料中蛋白质不足或蛋白质质量不佳。

2. 临床表现和特征

病兔食欲减退，生长缓慢，中度贫血，被毛粗糙无光泽，肌肉萎缩，行走无力，兔生长停滞，关节肿大，生产性能降低。最后衰竭死亡。剖检可见为脂肪肝或脂肪肝综合征，肝大，色泽变黄，表面有出血点或出血斑，质地极度脆弱，胆管增生，肌肉萎缩，呈灰白色，纹理消失，呈透明样变。肝脏、肾脏和其他器官脂肪浸润和变性。

3. 临床诊断

根据临床表现和剖检特点，可作出初步诊断。

4. 防制

（1）预防。加强饲养管理，饲喂质量优良的富含蛋白质的饲料。

（2）治疗。病兔可按 50～10mg/kg 体重口服胆碱盐制剂，或按 0. 3～0. 5mg/kg 体重口服盐酸胆碱，或皮下注射比赛可灵（氨化氨甲酰甲胆碱），0. 05～0. 08mg/kg，每天 1 次。

十一、粗纤维缺乏症

粗纤维缺乏是由于长期饲喂精饲料而粗纤维量摄入不足而引起的以消化功能紊乱、出现粪便稀薄，甚至发生死亡的一种疾病。

1. 病因

粗纤维在维持兔的正常消化机能、保持消化物稠度、形成硬粪以及消化运转过程中起着重要作用。长期饲喂鲜卷心菜、鲜筒篙和油菜等水分含量高而粗纤维含量低的青绿饲料或食物，饲喂过多的精料均可引起该病的发生。

2. 临床表现与特征

本病是一个渐进性疾病，病兔可正常采食，逐渐消瘦，用手抚摸背部，可见明显骨节，皮肤松弛，便秘，排粪量减少，粪球干小，形状不规则，排尿频繁而量多。有的兔腹泻，有的兔排成串的软粪球。后期可引起胃肠道疾病，出现肠炎、腹泻，严重时引起死亡。

3. 防制

（1）预防。合理配合饲料，饲喂含足够粗纤维的饲料，减少精料蛋白质和能量，可避免本病的发生。

（2）治疗。以矫正兔饲料中粗纤维平衡为主，供给含粗纤维饲料干青草粉、草劳棵粉、小麦鼓，并在料中添加红糖、微量元素、食盐、贝壳粉，连续饲喂 3～10 天，见粪球变大，软粪，死亡消失，体重明显增加，再更换粗纤维含量适当的饲料（图 3－53 和图 3－54）。

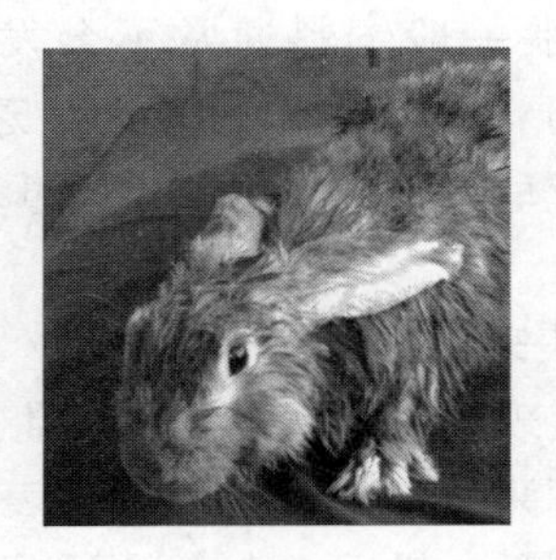

图 3－53　身体消瘦，皮肤松弛

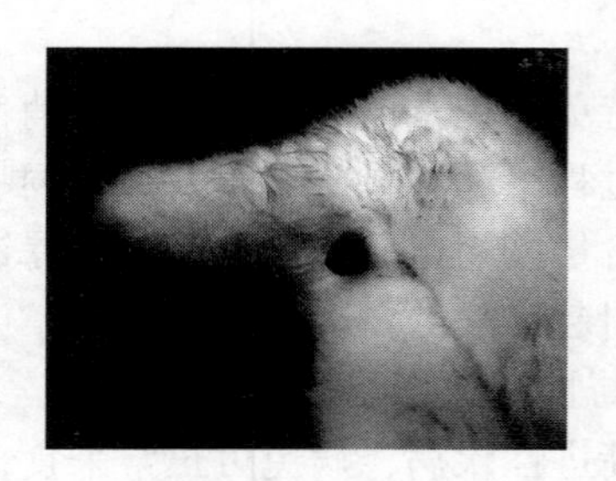

图 3-54 排软粪，污染尾部被毛

十二、镁缺乏症

镁缺乏是家兔低血镁所引起的以感觉过敏、精神兴奋、肌肉强直或痉挛为特征的一种营养代谢病。

1. 病因

动物机体中 70% 以上的镁以磷酸盐形式参与骨骼和牙齿的组成，约 25% 存在于软组织中。主要参与蛋白质合成，并与蛋白质结合成络合物。镁是细胞内阳离子，是多种酶系统和糖代谢不可缺少的因子。细胞外液中的镁与钙、钾、钠协同，共同维持着动物机体肌肉神经的兴奋性。镁离子也是维持心肌正常功能和结构所必需的。镁普遍存在于各种物质中，含叶绿素多的植物是镁的主要来源，饲喂一般饲料通常不会发生镁缺乏症，但每 100g 饲料中含镁低于 8mg，可发生兔镁缺乏症。饲料中不饱和脂肪酸过多与镁形成皂盐，或牧草钾、氮过多，影响镁的吸收而引发本病。

2. 临床特征与表现

成年病兔主要表现被毛失去光泽，粗乱，背部、四肢和尾巴脱毛，严重的有过度兴奋现象。青年病兔表现急躁，心动过速，生长停滞，厌食和惊厥，最后心力衰竭而死亡。母兔仍能配种妊娠，但胎儿不久死亡、吸收。仔兔主要表现为过度兴奋，惊厥，生长缓慢，严重极度消瘦，最好死亡。剖检变化不一，有的肾脏有出血斑，其他脏器基本正常，镜检可见损伤的组织内有大量密集的嗜碱性纺锤状浦金野氏细胞，细胞无核或有偏心核。在肾皮质部和髓质部肾小管内和肾小管上皮细胞中，见有单个或融和成堆的矿物质沉积，周围组织发生灶性坏死和肉芽肿炎性细胞反应。

3. 临床诊断

根据临床症状可初步作出诊断。确诊需做实验室检验，正常兔血清的镁含量为 2.61 ~ 3.79mg/100mL，病兔血清镁含量减少，血清钙含量正常。

4. 防制

（1）预防。加强饲养管理，优化饲料配方，在饲料中补充硫酸镁 0.03% ~0.04%。

（2）治疗。病兔可多点皮下注射 10% 硫酸镁，5 ~ 10mL。病情严重者，同时，给予对症治疗，如氯丙嗪、巴比妥等，可缓解症状。

十三、锌缺乏症

锌缺乏症是锌摄入、代谢或排泄障碍所致的体内锌含量过低而引起的以体重减轻、皮炎、脱毛和繁殖障碍为特征的一种营养性疾病。

1. 病因

锌的贮存、摄入量减少，消化道疾病妨碍锌的吸收，锌的丢失过多及遗传因素等可引起发生锌缺乏症。

2. 临床特征与表现

病兔主要表现为食欲减退，生长发育迟缓，消瘦，有异食癖，味觉、嗅觉减退或异常，免疫力下降。皮肤角化不全或过度角化，被毛脱落，暗淡。口角肿胀、溃疡。公兔睾丸萎缩、精子生成障碍、性机能减退，母兔卵巢萎缩、受胎率降低，易发生早产、流产、死胎、畸形胎。

3. 临床诊断

根据临床特征和有饲料中锌不足或缺乏以及存在影响锌吸收、利用的因素可作出初步诊断，辅助测定组织、血清锌含量有助于确诊。

4. 防制

（1）预防。加强饲养管理，优化饲料配方，在饲料中添加适当的锌并适当限制钙的水平，饲料中钙锌比例为 100：1 较合适。

（2）治疗。主要是补锌，可将硫酸锌或碳酸锌混于饲料中或加于水中后给予，每次 0.01 ~ 0.05g，每日 1 次，连服 3 ~ 4 周。

十四、锰缺乏症

锰缺乏是由于饲料中锰含量不足而引起的以骨骼畸形、繁殖障碍以及新生仔兔运动失调为特征的一种矿物质营养代谢病。主要表现为兔生长发育不良，前肢弯曲，骨骼变脆，易骨折，骨质疏松，灰分含量减少。繁殖能力下降，发情异常。

1. 病因

病因可分为原发性锰缺乏和继发性锰缺乏两种。原发性锰缺乏主要是由于摄取锰含量过少的饲草（料）所致。继发性锰缺乏主要是由于饲料中锰的吸收率和利用率降低所致。

2. 临床特征和表现

病兔生长发育缓慢，四肢骨骼和关节畸形，繁殖性能降低和不妊娠。仔兔锰缺乏时食欲减退，甚至废绝，被毛干燥，体质虚弱，消瘦，肱骨的重量、长度及抗断性能等显著降低。关节肿大，站立姿势异常，站立困难，跛行。有的仔兔生出前即发生肢腿弯曲。成年兔锰缺乏时性周期延迟、不发情或弱发情，卵巢萎缩，排卵停滞，受胎率降低或不妊娠。胎儿吸收、死胎。公兔睾丸萎缩，性欲减退，精液质量不良。

3. 临床诊断

本病无典型症状，可通过补饲锰添加剂后观察临床反应情况或检测病兔被毛中锰含量，进行确诊。

4. 防制

有效方法是补充硫酸锰。病母兔每日补饲锰含量2g添加剂对繁殖性能恢复有较好效果。仔兔连续投服硫酸锰每天4g，有预防作用。

十五、碘缺乏症

碘缺乏症是由于自然环境碘缺乏造成机体碘营养不良所表现的一组有关联疾病的总称。碘缺乏表现为家兔机体代谢紊乱，发育停滞，公兔性欲减退，母兔不发情，怀孕后易发生流产、死胎、弱胎。

1. 病因

碘是有很高生物活性的一种微量元素，缺乏将使机体内碘代谢平衡破坏，导致甲状腺机能及其形态结构发生改变，甲状腺素形成减少。甲状腺素是一种含碘氨基酸，具有调节机体代谢机能和全身氧化过程的作用。或者甲状腺分泌不正常，也易造成缺碘症。

2. 临床表现与特征

碘缺乏时基础代谢下降，仔兔生长发育受阻，蛋白质、糖类、脂肪和矿物质代谢紊乱；对传染病抵抗力降低；中枢神经系统功能紊乱；繁殖力下降，胚胎发育不全，死胚增多；嗜睡，不愿意活动，无力，易疲劳。

3. 防制

（1）预防。可将碘化钾或碘化钾与硬脂酸混合后掺入饲料内，或在饲料中掺入海藻、海带之类物质，或把碘掺入矿物质补充剂中，可预防缺碘。碘浓度达0.01%，有良好的预防碘缺乏的作用。可施一些含碘化肥，提高牧草中碘含量。在母兔产仔前肌内注射碘化樱栗花油（含碘40%）。在母兔怀孕后期，于饮水中加入1~2滴碘酊，产仔后用3%的碘酊涂擦乳头，让仔兔吮乳时吃进微量碘。

（2）治疗。在饲料中添加碘，泌乳兔饲料中应含0.8~1.0mg/kg（干重计）碘，空怀母兔和仔兔饲料中应含0.1~0.3mg/kg碘，或采用在四肢内侧每周涂擦一次碘酊2mL。

十六、铜缺乏症

铜缺乏症是由于饲料中铜含量不足造成的营养缺乏症，以被毛脱落、无光，腹泻，消瘦为特征的一种营养性疾病。

1. 病因

由于长期饲喂铜缺乏土地上生长的牧草，而且饲料和饮水中铜含量不足，机体对铜的吸收和利用受阻而发生的铜缺乏。另外，饲料中硫酸盐、过磷酸钙含量过高以及组织中钼、锌、镉、钙、汞和铁含量过高均能降低铜的吸收。

2. 临床症状

病兔主要表现为食欲减退，衰弱，生长发育缓慢，被毛无光泽，褪色，脱毛，消瘦、腹泻、脱水和贫血，生产性能降低。骨骼异常，常出现骨骼弯曲，关节肿大变形，四肢容易骨折。幼兔生长发育迟缓，母兔发情异常，不孕，甚至流产。剖检可见心肌广泛性钙化和纤维化，肝、脾肿大，颜色变暗，可见含铁血黄素大量沉积。

3. 临床诊断

根据病史调查、临床特点、饲料中铜含量检测等进行综合诊断。

4. 防制

（1）预防。加强饲养管理，合理补充饲喂含铜量较高的饲料，使饲料中铜含量达40～60mg/kg。或在兔舍内或饮水容器内放置铜块。

（2）治疗。口服1%的硫酸铜1～3mL，每周1次，连用3周（图3－55）。

图3－55　被毛无光泽、脱落

第六节　中毒性疾病

一、有机磷中毒

有机磷中毒是因直接接触和吸入有机磷化合物（包括常见的农药敌敌畏、乐果、1605、1059、3911、甲胺磷、敌百虫等）或采食被这些农药污染的青饲料或饮水所引起的，常常引起家兔呈现神经症状为主要特征的中毒性疾病。

1. 病因

常见于饲喂被有机磷农药污染的青草和饲料，偶见于将敌百虫等有机磷使用于驱除胃肠寄生虫或体表寄生虫时，因剂量过大或使用不当而引起中毒。有机磷与胆碱酯酶结合，使胆碱酯酶水解乙酰胆碱的能力降低，导致乙酰胆碱在体内大量积聚，发生与胆碱能神经机能亢进相似的一系列症状，如恶心，呕吐，腹泻，呼出的气体有大蒜臭味，先兴奋，后沉郁，严重者导致死亡。

2. 流行特点

该病的发生和有机磷的应用有关系，因夏季和秋季有机磷农药的使用广泛，所以该病多发生于夏秋两季，有机磷可以通过家兔的呼吸，直接接触和饲草饮水等途径侵入动物机体导致发病。

3. 临床表现与特征

一般在接触药物后半小时至数小时内出现症状。症状较轻者轻者仅表现精神沉郁，食欲减退，恶心，呕吐，流涎，拉稀等；严重者食欲废绝，口吐白沫，腹痛，腹泻，小便次数增加；眼结膜发绀，瞳孔缩小，全身肌肉震颤，兴奋不安，痉挛，心跳加快，呼吸困难，呼出的气体有大蒜臭味，先兴奋，后沉郁至昏迷，最后因呼吸中枢抑制，窒息而死。胃肠黏膜充血、出血、糜烂和溃疡，肠系膜淋巴结出血，肺淤血或水肿，气管、支气管中有较多泡沫状液体，肝脏和大脑均肿大或充血（图 3－56）。

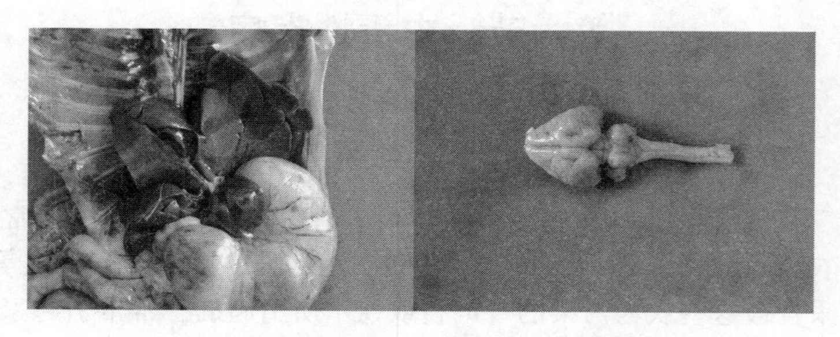

图 3－56　家兔有机磷中毒发病后的临床表现

（图片引自文献丁轲等）

4. 临床诊断

（1）详细询问兔场主发病家兔是否有接触有机磷农药史，是否用喷洒过或者接触过农药或被农药污染的牧草喂兔；体表驱虫时是否使用了有机磷农药，是否按照剂量给药。

（2）有机磷农药中毒大多呈现沉郁，食欲减退，恶心，呕吐，流涎，拉稀等；严重者食欲废绝，口吐白沫，腹痛，腹泻，小便次数增加；眼结膜发绀，瞳孔缩小，全身肌肉震颤，兴奋不安，痉挛，心跳加快，呼吸困难，呼出的气体有大蒜臭味，先兴奋，后沉郁至昏迷，最后因呼吸中枢抑制，窒息而死。

5. 防制

（1）加强饲养管理。禁用喷洒过农药或被农药污染的牧草喂兔；饲料和牧草贮存时，要严格与农药隔离。体表驱虫时按剂量给药，并注意用药后的表现。发现中毒立即抢救。

（2）治疗方案。该病的治疗原则是使用特效药解磷定、氯磷定、双复磷等配合阿托品急救，尽快除去尚未吸收的毒物。硫酸阿托品注射液：每千克体重1mg，皮下或肌内注射。解磷定：按每千克体重20～30mg，用葡萄糖溶液或生理盐水配成2.5%～5%的溶液，缓慢静脉或皮下注射，因其在体内只能维持1.5小时，故需多用几次，严重病例2～3小时后重复用药。注射次数可根据中毒轻重和治疗的效果决定，使用时，忌与碱性药物配伍。

（3）对症治疗。在应用特效解毒药的同时，可用2%～3%碳酸氢钠或1%食醋洗胃；硫酸镁5～10g用温水溶解后灌服，以促进毒物排泄；20%葡萄糖20～50mL加维生素C100mg，静脉注射，以保肝解毒。外用中毒者，应立即用清水洗涤皮肤，阻止毒物继续吸收。但要注意，敌百虫中毒时不能用碱性药物洗胃或洗涤皮肤，否则，会转变为毒性更强的敌敌畏。

二、有机氯中毒

有机氯中毒指的是在家兔的饲料中污染有有机氯毒物，而导致家兔采食后出现兴奋、痉挛，呼吸和心跳加快，嘴唇发绀，瞳孔散大，死亡率高等症状的中毒性疾病

1. 病因

中毒有机氯毒物主要有农药“六六六”、“滴滴涕”，由于其化学性质稳定，在饲料、饮水中的残效期长，农作物副产品、籽实及草料被污染的可能性较大，家兔采食后易引起中毒。

2. 流行特点

该病的发生和有机氯毒物的应用有关系，有机氯毒物可以通过家兔直接接触和饲草饮水等途径侵入动物机体，导致发病。

3. 临床表现与特征

中毒后，兔表现为精神较差，无食欲或表现兴奋、痉挛，呼吸和心跳加快，嘴唇发绀，瞳孔散大，死亡率高。

急性中毒时，病兔表现高度兴奋，肌肉震颤、运动失调，呈现阵发性强直性痉挛，头颈向下方弯曲，最后发展为全身麻痹死亡。

慢性中毒的特征是肝肾功能遭受损害，表现精神不振，食欲渐减，消瘦无力，有周期性痉挛。

4. 临床诊断

（1）和有机磷中毒相似，要详细询问兔场主发病家兔是否有接触毒物史，是否用喷洒过或者接触过农药或被农药污染的牧草喂兔等。

（2）有机氯中毒大多呈现兔表现为精神较差，无食欲或表现兴奋、痉挛，呼吸和心跳加快，嘴唇发绀，瞳孔散大，死亡率高等，但是没有传染性疾病所引起的体温升高等症状，可以结合问诊和饲料检测的结果，综合判断。

5. 防制

有机氯中毒尚无有效的治疗方法，一般采取对症治疗，如中断毒源，灌服2%的碳酸氢钠或石灰水，也可灌服盐类泻药。皮肤中毒可用肥皂水、石灰水冲洗后，再用清水冲洗。

三、食盐中毒

食盐中毒是指家兔的饲料中添喂食盐过多，超出正常正常水盐代谢的标准，造成家兔的生理系统紊乱而呈现出拒食、口渴、流涎、粪便中混有血液，后肢不完全麻痹或全麻痹、有的还会出现失明或耳聋等症状的中毒性疾病。

1. 病因

食盐是动物饲料中不可缺少的成分，适量的食盐能维持动物体内的正常水盐代谢，并可增进食欲和胃肠活动。但添喂食盐过多，超出正常正常水盐代谢的标准，可以造成家兔的中毒。

2. 流行特点

家兔有饲喂含有过高食盐的饲料，多呈现一个地区的单个兔场大群发病的特点。饮水不足也有很大影响。许多慢性中毒的病例其日粮中食盐含量虽正常，但仍可因长期供水不足而发生中毒。

3. 临床表现与特征

高浓度食盐对胃肠道黏膜具有渗透和刺激作用。可导致呼吸加快、拒食、口渴、流涎、腹泻、呕吐、粪便中混有血液，腹泻及胃肠炎。还可使血液钠离子浓度及血浆渗透压增高，造成细胞脱水，组织间液增多，发生水肿，特别是脑细胞内液渗出，后果严重。患畜初期兴奋不安、头歪向一侧、步态不稳、表现口渴、兴奋、肌震颤、惊厥、旋转运动等神经症状。后肢不完全麻痹或全麻痹、有的还会出现失明或耳聋，体温一般正常。

病变出现全身水肿，腹水，心包积液，心肌肥大、出血，肺水肿，肠炎，肾炎。

4. 临床诊断

（1）详细询问兔场主发病家兔的饲料配方，通过实验室化验检测食盐含量情况，结合家兔的饮水方式了解饮水供给情况。

（2）结合家兔呈现的拒食、口渴、流涎、腹泻、呕吐、粪便中混有血液，腹泻及胃肠炎。患畜初期兴奋不安、头歪向一侧、步态不稳、表现口渴、兴奋、肌震颤、惊厥、旋转运动等神经症状。后肢不完全麻痹或全麻痹、有的还会出现失明或耳聋，体温一般正常的临床症状进行确诊。

5. 防制

家兔食盐中毒，目前尚无特效解毒药。在解救时主要是促进食盐的排出和对症进行治疗。具体措施如下。

（1）立即停喂含有食盐的饲料并多次供给饮水，但每次供水量要少、使病兔饮水次数多、每次饮水量少、用溴化钾、硫酸镁等缓和兴奋和痉挛、同时，静脉注射葡萄糖酸钙、帮助恢复电解质平衡。

（2）为缓解脑水肿和降低颅内压，可静脉注射山梨醇或高渗葡萄糖液，并利用利尿剂促进毒物排出。

（3）如果解救及时，食盐中毒的家兔就能逐步恢复健康。

四、亚硝酸盐中毒

亚硝酸盐中毒是由于家兔的饲草在饲料加工调制过程中产生大量亚硝酸盐，或饮水中富含硝酸盐或者亚硝酸盐，通过食物或者饮水进入家兔的体内后将血红蛋白氧化为高铁血红蛋白，导致机体缺氧而引起的中毒。

1. 病因

各种鲜嫩青草、农作物幼苗、蔬菜类（如白菜、油菜、菠菜、莴苣）等均富含硝酸盐。尤其是施肥硝酸铵、硝酸钠或硝酸钾等、使用除草剂或植物生长刺激剂的植物含硝酸盐较高。硝酸盐在适宜的温度（20～40℃）和湿度条件下经硝化细菌的作用还原为亚硝酸盐，青绿饲料堆放过久，起热发黄，腐烂变质后再喂兔，极易产生家兔的亚硝酸盐中毒。

2. 流行特点

家兔有饲喂发黄，腐烂变质饲料，本病一年四季都可发生，但以春末、秋冬发病较多。家兔采食后发病突然，发病较急，短时间内很快发病死亡。

3. 临床表现与特征

家兔采食后发病突然，短时间内发病，精神沉郁，食欲降低或废绝，呼吸迫促，心跳加快，可视黏膜发绀，流涎，口鼻青紫，呼吸困难，皮肤、黏膜发绀，血液呈酱油色，血凝不良，眼球突出，行走不稳，腹部臌大，神经紊乱，严重者全身痉挛、挣扎，最后窒息死亡

中毒病兔的尸体腹部胀满，口鼻乌紫色，流出淡红色泡沫状液体。血液暗褐如酱油状，凝固不良，暴露在空气中经久仍不变红。各脏器的血管淤血。胃肠道各部有不同程度的充血、出血，黏膜易脱落，肠系膜淋巴结轻度出血。气管和支气管黏膜充血、出血、管腔内充满带红色的泡沫状液体，肺充血。心外膜、心肌有出血斑点。肝、肾呈暗红色。

4. 临床诊断

根据病史，结合饲料状况和血液缺氧（发病突然，病程短，皮肤、黏膜发绀，抽搐、痉挛，呼吸困难，血液呈暗褐色，血凝不良）为特征的临床症状，作为诊断的重要依据。同时，在现场作变性血红蛋白检查和亚硝酸盐简易检验，可进行确诊。

5. 防制

(1) 预防。预防本病的关键是将收获的青绿饲料摊开放置在通风的地方，防止雨淋、暴晒、发热腐烂；接近收割的青饲料

不能再施用硝酸盐化肥，以免增加其中硝酸盐或亚硝酸盐的含量。

（2）治疗。特效解毒药是美蓝和甲苯胺蓝。肌内注射1%美蓝0.4～0.8mL/兔，或与10%葡萄糖50～100mL、维生素C500mg混合静脉注射；将甲苯胺蓝按每千克体重5mg的剂量，制成5%的水溶液，静脉、肌肉或腹腔注射均可。

五、棉籽饼中毒

棉籽饼中毒是指家兔长期或大量摄入榨油后的棉籽饼、粕，引起的以出血性胃肠炎、全身水肿、血红蛋白尿和实质器官变性为特征的中毒性疾病。

1. 病因

虽然棉籽饼、粕中含有大量的磷和维生素，其蛋白质的氨基酸组成比较全面，接近于大豆蛋白质的组分，是一种富含营养物质的蛋白质饲料。然而，棉籽饼中含有游离棉酚等有毒物质，当棉籽饼中游离棉酚的含量达到0.04%～0.05%，即可产生毒害作用。如果未经脱棉酚处理或调制不当，长期、大量饲喂可引起家兔中毒甚至死亡，尤其是妊娠母兔和仔兔对游离棉酚特别敏感。棉酚可由乳汁排出，如母兔摄入大量未处理的棉籽饼，不仅易引起母兔中毒，且可通过乳汁影响哺乳幼兔。

2. 流行特点

家兔有饲喂棉籽饼、粕史，本病一年四季都可发生，但以春末、秋冬发病较多。家兔长期或大量饲喂就易致中毒。

3. 临床表现与特征

棉籽饼中毒一般呈慢性经过。患兔精神不振，食欲不佳，粪便干燥，有时下痢。被毛粗乱，结膜苍白或轻度黄染。种兔配种受胎率低，性欲不高，产仔数少，孕兔多发生流产，一般流产发生在18～25天。死产和畸形胎儿增多。母兔对游离棉酚特别敏感。棉酚可由乳汁排出，如母兔摄入大量未处理的棉籽饼，泌乳量降低，仔兔发育不良。

主要表现为消化道、肺、肝、肾、心等实质器官广泛性充血和水肿，全身皮下组织呈浆液性浸润和胸腹腔积液，尤以水肿部位更明显。胃肠道黏膜充血、出血和水肿，甚至肠壁溃烂。

4. 临床诊断

根据患病兔场的流行病学调查、临床症状和病理变化，结合饲料中棉酚含量的测定以及动物的敏感性，可以作出确诊。

5. 防制

（1）预防。禁棉籽饼、粕。应选用其他蛋白质饲料。

（2）治疗。一旦发生中毒，应立即停喂含有棉籽饼的日粮。饮用葡萄糖盐水加适量抗生素，以排毒消炎。

六、菜籽饼中毒

菜籽饼营养丰富，是饲喂家畜的好饲料。但由于菜籽饼内含有芥子苷等有毒成分，在芥子酶的作用下，可产生硫氰酸丙烯酯等有毒物质引起中毒。用菜籽饼代替豆饼饲喂家兔后，出现的病兔精神沉郁，少食，有轻度的震颤。呼吸急促，轻度腹痛和下痢，尿黄，严重的伏卧不动等症状的疾病称为菜籽饼中毒。

1. 病因

菜籽饼中含芥子油苷，在芥子酶作用下，水解成有毒的异硫氰酸丙烯酯、嚼唑烷硫酮和硫氰酸盐，此外，还含腈、芥子酸等有毒成分。菜籽饼中含毒量因油菜品种、加工方法、土壤中的含硫量不同而异。芥菜型品种含异硫酸丙烯酯的量较高，甘蓝型品种含嗯唑烷硫酮较高，白菜型两种含量都低。饲喂鲜油菜或芥菜，特别是在开花结籽期，或菜籽饼不经脱毒处理，长期或大量饲喂就易致中毒。这些毒物进入体内后引起消化道炎症、微血管壁扩张和急性溶血性贫血。

2. 流行特点

家兔有饲喂菜籽饼史，本病一年四季都可发生，但以春末、秋冬发病较多。家兔长期或大量饲喂就易致中毒。

3. 临床表现与特征

多在食后20～24小时发病，其中体弱者多先发，且较严重。精神不振，拒绝采食，流涎，腹泻，排带少许血液的稀粪。体温升高达40～41℃，可视黏膜苍白，轻度黄染，呼吸加快。尿频，血尿，排尿时表现痛感，排出尿液很快凝固，肾区疼痛，弓背。后肢不能站立而呈犬坐姿势。严重者出现神经症状，终因心力衰竭而死亡。怀孕母兔流产或产死胎。

可视黏膜苍白、黄染。胃肠黏膜水肿、充血、出血，呈卡他性、出血性胃肠炎。肝脏淤血、肿大、坏死，表面混浊、色黄质脆，无光泽，切面结构模糊、湿润。肾脏肿大，呈暗红色，切面实质出血、皮质增宽和肾盂内积有血液。脾脏轻度淤血。心脏松软，心腔内积有凝固血液。肺脏淤血、水肿。病理学检查，尿沉渣中有大量蛋白管型和红细胞管型。

4. 临床诊断

根据患病兔场的流行病学调查（采食菜籽饼史，菜籽饼异硫氰酸丙烯酯含量），临床症状（食欲减退，呼吸急促，有轻度腹痛或腹泻，尿色黄，严重者伏卧不动）和病理变化（胃肠黏膜水肿、充血、出血；肝脏淤血、肿大；肾脏肿大，呈暗红色，切面实质出血；脾脏轻度淤血；尿沉渣中有大量蛋白管型和红细胞管型）可以作出确诊。

5. 防制

（1）预防。用作饲料的菜籽饼要测定丙烯基芥子油的含量，超过0.5%应去毒后再作饲料，方法为每100kg菜籽饼加0.1%硫酸亚铁溶液35L，浸泡24小时，也可以用前将饼打碎，加温水浸泡8～12小时，去水后再加清水煮1小时，并经常搅拌，使毒素挥发。同时，控制用量，逐渐增加。孕兔、幼兔不喂。

（2）治疗。尚无特效解毒药物。以解毒、强心、止血、消炎为原则，并进行对症治疗。发现中毒后，立即停喂菜籽饼，用高锰酸钾溶液洗胃或内服。10% 葡萄糖溶液 50～100mL、维生素 C500mg，静注，每日 1 次。也可肌注尼克刹米 0.3～0.5mg。严重腹泻者，要注意保护胃肠黏膜。

七、黄曲霉毒素中毒

家兔因饲喂了霉变的玉米粉、豆粉、花生、大米和麦麸等引起中毒性疾病。黄曲霉能产生毒性比氰化钾还高的毒素，兔每千克体重吃 1mg 即可发生中毒；此外，黄曲霉毒素还有致癌性。体弱兔、仔兔的发病率高，死亡率高。

1. 病因

家兔因饲喂了霉变的玉米粉、豆粉、花生、大米和麦麸等引起。

2. 流行特点

家兔有饲喂霉变的玉米粉、豆粉、花生、大米和麦麸等饲料，本病一年四季都可发生，家兔采食后可以引起急性的或者慢性的中毒性疾病，应引起高度重视。

3. 临床表现与特征

病初少食，流涎，精神差，无力，蜷缩。呼吸急促，心跳加快，粪先干后稀带血，尿黄混浊、浓稠，后期眼结膜黄染，皮肤有紫红色斑点或斑块，痉挛，角弓反张，后肢瘫痪，全身麻痹而死亡。妊娠母兔发生流产，不受孕，公兔不配种；急性病例，在运动中突然倒地死亡，或出现症状后两天内死亡。病兔不食，黏膜苍白，后躯衰弱，走路不稳，粪便干燥，直肠流血，有的病兔头抵兔笼；慢性病例走路僵硬，有的出现啃食兔笼现象，病兔拱背．卷腹，粪便干燥，兴奋不安，有的病兔眼鼻周围皮肤发红，以后变为蓝色。

剖检变化根据其提供的病死兔剖检：胸、腹腔内有大量出血，后腿前肩等处皮下及肌肉处都有出血，肠道内有血液，肝脏、浆膜部有针尖或淤斑样出血，心内膜与外心膜均可见有出血，个别病例脾脏有出血样梗死。

4. 临床诊断

根据临床表现、剖检症状、饲养情况可以综合判断为黄曲霉中毒。根据临床症状可初步诊断。检查饲料分离出黄曲霉确诊。

5. 防制

（1）预防。①防止饲料霉变，保持通风、干燥，饲料添加脱毒素。还可用化学熏蒸剂，如环氧乙烷等。②对霉变较轻的饲料，可用0.1%漂白粉水溶液浸泡至少24小时，或用饮水多次烫泡，浸泡的水至无色为止。这样处理的饲料每次喂要限量，不能多。霉变严重的饲料，予以剔除。

（2）治疗。发现中毒后，立即停喂霉变饲料，供给含糖类的饲料。病初可服用硫酸钠5~6g等轻泻剂。尚无特效药，可进行保肝、止血和其他对症治疗。如静脉注射25%葡萄糖溶液5mL，维生素C注射液2mL，也可用40%蔗糖6~12mL内服或灌肠。

八、真菌毒素中毒

家兔霉菌毒素中毒是采食了被霉菌污染并产生毒素的饲料而引起的一种急性或慢性中毒性疾病。

1. 病因

由于饲料生产、贮存和保管不当，致使饲料受潮发生霉变。霉菌在自然界中分布极广，种类繁多。其中，只有少数产毒霉菌在基质（饲料）上生长繁殖过程中产生有毒代谢产物或次生代谢产物，包括某些霉菌使基质成分发霉变质而形成的有毒化学物质，称为霉菌毒素。这一类病原都属于中毒性真菌，主要有镰刀霉、黄曲霉、穗状葡萄球菌、甘薯黑斑病霉菌等。

2. 流行特点

家兔有饲喂受潮发生霉变的饲料，本病一年四季都可发生，多发生在高温高湿的季节春末、秋冬发病较多，但全年其他任何季节均可发生，家兔采食后可以引起急性的或者慢性的中毒性疾病，应引起高度重视。

3. 临床表现与特征

病兔发生霉菌毒素中毒后，往往初期呈现食欲减退，精神不振，流涎，口吐白沫。有时，腹部疼痛，体温不高，喜卧懒动，反应迟钝。随着病情的加重出现呼吸迫促，心跳加快，咽喉麻痹，可视黏膜发绀，耳后、前后肢内侧及胸、腹侧皮肤呈紫红色斑点或斑块。腹泻，粪便恶臭带血，附有黏液，尿液色黄、混浊而浓稠，肌肉痉挛，角弓反张，四肢呈游泳状运动。重者全身瘫痪、麻痹，多数死亡。妊娠母兔流产、早产或死胎，无乳。

病死家兔尸体消瘦，被毛粗乱无光。可视黏膜黄染，口腔内有红色泡沫，肛门有黄色粪便污染。肌肉及脂肪呈黄色，胸膜腔、腹膜腔和心包腔积有黄色液体，胸膜、腹膜均黄染带有出血点。肺脏呈灰白色实质性病变或肝变。肝大，色变黄，质硬，有黄色绿豆大小的干酪样病灶，胆囊肿大。肾淡黄，被膜下有出血点，膀胱积尿，壁有出血点。胃黏膜肿胀、充血、出血，有高粱粒大小的坏死灶，糜烂或溃疡。肠黏膜充血、水肿、出血、脱落。

4. 临床诊断

由于夏季天气高温、潮湿且饲养条件所限，饲料存放较随意，致使接触地面的部分饲料出现霉变，饲养户为了节省，将发霉变质的饲料掺入正常饲料中，经过制成颗粒后喂给兔子，根据临床表现、剖检症状、饲养情况可以综合判断。

5. 防制

(1) 预防。加强饲料保管，防止发霉变质。霉变饲料禁止喂兔。

(2) 治疗。目前，饲料尚无特效药物，发现中毒后，立即停喂发霉饲料。饮用葡萄糖盐水加适量抗菌药，以便排毒消炎(图3－57)。

图3－57　兔霉菌毒素中毒发病后的临床表现
(图片引自文献丁轲等)

参考文献

鲍国连 . 2008. 兔病鉴别诊断与防治[M]. 北京：金盾出版社 .

柴家前 . 1998. 兔病快速诊断防治彩色图册[M]. 济南：山东科技出版社 .

陈溥言 . 2006. 兽医传染病学（第五版）[M]. 北京：中国农业出版社 .

程相朝，薛帮群 . 2009. 兔病类症鉴别诊断彩色图谱[M]. 北京：中国农业出版社 .

耿永鑫 . 2002. 兔病防治大全[M]. 北京：中国农业出版社 .

谷子林，薛家宾 . 2007. 现代养兔实用百科全书[M]. 北京：中国农业出版社 .

黄兵 . 2015. 动物寄生虫与人类健康（第一版）[M]. 北京：中国农业科学技术出版社 .

江斌，吴胜会，林琳，张世忠，陈琳 . 2012. 畜禽寄生虫病诊治图谱[M]. 福建：福建科学技术出版社 .

蒋金书 . 2007. 动物原虫病学[M]. 北京：中国农业大学出版社 .

孔繁瑶 . 1997. 家畜寄生虫学（第二版）[M]. 北京：中国农业大学出版社 .

陆承平 . 2013. 兽医微生物学（第五版）[M]. 北京：中国

农业出版社.
马学恩.2007. 家畜病理学（第四版）[M].北京：中国农业出版社.
农业部畜牧兽医局译.2004. 陆生动物诊断试验和疫苗标准手册[M].OIE.
钱存忠.2011. 兔病诊疗与处方手册（第一版）[M].北京：化学工业出版社.
任克良，陈怀涛.2008. 兔病诊疗原色图谱[M].北京：中国农业出版社.
任克良.2014. 兔病诊断与防治原色图谱（第二版）[M].北京：金盾出版社.
宋铭忻，张龙现.2009. 兽医寄生虫学[M].北京：科学出版社.
万遂如.2014. 兔病防治手册（第四版）[M].北京：金盾出版社.
汪明.2002. 兽医寄生虫学（第三版）[M].北京：中国农业出版社.
王守有，陈宗刚.2012. 现代养兔疫病防治手册（第一版）[M].北京：科学技术文献出版社.
王云峰.1999. 家兔疾病诊疗技术[M].北京：中国农业出版社.
吴观陵.2005. 人体寄生虫学（第三版）[M].北京：人民卫生出版社.
许金俊.2007. 动物寄生虫病学实验教程（第一版）[M].南京：河海大学出版社.
薛帮群，李健，闫文朝.2012. 兔病诊治原色图谱[M].郑州：河南科学技术出版社.

杨光友 . 2009. 动物寄生虫病学（第三版）[M]. 四川：四川科学技术出版社 .

张乃生，李毓义 . 2011. 动物普通病学（第二版）[M]. 北京：中国农业出版社 .